평판과 파이프의 유도파 비파괴검사

평판과 파이프의 유도파 비파괴검사

박 경 조 저

전남대학교출판부

머리말

석유나 가스, 화학공장에서 많이 사용되는 파이프나 압력용기는 안전을 확보하고 사고발생 시 환경에 미치는 영향을 최소화하기 위해 정기적인 안전검사를 수행하고 있다. 이러한 파이프는 그 연장길이가 전 세계적으로 수 천만 km에 달하고 사용되는 압력용기의 수도 수 십 만 개에 달한다. 그리고 정기적인 안전검사에는 육안검사 뿐만 아니라 현재 다양한 분야에서 활용되고 있는 비파괴검사 기법도 널리 쓰이고 있다. 그 중 활용 빈도가 높은 두께 측정기를 이용한 초음파검사는 한 점씩 탐촉자를 옮겨가며 시험을 수행해야 하기 때문에 검사 속도가 느리고 따라서 전체 시스템을 모두 검사하는데 소요되는 비용도 매우 커지게 된다. 초음파검사 이외에도 방사선 투과검사, 와류탐상이나 자속 등을 이용한 방법들이 평판이나 파이프의 비파괴검사에 일반적으로 사용되고 있다.

이러한 방법들은 파이프의 내부가 아닌 외부에서 결함을 검출할 수 있는 장점이 있지만 전 파이프라인을 모두 검사하는데 소요되는 시간이 긴 단점이 있다. 따라서 검사초기 단계에서 검사에 소요되는 시간이 짧고 심각한 부식에 의한 결함을 효과적으로 그리고 정확하게 찾아낼 수 있는 방법을 도입하는 것이 필요하다. 이러한 방법 중 하나로 유도파 검사방법이 새롭게 대두되고 있다. 이 방법은 영국의 Imperial College의 NDT실험실에서 개발된 검사방법으로 길이가 긴 파이프에 존재하는 부식결함을 빠르게 검출할 있다. 피그를 사용하는 방법에 비해 탐사거리는 짧지만 파이프 내부로 이송시킬 필요가 없고 상대적으로 검사 비용이 싼 장점이 있다. 파이프가 절연재로 둘려싸여 있을 경우 신호변환기를 설치할 매우 작은 부분만 절연재를 제거하면 되므로 유도파 검사가 끝난 뒤 절연재 보수에 소요되는 시간 및 비용도 최소화 할 수 있다. 유도파는 평판의 결함검출에도 사용될 수 있다. 두꺼운 평판의 일부분에 부식에 의한 결함이 존재할 경우 유도파검사 장치를 이용하여 작은 크기의 결함도 쉽게 검출할 수 있다. 이러한 장치를 이용하여 석유화학 공장에 있는 강판 구조물(예를 들면 저장탱크나 압력용기 등)의 바닥과 벽면을 검사할 수 있다.

본 교재는 유도파를 이용하여 실제 산업현장의 평판 및 파이프의 비파괴검사를 수행하려는 현장 엔지니어들, 그리고 유도파검사에 대한 기초 이론 및 응용지식을 습득하려는 학부, 대학원생들에게 유용할 것으로 생각된다. 교재의 내용이 해석적이고 이론적인 측면에 치우친 경향도 없지 않지만, 다양한 해석 예제와 교재 뒷부분에 기술된 실험방법들을 참고하면 실제 석유화학 공장의 구조물 비파괴검사에 효과적으로 사용될 수 있을 것이다.

끝으로 자료수집 및 정리에 많은 도움을 주신 김이곤 교수님과 출판을 허락해주신 전남대출판부 관계자 여러분, 그리고 원고 정리에 도움을 준 강우석 군에게 깊은 감사를 드린다.

2008년 9월

박 경 조

목차

제1장 | 서론

1.1 배경 ··· 11
1.2 내용 구성 ··· 12

제2장 | 분산원리

2.1 서 론 ··· 15
2.2 팽팽한 현의 파동 ··· 16
2.2.1 파동 지배방정식 ··· 16
2.2.2 변수분리에 의한 해 ··· 17
2.2.3 달랑베르 해 ··· 19
2.2.4 초기값문제 ··· 20
2.2.5 특성직선 ··· 22
2.3 탄성기반 위에 놓여있는 현 ··· 23
2.4 점성, 점탄성기반 위에 놓여있는 현 ··· 26
2.5 분산계의 도식적 표현 ··· 28
2.6 군속도의 개념 ··· 30
2.7 수직 보 입사 반사계수 ··· 35
2.8 경사보 해석을 위한 Snell의 법칙 ··· 41
2.9 임계각과 모드변환 ··· 44

제3장 | 파동전파 모델

3.1 입체, 등방성 매질의 파동방정식 ··· 49
3.1.1 감쇠 파동방정식의 특성 ··· 51
3.1.2 유체재료 ··· 53

3.2 등방성 평판의 파동전파 ········· 58
3.2.1 역사적 배경 ········· 59
3.2.2 무한, 탄성 고체의 평면파 ········· 59
3.2.3 2차원 공간의 평면파 ········· 62
3.2.4 평판 층의 평면파 중첩 ········· 63
3.3 등방성 원통형 구조물의 파동전파 ········· 65
3.3.1 역사적 배경 ········· 65
3.3.2 가정과 제한조건 ········· 66
3.3.3 경계조건 ········· 67
3.3.4 유한 층의 파동 ········· 68
3.4 정방형 매질의 파동전파 ········· 81
3.4.1 이방성 매질의 입체파 ········· 82
3.4.2 Lamb 형태 모드 ········· 84
3.4.3 수평전단 모드 ········· 86
3.4.4 층 행렬 ········· 86
3.5 전역행렬 ········· 87
3.6 스프링 계면 ········· 89
3.6.1 두 층 사이의 임의의 위치에서의 스프링 계면 ········· 90
3.6.2 강성이 0인 스프링 ········· 93
3.6.3 강성이 무한대인 스프링 ········· 93
3.6.4 모델의 상, 하부 경계에서의 스프링 계면 ········· 94
3.7 누설Lamb파의 이론적 해 ········· 95
3.8 근의 탐색 ········· 100
3.9 분산선도의 추적 ········· 101
3.10 모드형상 ········· 103

제4장 | 평판 구조물의 파동해석

4.1 Lamb파 ········· 107
4.2 누설 Lamb파 ········· 111
4.3 표면파와 계면파 ········· 114
4.3.1 Rayleigh파 ········· 114
4.3.2 누설 Rayleigh파 ········· 114

4.3.3 Stoneley파 ········ 116
4.3.4 반공간 위의 박막 층 ········ 116
4.4 점탄성 층 ········ 118
4.5 다중 층 구조 ········ 120
4.6 매립된 층 ········ 121
4.7 이방성 층 ········ 123
4.7.1 파동 전파방향이 섬유 배열방향과 일치하는 일방향 복합재료 ········ 124
4.7.2 파동이 섬유배열방향과 45° 를 이루며 진행되는 일방향 복합재료 ········ 125
4.7.3 일방향 라미네이트로 구성된 다중 층 복합재료 ········ 127

제5장 | 파이프의 파동해석

5.1 공기 중에 놓여있는 원통 ········ 132
5.1.1 분산선도의 표시 ········ 132
5.1.2 모드의 명칭 ········ 132
5.1.3 중실봉 모드의 특성 ········ 135
5.1.4 파이프의 모드특성 ········ 136
5.1.5 반경변화의 영향 ········ 137
5.2 유체에 잠겨있는 파이프 ········ 139
5.2.1 파이프 내부의 유체모델 ········ 139
5.2.2 주변매질로의 누설 ········ 142
5.3 고체 속에 매립된 파이프 ········ 144
5.3.1 다른 형태의 누설 ········ 146
5.3.2 고체로 둘러싸인 다중 층, 점탄성 파이프 ········ 147

제6장 | 기본적인 파동전파 실험

6.1 평판의 파동 ········ 149
6.1.1 개요 ········ 149
6.1.2 경사빔변환기를 이용한 유도파 생성 ········ 150
6.1.3 경사빔가진을 이용한 모드생성과 군속도 측정 ········ 151
6.1.4 빗변환기를 이용한 유도파생성 ········ 154
6.1.5 거리와 분산 ········ 154

6.1.6 유도파에 미치는 유체하중의 영향 …… 155
6.1.7 가진원의 영향 …… 156
6.1.8 결함크기와 파동구조의 영향 …… 158
6.1.9 톤-버스트 주파수스윕을 이용한 두께측정 …… 159
6.2 봉의 파동 …… 160
6.2.1 개요 …… 160
6.2.2 결과 …… 161
6.3 파이프의 파동 …… 163
6.3.1 개요 …… 163
6.3.2 결과 …… 165

부록 A. 유용한 관계식의 정리
A.1 Lambda, rho, mu 사이의 관계 …… 172
A.2 파동속도 …… 172
A.3 탄성 등방성 재료의 구성 및 조화 관계식 …… 173
A.4 등방성 재료의 속도상수와 감쇠상수 사이의 관계 …… 174
A.5 정방성 재료의 공학상수와 C_{ij} …… 175
A.6 복소수 C_{ij} 상수를 갖는 재료 파동의 감쇠 …… 177
A.7 Bessel함수의 재발생 관계 …… 179
A.8 원통좌표계의 연산 …… 180

부록 B. 재료 특성
표 B.1 등방성 고체 재료 …… 181
표 B.2 유체 재료 …… 182
표 B.3 이방성 재료 …… 182

참고문헌 …… 183

제1장 서 론

1.1 배경

고체 매질 내에서의 초음파 전파는 비파괴평가(nondestructive evaluation, NDE)의 매우 중요한 주제 중의 하나가 되었다. 이전의 초음파검사보다 빠르고 민감도(sensitivity)가 우수하며 보다 경제적인 방법으로 재료와 구조물의 상태를 감시할 수 있는 새로운 방법들이 계속 개발되어 현장에 적용되고 있다. 예를 들면 절연재(insulation)로 둘러싸인 파이프의 절연재를 벗겨내고 단일 탐촉자(probe)를 사용하여 한 점 한 점 탐사하던 방법대신, 절연재를 그대로 둔 상태에서 파이프의 끝단에 유도파(guided wave)를 가진하고, 수신할 수 있는 장치를 설치하여 한 번의 가진/수신에 의해 수 십 미터의 파이프 상태를 단번에 검사할 수 있는 장치가 인기를 얻고 있다. 이러한 방법을 제대로 활용하기 위해서는 고체 매질 내에서의 초음파 전파현상을 올바르게 이해하는 것은 필수적이라 할 수 있다.

파동전파에 대한 연구는 초음파를 이용한 비파괴검사에만 국한되어 진행되고 있지는 않다. 탄성파(elastic wave) 해석이 적용되는 분야는 크게 세 가지로 분류할 수 있다.

(1) 동적 충격하중이 가해질 때 나타나는 과도응답(transient response) 해석
(2) 구성방정식(constitutive equation)에 나타나는 탄성률(elasticity modulus)이나 기타 탄성 상수들을 구하기 위한 응력파(stress wave) 해석
(3) 초음파나 음향방출(acoustic emission)을 이용한 산업, 의료현장의 비파괴검사

파동전파 현상을 해석하여 그 결과를 진동해석에 적용할 수도 있다. 즉 파동전파 문제에서 시간을 크게 증가시키면 그 해는 진동해석에서 나타나는 여러 가지 해로 접근

하게 된다. 탄성파 전파이론에서는 진동문제에서 나타나는 과도응답이나 정상상태(steady state) 응답도 다루기 때문이다. 반면에 진동해석에서 사용된 방법들을 사용하여 파동전파 문제를 효과적으로 해석할 수는 없다.

역사적으로 파동문제에 대한 연구는 수많은 연구자들에 의해 수행되어 왔다. 초기에 기초이론을 정립했던 유명한 연구자들, 즉 Stokes, Poisson, Rayleigh, Navier, Hopkinson, Pochhammer, Lamb, Love, Davies, Mindlin, Viktorov, Graff, Miklowitz, Auld, Achenbach 등에 의해 파동역학에 대한 많은 발전이 이룩되었다. 파동역학에 대한 역사 및 기초이론에 대해서는 참고문헌 [2, 5, 27] 등을 참조하기 바란다. 그 외의 유용한 참고문헌들은 필요할 때마다 본문에 인용하였다.

최근의 기술발전은 기존의 파동전파 이론을 재해석하여 실제 현장에 적용할 수 있도록 수정하거나 새로운 방법들을 개발하는 방향으로 진행되고 있다. 또 컴퓨터관련 기술들이 발전함에 따라 모든 파동역학 문제를 수치적 방법을 이용하여 해결하려는 노력들도 꾸준히 시도되고 있다. 그 중에서도 유한요소법(finite element method)이나 경계요소법(boundary element method)의 발전에 힘입어 지난 30년 동안 초음파 비파괴검사 분야의 기술은 엄청난 진보를 이룩하였다. 입체파(bulk wave)나 유도파의 파동전파는 수학적으로 복잡한 경계치문제에 의해 기술되는데 컴퓨터의 파워나 효율이 증가함에 따라 이 문제에 대해 효과적으로 접근할 수 있는 기초가 마련되었다고 할 수 있다.

그러나 수많은 컴퓨터 프로그램이 개발되어 있다고 하더라도 수치적 결과를 해석하고 실제 엔지니어링 환경에 적용하기 위해서는 파동역학에 대한 폭넓은 이해가 반드시 필요하다고 할 수 있다. 즉 파동역학이나 재료 특성규명에서 나타나는 새로운 경계치 문제를 다루기 위해 과학자들이나 엔지니어들은 새로운 물리적 모델을 개발하거나, 신기술을 현장에 적용하는 방법에 대해 끊임없이 연구해야 할 것이다.

1.2 내용 구성

고체 내에서 전파되는 초음파의 적용분야는 무궁무진하지만 본 교재에서는 재료의 특성규명과 더불어 평판과 파이프의 초음파 NDE에 초점을 맞추고자 한다.

이를 위해 먼저 제 2장에서는 분산(dispersion)의 기본원리에 대해 소개하고자 한다.

파동속도가 주파수나 전파각(angle of propagation)의 함수가 될 경우 우리는 언제나 기본적인 분산개념을 염두에 두어야 한다. 초음파를 이용하여 비파괴검사를 수행할 때 전통적으로 비분산(non-dispersive) 파동모드를 사용하여 왔지만, 이방성 매질(anisotropic media)이나 진보된 유도파 탐상기법에서는 분산현상이 뚜렷하게 나타나므로 이에 대한 기본개념의 정립이 반드시 필요하다고 할 수 있다. 또한 파동의 반사(reflection) 및 굴절(refraction)에 대해서도 다루고자 한다. 먼저 등방성 매질에서 나타나는 현상을 설명하고 Snell의 법칙 및 모드변환(mode conversion)에 대해서도 자세하게 다룬다. 다양한 구조물 및 이방성 매질에서 나타나는 파동전파를 해석하기 위한 여러 가지 모델과 경계조건에 대해서도 제 2장의 후반부에서 소개하고자 한다.

제 3장에서는 평판, 파이프 시스템의 파동전파에 대한 일반적인 모델을 수립하는 방법에 대해 기술하고자 한다. 이를 위해 먼저 전반부에서는 일반적인 입체, 등방성 매질의 파동방정식을 유도하는 방법에 대해 설명하고 이를 평판과 파이프에 적용하는 기법에 대해서 자세히 기술한다. 또한 정방성, 이방성 매질 및 다중 층 재료의 파동방정식을 유도하는 방법에 대해서도 설명한다. 후반부에서는 이러한 파동전파 방정식을 결합하여 전체 시스템을 묘사하는 방법에 대해 기술하고 분산선도를 효과적으로 추적하는 기법에 대해 자세하게 설명하고자 한다.

제 4장에서는 몇 가지 간단한 평판 구조물에 대한 분산선도를 추적하고 그 결과를 해석하는 방법에 대해 기술하고자 한다. 이러한 예제를 통해 광범위한 구조물을 모델링할 수 있음을 보이고 간단한 시스템에서 획득 가능한 분산선도의 종류를 예시하고자 한다. 예제는 간단하면서 널리 사용되는 경우부터 좀 더 복잡한 경우로 점차 진행하고자 한다.

제 5장에서는 제 3장에서 전개하였던 파동전파 모델을 이용하여 파이프 구조물의 파동을 해석하고 이에 대한 몇 가지 예제를 다루고자 한다. 이러한 예제들을 통해 파이프 구조물의 일반적인 파동전파에 대한 보다 상세한 이론을 보충설명하고 특히 누설시스템의 해석방법에 대해 자세히 설명하고자 한다. 또한 수립된 모델을 검증하기 위한 예제들도 제 5장에 포함되어 있다.

제 6장에서는 평판과 파이프의 초음파 파동전파에 대한 몇 가지 기본적인 실험방법들에 대해 간략하게 소개하고자 한다. 수 백 가지의 실험방법이 존재하지만 기본적인 장비와 초음파변환기 그리고 실험과정에 대한 학생들의 이해를 돕기 위해 가장 중요한

세 가지 실험방법에 대해서만 기술한다.

교재의 끝부분에는 두 개의 부록을 첨가한다. 부록 A에는 본문의 수식전개 시 사용된 탄성론의 기본적인 수식을 소개한다. 파동전파에 대한 주제를 연구하기 위해서는 탄성론에 대한 기본적인 지식이 필요한데 이 중 가장 중요하고 기본적인 개념들을 정리하여 제시하고자 한다. 부록 B에는 여러 가지 등방성, 유체, 이방성 재료의 기본적인 재료특성을 표로 정리하여 제시하고자 한다. 기본적인 재료특성은 종방향, 전단방향 속도 및 감쇠 등이 포함된다.

제2장 분산 원리

2.1 서 론

봉이나 평판, 파이프 또는 적층재료(multiple layer)와 같은 구조물에 대한 응력파(stress wave)의 전파(propagation)특성을 살펴보기 전에, 현(string)에서 발생하는 파동과 진동에 대한 연구로부터 파동전파에 대한 유용한 개념을 습득할 수 있다. 즉 가장 간단한 구조물인 현의 파동전파 특성 및 분산원리(dispersion principle)를 이해하면 이를 다른 복잡한 구조물에 확대, 적용할 수 있기 때문이다. 파동 분산이론을 이방성재료(anisotropic material, 파동속도가 전파방향에 따라 달라지는 재료)에 대해서도 해석할 수 있지만, 본 장에서는 분산이 구조적인 원인에 의해 발생하는 경우에 대해 중점적으로 기술하고자 한다. 분산원리를 이해하는데 필수적인 용어들 즉 파동속도(wave velocity), 파동수(wavenumber), 파장(wavelength), 재료 및 형태적 분산, 위상속도(phase velocity), 군속도(group velocity), 감쇠(attenuation), 차단주파수(cutoff frequency), 주파수 스펙트럼(frequency spectrum) 그리고 에너지전달(energy transmission) 등을 정의한다. 위상속도와 군속도는 분산특성을 가장 잘 표현하는 물리량으로 이에 대한 자세한 결과들을 그림으로 나타내었다. 자세한 내용은 참고문헌 [27]을 참조하기 바란다.

또한 파동의 반사와 굴절을 살펴보는 것은 고체 내에서 응력파가 전파되는 현상에 대한 연구의 가장 기초라고 할 수 있다. 본 장에서는 물리적 현상에 중점을 두고 반사와 굴절에 대한 기본 개념을 소개하고자 한다. 그리고 굴절각(refraction angle) 계산뿐만 아니라 보에 대한 수직입사 반사계수(normal incidence reflection coefficient)에 대해서도 고찰하고자 한다. 이를 위해 반사계수에 대한 개념을 먼저 살펴보고, 초음파가 두 물질의 경계면을 만났을 때 발생하는 경사보 해석(angle beam analysis)과 모드 변환(mode conversion)에 대해서도 설명하고자 한다.

2.2 팽팽한 현의 파동

2.2.1 파동 지배방정식

현의 파동전파에 대한 지배방정식을 유도하기 위해 그림 2.1에 보인 바와 같은 현의 미분요소(differential element)를 고려하자. 먼저 현의 길이가 무한하다고 가정하고 방정식을 유도한 다음 특정 경계조건을 고려하기로 한다. 장력 F에 의한 변위는 무시할 수 있을 만큼 작다고 가정한다. 미분에 대한 다음과 같은 표현,

$$u_{,xx} = \frac{\partial^2 u}{\partial x^2}\ ,\quad \ddot{u} = \frac{\partial^2 u}{\partial t^2}\ ,\ \text{그리고}\ u' = \frac{\partial u}{\partial x}$$

을 도입하면 u방향의 운동방정식은 뉴턴의 제 2법칙($\Sigma F = ma$)를 이용하여 다음과 같이 쓸 수 있다.

$$-F\sin\theta + F\sin\left(\theta + \frac{\partial\theta}{\partial x}dx\right) + qds = \rho ds\ddot{u} \tag{2.1}$$

미소변위($ds \approx dx,\ sin\theta \approx \theta, \theta \cong \partial u/\partial x$)를 가정하면 식 (2.1)은

$$-F\theta + F\left(\theta + \frac{\partial\theta}{\partial x}dx\right) + qds = \rho ds\ddot{u}$$

가 되고 정리하면

$$-F\frac{\partial^2 u}{\partial x^2} + q = \rho\ddot{u} \tag{2.2}$$

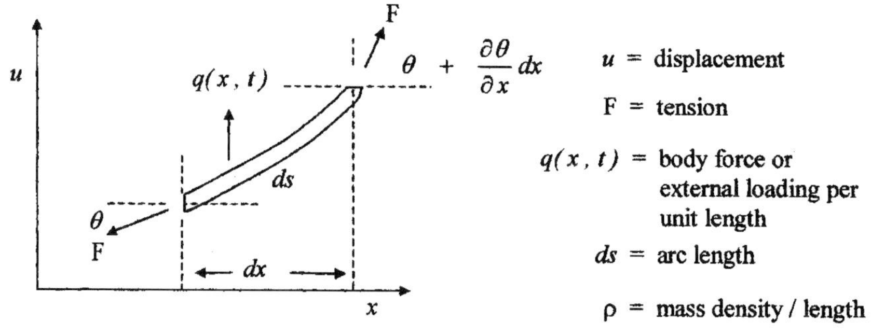

그림 2.1 팽팽한 현의 미분요소

가 된다. 이 식은 2차 쌍곡선 편미분방정식이고 $q = 0$일 경우 제차방정식(homogeneous equation)이 된다. 외력이 없으면

$$u_{,xx} = \frac{1}{c_0^2}\ddot{u} \ , \quad \text{여기서 } c_0 = \sqrt{\frac{F}{\rho}} \tag{2.3}$$

가 된다. 식 (2.3)은 1차원이고 제차인 간단한 파동방정식이다. 여기서 c_0는 전파되는 파동의 속도를 의미한다.

2.2.2 변수분리에 의한 해

식 (2.3)의 해를 구하기 위해 $u(x,t) = X(x)T(t)$라 하면

$$\frac{\partial^2 u}{\partial x^2} = X''T \ , \quad \frac{\partial^2 u}{\partial t^2} = XT''$$

이므로 식 (2.3)은 다음 식이 된다.

$$TX'' = \frac{1}{c_0^2}XT''$$

이를 간단히 하면

$$\frac{X''}{X} = \frac{1}{c_0^2}\frac{T''}{T} = \text{const.} = -k^2 \tag{2.4}$$

이다. 식 (2.4)의 해가 존재하기 위해서 상수는 반드시 $-k^2$이 되어야함을 알 수 있다. 따라서 다음과 같은 두 개의 상미분방정식을 얻을 수 있고,

$$X'' = k^2 X = 0 \ , \qquad T'' = k^2 c_0^2 T = 0$$

이에 대한 해는 잘 알려진 바와 같이

$$X(x) = A_1 \sin kx + A_2 \cos kx \ , \quad T(t) = A_3 \sin kc_0 t + A_4 \cos kc_0 t$$

로 구할 수 있다. 식 (2.4)에서 상수를 $+k^2$이라 하면 해가 sinh와 cosh(쌍곡선)이 되고 이는 유도파에서 자주 쓰이는 함수이다.

파동수 k, 위상속도 c_p, 원진동수(circular frequency) ω와 파장 λ 사이에는 다음과 같은 관계가 있다.

$$k = \frac{2\pi}{\lambda} = \frac{\omega}{c_p} \tag{2.5}$$

여기서 $\omega = 2\pi f$, $c_p = f\lambda$이다. $\omega = kc_0$이므로 $c_p = c_0$일 경우 일반해 $u(x,t) = X(x)T(t)$는 다음과 같이 구할 수 있다.

$$u(x,t) = (A_1 \sin kx + A_2 \cos kx)(A_3 \sin \omega t + A_4 \cos \omega t)$$

위 식을 전개하여 정리하면

$$\begin{aligned} u(x,t) = &A_1 A_4 \sin kx \cos \omega t + A_2 A_3 \cos kx \sin \omega t \\ &+ A_2 A_4 \cos kx \cos \omega t + A_1 A_3 \sin kx \sin \omega t \end{aligned} \tag{2.6}$$

이 된다. 식 (2.6)의 네 항과 그림 2.2를 참조하면 파형의 이동이 발생하지 않으므로 정재파(standing wave) 또는 정지파(stationary wave)가 나타나게 된다.

삼각함수의 관계식 $\sin(\alpha + \beta) = \sin\alpha\cos\beta + \cos\alpha\sin\beta$을 이용하면 식 (2.6)은

$$\begin{aligned} u(x,t) = &B_1 \sin(kx + \omega t) + B_2 \sin(kx - \omega t) \\ &+ B_3 \cos(kx + \omega t) - B_4 \cos(kx - \omega t) \end{aligned} \tag{2.7}$$

가 된다. 식 (2.7)에 나타난 네 개의 항은 모두 $u(x,t) = A\cos(kx - \omega t)$와 같은 형태를 갖고 있다. 여기서 $\omega = kc_0$이므로

$$u(x,t) = A\cos k(x - c_0 t) \tag{2.8}$$

인 결과를 얻게 된다. 식 (2.8)은 특정 파장 λ를 갖는 파동이 양(+)의 x방향으로 전파되는 경우에 대한 전형적인 식이다. $k = 2\pi/\lambda$이므로 $u(x)$를 여러 가지 t에 대한 그림으로 표현할 수 있다. 위상각 $\phi = kx - \omega t$는 코사인함수의 편각(argument)이다. 시간이 증가할수록 x도 $c_0 * \Delta t$만큼 증가하는데 이는 일정한 ϕ를 유지하기 위해서이다. $x = c_0 * \Delta t$이므로

(a) $f(x - c_0 t)$는 오른쪽방향으로 진행하는 파동 (x가 양(+)이어야 하므로)

(b) $f(x + c_0 t)$는 왼쪽방향으로 진행하는 파동 (x가 음(-)이어야 하므로)

이다.

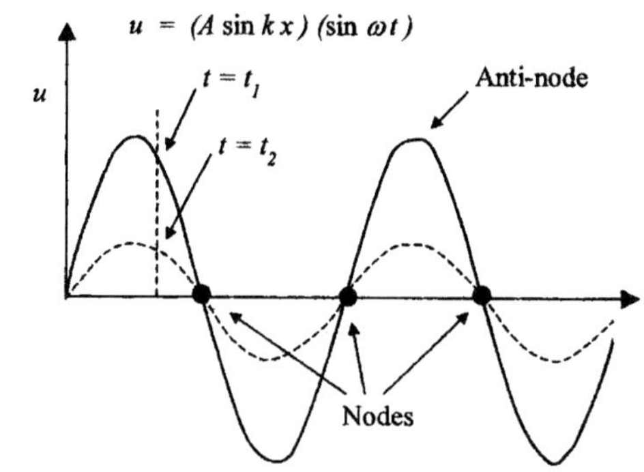

그림 2.2 정재파 또는 정지파의 예

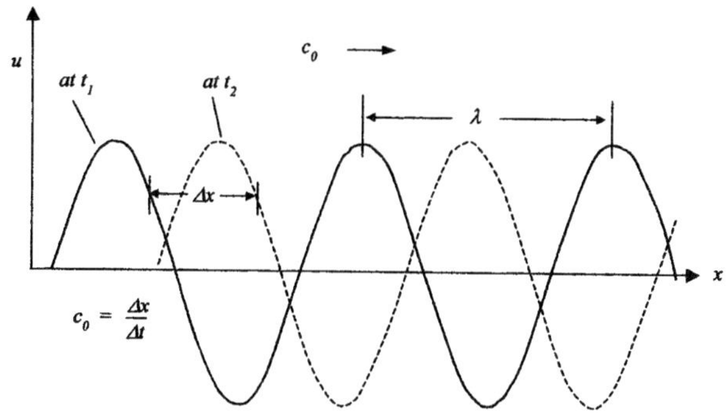

그림 2.3 일정 위상속도를 갖는 외란의 전파

위상속도 c_p를 도입하기 위해서 일정한 위상을 갖는 파동진행을 고려하자. 식 (2.8)에서 일정한 ϕ를 유지하기 위해서는 x가 증가하면 t도 증가해야하므로 일정한 위상의 전파속도는 c_0임을 알 수 있다. 그림 2.3에서 $\Delta t = t_2 - t_1$일 때를 참조하라. 식 (2.6)을 지수함수 형태로 표현하면

$$u = A_1 e^{i(kx+\omega t)} + B_1 e^{-i(kx-\omega t)}$$

이고 더 간단히 표현하면 $u = (A_1 e^{ikx} + B_1 e^{-ikx})e^{i\omega t}$이다. 이는 오일러공식(Euler's formulation) $e^{i\theta} = \cos\theta + i\sin\theta$로부터 유도할 수 있다.

2.2.3 달랑베르 해

식 (2.3)에 대한 다른 접근방법에 대해 검토해보자. 간단한 파동방정식에 대한 달랑베르 해(D'Alembert solution)는

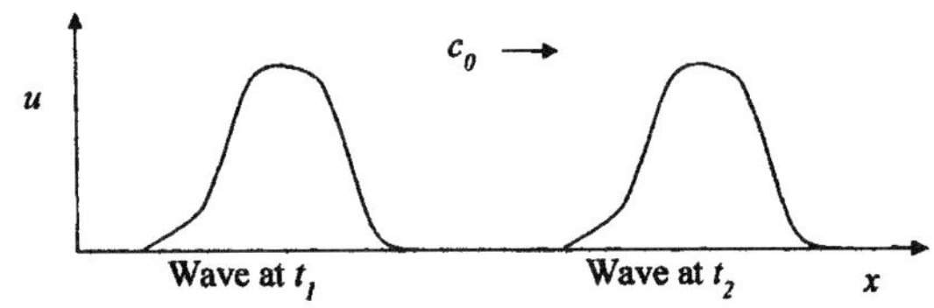

(a) 왜곡이 없이 진행하는 파동

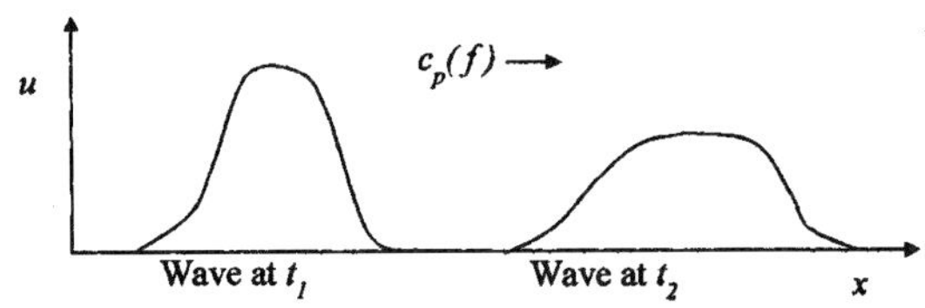

(b) 파형의 왜곡이 있는 파동

그림 2.4 파동의 종류

$$u(x,t) = f(x-ct) + g(x+ct) \tag{2.9}$$

이다. 초기조건과 경계조건이 만족되면 식(2.9)는 임의의 함수 f와 g에 대해서 식 (2.3)을 만족한다. 여기서 $\xi = x - ct$, $\eta = x + ct$라 하자. 그러면 식 (2.3)은 $\partial^2 u / \partial\xi\partial\eta = 0$가 되어 같은 해를 얻게 된다. 이러한 파동은 그림 2.4에 나타낸 바와 같이 파형의 왜곡(distortion) 없이 전파될 수 있다.

2.2.4 초기값문제

다음과 같은 초기값문제를 고려하자.

$$u(x,0) = U(x), \quad \dot{u}(x,0) = V(x)$$

위 조건을 달랑베르 해 (2.9)에 대입하면

$$f(x) + g(x) = U(x) \qquad (t=0\text{이므로})$$
$$-c_0 f'(x) + c_0 g'(x) = V(x)$$

를 얻게 되고 $u(x,t) = f(x-c_0 t) + g(x+c_0 t)$ 이므로 f와 g를 구할 수 있다. 현에 초기 변위가 있는 경우에 대한 파동전파 특성을 살펴보자. 즉 $u(x,0) = U(x) = +1$ $(-a < x < a)$, $U(x) = 0$ $(x > a)$인 경우 해는

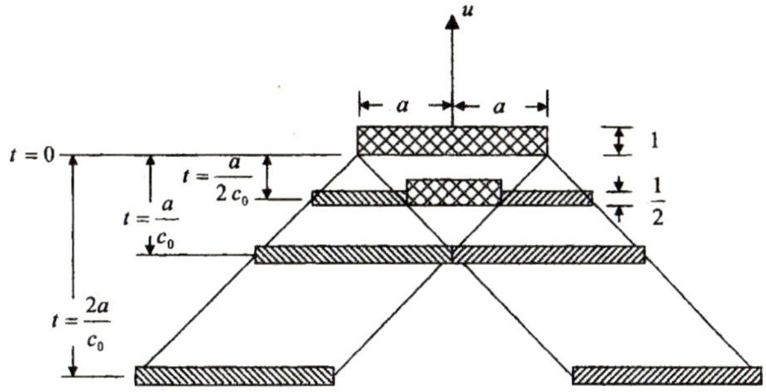

그림 2.5 현의 초기 변위조건의 전파

$$u(x,t) = \frac{1}{2}U(x-c_0t) + \frac{1}{2}U(x+c_0t)$$

이고 이는 그림 2.5에 나타낸 바와 같다.

유한 길이를 갖는 현의 초기값문제에 대한 좀 더 일반적인 예제가 그림 2.6에 나타나 있다. 이 예제에서는 해를 얻기 위해 Fourier급수(Fourier series)와 식 (2.6)의 결과를 이용한다. 그림 2.6에서 경계조건은 $x=0$, $x=\ell$에서 $u=0(t \geq 0)$이다. 즉 현은 $x=0,\ell$에서 고정되어 있다. 주어진 $\omega = kc_0$에서 일반해를 고려하자.

$$u(x,t) = (A_1 \sin kx + A_2 \cos kx)(A_3 \sin \omega t + A_4 \cos \omega t)$$

시간 t=0이면 $u(x,0) = (A_1 \sin kx + A_2 \cos kx)A_4$와 같은 결과를 얻는다. 경계조건으로 부터 $A_2 = 0$, $\sin k\ell = 0$을 얻게 되므로 해는 $k = n\pi/\ell$ $(n = 0, 1, 2, \cdots)$가 되고 따라서

$$\omega = kc_0 = \frac{n\pi}{\ell}c_0$$

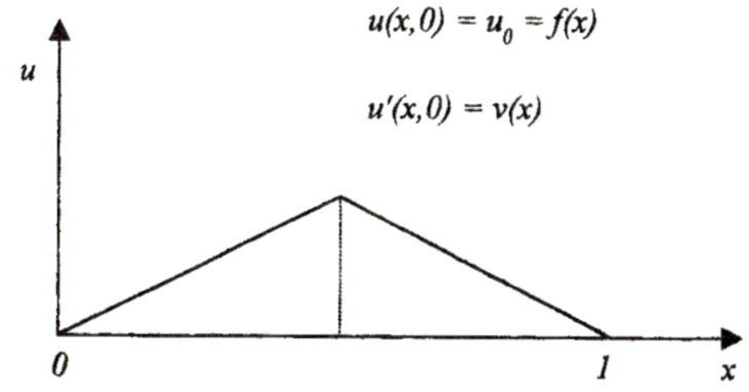

그림 2.6 초기치 문제

가 된다. 속도에 대한 초기조건은 $\dot{u}(x,0)=0$이므로 $A_3=0$이 된다.

따라서 최종적인 해는 다음과 같이 쓸 수 있다.

$$u(x,t)=\sum_{n=1}^{\infty} a_n \sin\frac{n\pi x}{\ell}\cos\frac{n\pi c_0 t}{\ell}$$

변위에 대한 초기조건으로부터 a_n을 구할 수 있다.

$$\sum_{n=1}^{\infty} a_n \sin\frac{n\pi x}{\ell}=f(x)$$

Fourier급수에 대한 해석으로부터 계수는 다음과 같이 구해진다.

$$a_n=\frac{2}{\ell}\int_0^{\ell} f(x)\sin\frac{n\pi x}{\ell}dx \quad (n=1,2,\cdots)$$

2.2.5 특성직선

(x,t)평면에서 $\xi=x-c_0t$는 직선이고 이 직선을 따라 $f(x-c_0t)=f(\xi)$는 일정하다. 마찬가지로 $\eta=x+c_0t$도 직선이지만 기울기는 반대이다. 물론 $g(x+c_0t)=g(\eta)$도 일정하다. 이러한 직선들을 특성직선(characteristic line)이라 부른다. 특성직선은 고체의 파동전파를 연구하는데 유용한 개념인데 구조물에서의 파동전파 과정에 대한 물리적 이해를 위해 본 장에서는 간단히 언급하고자 한다.

특성직선은 쌍곡선 편미분방정식의 일반적 이론에 나타나는데 이 직선들은 곡률을 갖는 직선이다. 그 중 직선만을 그림 2.7에 나타내었는데 그림에서 기울기와 y절편을 이용하여 직선의 식을 유도하였다.

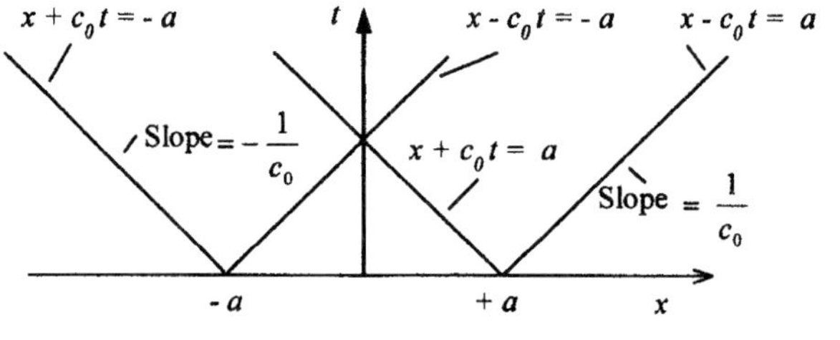

그림 2.7 파면의 위치를 표시하는 직선(그림 2.5의 문제에 대해)

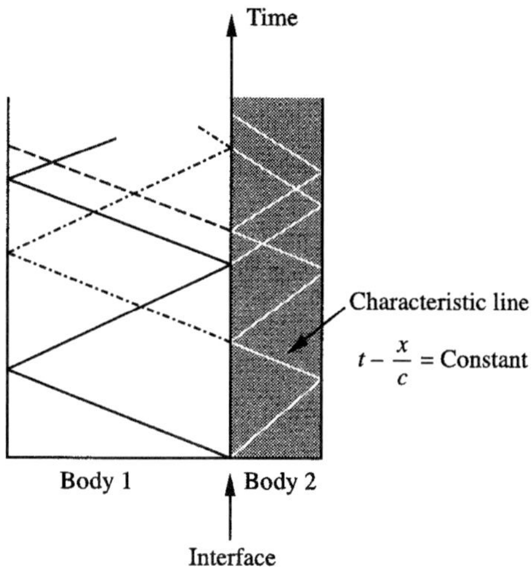

그림 2.8 한 물체가 다른 물체에 충돌할 때의 특성직선(모드변환 없음)

특성직선을 이용하여 다른 종류의 문제를 살펴보기로 하자. 하나의 물체가 다른 물체에 충돌할 때 파동은 그림 2.7에 보인 바와 같이 각 물체 내에서 앞, 뒤로 전파한다. 각 계면에 충돌하는 파동은 새로운 반사파와 굴절파를 발생시킨다. 파면의 이동은 그림 2.8에 보인 바와 같다.

2.3 탄성기반 위에 놓여있는 현

파동의 왜곡이 발생하는 문제에 대해 고려하자. 이와 같은 현상은 그림 2.9에 나타낸 바와 같이 현이 탄성기반(elastic base) 위에 놓여 있을 때 발생한다. 힘 q와 변위 사이의 관계는 다음과 같이 주어진다.

$$q(x,t) = -Ku(x,t) \tag{2.10}$$

식 (2.10)을 식 (2.2)에 대입하면 $u_{,xx} - Ku = \rho\ddot{u}$ 또는

$$u_{,xx} - \frac{K}{F}u = \frac{1}{c_0^2}\ddot{u} \tag{2.11}$$

를 얻는다. 식 (2.11)을 간단한 파동방정식 (2.3)과 비교하면

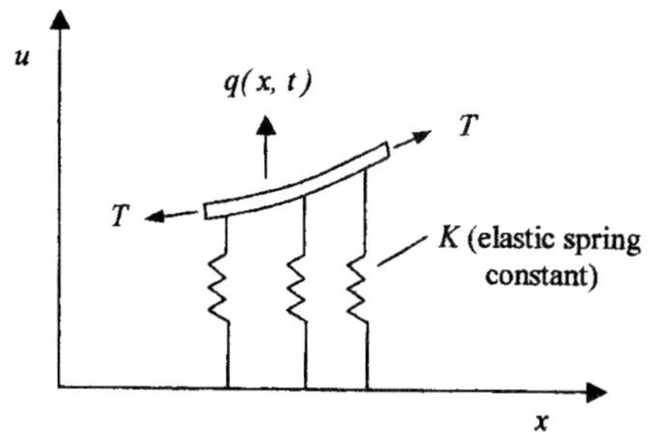

그림 2.9 탄성기반 위에 놓인 현의 미분요소

(1) 부가적인 항이 있고

(2) $f(x-c_0t)$ 형태의 해는 적용할 수 없고

(3) 왜곡이 없는 파동의 전파는 불가능하다.

조화파동이 전파될 수 있는 조건을 조사해보자. 변위를 식 (2.12)와 같이 가정하자.

$$u(x,t) = Ae^{i(kx-\omega t)} \tag{2.12}$$

식 (2.12)를 식 (2.11)에 대입하면

$$\frac{\partial u}{\partial x} = Ae^{i(kx-\omega t)}(ik)$$

$$\frac{\partial^2 u}{\partial x^2} = Ae^{i(kx-\omega t)}(ik)(ik) = -Ae^{i(kx-\omega t)}k^2$$

$$\frac{\partial u}{\partial t} = Ae^{i(kx-\omega t)}(-i\omega)$$

$$\frac{\partial^2 u}{\partial t^2} = Ae^{i(kx-\omega t)}(i\omega)(i\omega) = -Ae^{i(kx-\omega t)}\omega^2$$

이고 위의 계산결과를 식 (2.11)에 대입하면

$$-Ae^{i(kx-\omega t)}k^2 - \frac{K}{F}Ae^{i(kx-\omega t)} = \frac{1}{c_0^2}(-Ae^{i(kx-\omega t)}\omega^2$$

$$-k^2e^{i(kx-\omega t)} - \frac{K}{F}e^{i(kx-\omega t)} = -\frac{\omega^2}{c_0^2}e^{i(kx-\omega t)}$$

$$\left(-k^2 - \frac{K}{F} + \frac{\omega^2}{c_0^2}\right) e^{i(kx - \omega t)} = 0 \tag{2.13}$$

를 얻는다. 식 (2.13)을 특성방정식(때로는 분산, 주파수, 영년(secular) 방정식)이라 부른다. 의미 있는 일반해를 갖기 위해서는

$$\left(-k^2 - \frac{K}{F} + \frac{\omega^2}{c_0^2}\right) = 0$$

의 조건을 만족해야 한다.

위 식은

$$\omega^2 = c_0^2\left(k^2 + \frac{K}{F}\right) \qquad \text{여기서 } \omega = \omega(k) \tag{2.14}$$

또는

$$k^2 = \frac{\omega^2}{c_0^2} - \frac{K}{F} \qquad \text{여기서 } k = k(\omega) \tag{2.15}$$

로 쓸 수 있다. 앞에서 설명한 팽팽한 현과 마찬가지로 $c_p \neq c_0$ 임을 알 수 있다. 여기서 $\omega = kc_p$로 주어지면 식 (2.14)으로부터

$$c_p^2 = c_0^2\left(1 + \frac{K}{Fk^2}\right) \tag{2.16}$$

가 된다. 만약 $k \to \infty$ 이면

$$\omega = c_0 k \sqrt{1 + \frac{K}{Fk^2}} \to c_0 k \tag{2.17}$$

가 되고 K=0일 때도 같은 결과를 얻게 되므로 식 (2.16)에서 $c = c_0$가 되는 것을 알 수 있다. 따라서 $c = c(k)$, $k = k(c)$ 이므로

$$k^2 = \frac{K/F}{(c^2/c_0^2) - 1}$$

이 된다.

이상으로부터 다음과 같은 중요한 결과를 얻을 수 있다.

(1) 파동속도는 주파수의 함수이다. Fourier조화해석으로부터 펄스(pulse)의 왜곡이 반드시 일어난다는 것을 알 수 있다.

(2) 식 (2.15)의 두 개의 실근은

$$k = \pm\sqrt{\frac{\omega^2}{c_0^2} - \frac{K}{F}}$$

이다. $\omega^2/c_0^2 > K/F$이면 파동의 전파는 좌 또는 우측 방향으로 발생할 수 있고 이 때 $u = Ae^{-(\pm kx + \omega t)}$ 이다. 만약 $\omega^2/c_0^2 < K/F$이면 k는 허수가 된다. 이 경우는 비전파 외란이 되므로 이 책에서는 다루지 않을 것이다. $\bar{k}^2 = -k^2$이라 하면 $u(x,t) = A(e^{\pm\bar{k}x})(e^{-i\omega t})$가 되어 정재파가 발생함을 알 수 있다.

(3) 특별한 경우로 k=0이면 식 (2.15)에서 $\omega^2/c_0^2 = K/F$가 되고, $k = 2\pi/\lambda$라는 사실을 이용하면 $\lambda\rightarrow\infty$에 따라 $u = Ae^{-i\omega_0 t}$가 된다. 식 (2.14)으로부터 이 식은 균일진동을 나타내고 차단주파수(cutoff frequency)는 $\omega_0 = c_0\sqrt{K/F}$임을 알 수 있다. $c_p = \omega_0/k$이므로 k가 감소하면 c_p가 증가한다. k가 0에 접근하면 c_p는 무한대에 접근한다.

2.4 점성, 점탄성기반 위에 놓여있는 현

그림 2.10에는 점성기반(viscous foundation) 위에 현이 놓여 있는 경우를 나타내었는데 이는 고도의 분산과 감쇠(attenuation)를 갖는 시스템이다. 여기서 $q(x,t) = -C\dot{u}(x,t)$라 하자. 파동 지배방정식과 해를 고려하면

$$Fu_{,xx} - C\dot{u} = \rho\ddot{u} \tag{2.18}$$

이고 해를

$$u = Ae^{i(kx - \omega t)} \tag{2.19}$$

라 가정하여 식 (2-18)에 대입하면

$$k^2 = i\frac{C\omega}{F} + \frac{\omega^2}{c_0^2}$$

가 된다. 따라서 k는 복소수이고 자유 전파하는 파동은 존재할 수 없게 된다.

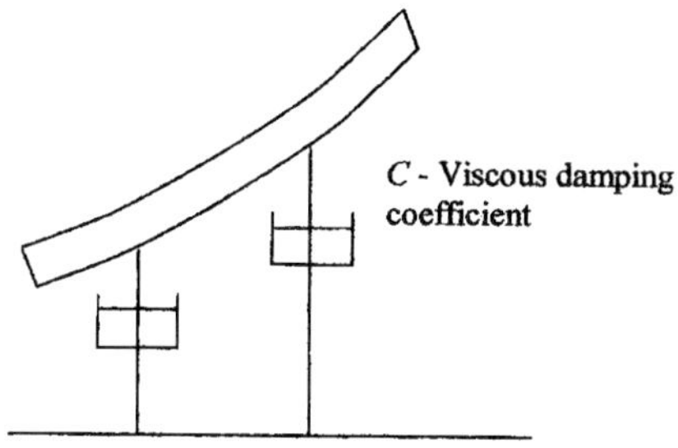

그림 2.10 점성기반 위에 놓인 현

좀 더 보편적인 기호를 사용하여 파동수를 다음과 같이 실수부 k_r과 허수부로 표기하자.

$$\bar{k} = k_r + i\alpha$$

위 식을 식 (2.19)와 (2.18)에 대입하면 $u = Ae^{(i(k_r + i\alpha)x - \omega t)}$가 되고 이는 다음 식과 같이 간단하게 쓸 수 있다.

$$u = \underbrace{Ae^{(-\alpha x)}}_{\text{감쇠의 영향을 나타내는 항}} * \underbrace{e^{i(k_r x - \omega t)}}_{\text{파동운동에 대한 기존의 항}}$$

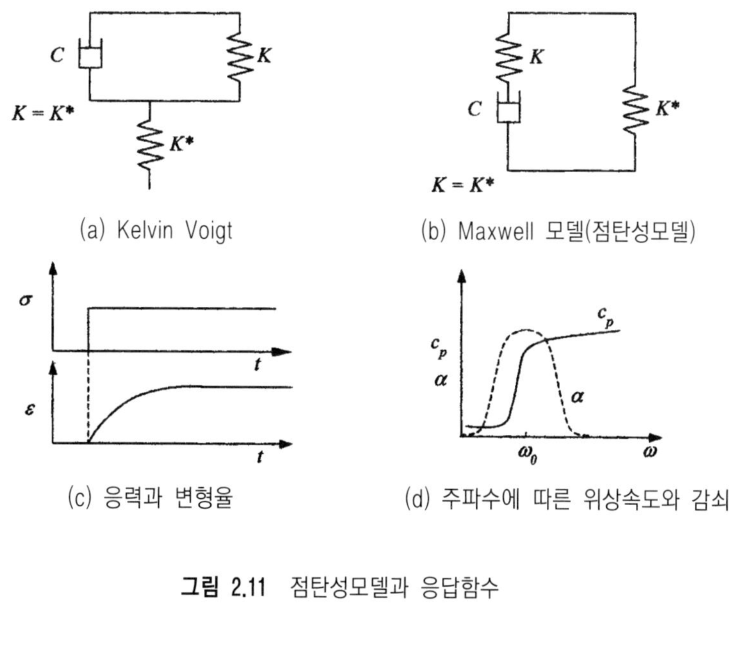

그림 2.11 점탄성모델과 응답함수

이제 현이 점탄성기반(viscoelastic foundation) 위에 놓여 있다고 가정하자. 재료의 분산성을 고려할 때 점탄성모델 해석의 기본 개념을 도입하는 것이 유용하다. 분산계에서 위상속도 c_p는 주파수의 함수이다. 그림 2.11의 (a)와 (b)는 재료시스템에 대응되는 전기회로 모델을 나타낸다. 고전적인 Kelvin, Maxwell모델에서 감쇠도 주파수의 함수이다. 이는 해석적으로 또 실험적으로도 다루기 어려운 부분이다. 그림 2.11의 (c)는 응력과 변형율의 예를 나타낸 것이고 (d)는 이에 대응하는 위상속도와 감쇠를 주파수에 대해 나타낸 예이다.

2.5 분산계의 도식적 표현

분산계의 기본 개념을 이해하기 위해 탄성기반 위에 현이 놓여져 있는 경우에 대한 도식적 표현을 고려해보자. 분산특성을 그림으로 표현하는 방법은 크게 두 가지, 즉 주파수 스펙트럼과 분산선도가 이용된다. 이 중 주파수 스펙트럼에 대해 먼저 살펴보자.

탄성기반 위에 놓여 있는 현에 대한 식 (2.14)을 다시 쓰면 다음과 같다.

$$\omega^2 = c_0^2\left(k^2 + \frac{K}{F}\right)$$

만약 $k=0$이면 차단주파수 $\omega = \omega_0 = c_0\sqrt{K/F}$이고, $k \to \infty$이면 $\omega = c_0 k$가 되어 직선(점근선)이 된다. 식 (2.15)을 이용하여 k_{Re}, k_{Im}과 ω_0 사이의 관계를 살펴보자.

$$k^2 = \frac{\omega^2}{c_0^2} - \frac{K}{F}$$

위 식에서 $\omega_0 = c_0\sqrt{K/F}$이므로 $\omega_0^2 = c_0^2(K/F)$이고 따라서 $K/F = \omega_0^2/c_0^2$이다. 결과적으로

$$k^2 = \frac{\omega^2}{c_0^2} - \frac{\omega_0^2}{c_0^2} \quad \text{이므로 } k = \sqrt{\frac{\omega^2}{c_0^2} - \frac{\omega_0^2}{c_0^2}} \text{ 가 된다.}$$

위 식에서 알 수 있듯이 $\omega < \omega_0$이면 k_{Im}이 존재하고 $\omega > \omega_0$이면 k_{Re}가 존재한다. 주파수 스펙트럼에서는 파동수에 대한 주파수를 나타내고 분산선도에서는 파동수에 대한 위상속도를 표현한다.

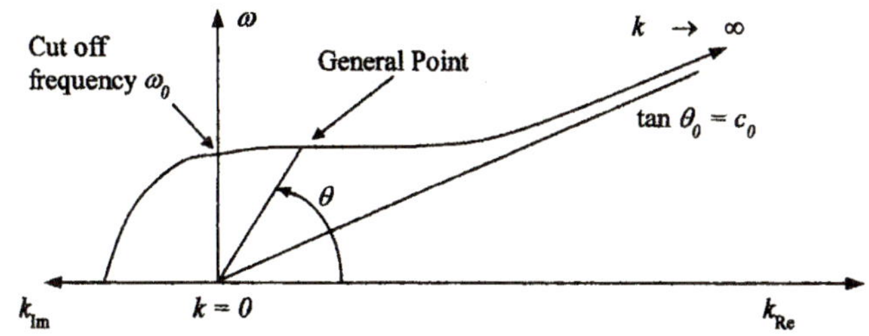

여기서 $\frac{\omega_1}{k_1} = c_{p1}$, $\frac{\omega_2}{k_2} = c_{p2}$

그림 2.12 탄성기반 위에 놓인 현의 주파수 스펙트럼

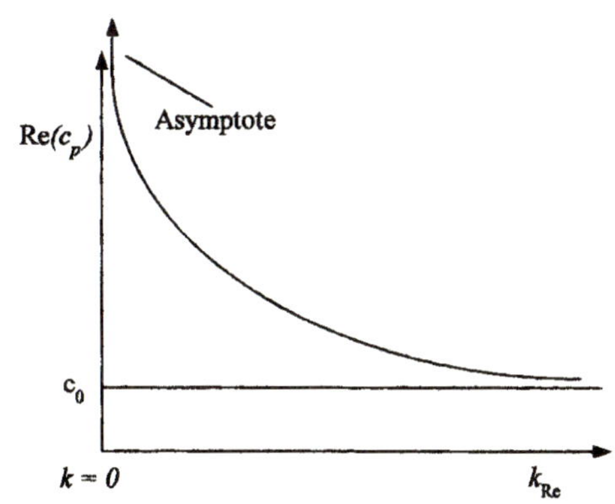

그림 2.13 위상속도 분산선도

주파수 스펙트럼에 대한 도식적 표현을 그림 2.12에 나타내었다. 주파수 스펙트럼으로부터 위상속도에 대한 정보를 추출할 수 있는데 그 과정은 다음과 같다. 즉 $\tan\theta = \omega/k = c_p$의 관계를 이용하여 위상속도를 구할 수 있다. 그림 2.13으로부터 $k \to 0$이면 $c_p \to \infty$임을 알 수 있다.

파동수 k와 파장 λ가 작을 경우 차단주파수는 ω_0(여기서 $c_p \to \infty$)이고 균일진동이 발생한다. $k \gg 1$이고 동시에 $\lambda \gg 1$이면 기반에 의한 효과는 최소가 된다. 다중모드를 갖는 파동(예를 들면 Lamb파(Lamb wave))이 존재한다는 사실에 주목할 필요가 있다. 그림 2.14에는 초음파검사에 사용되는 다중모드 분산선도가 나타나 있다. 평판, 봉, 적층재료나 다른 구조물에 적용할 수 있는 분산선도를 구하는 방법은 나중에 다루기로 하자.

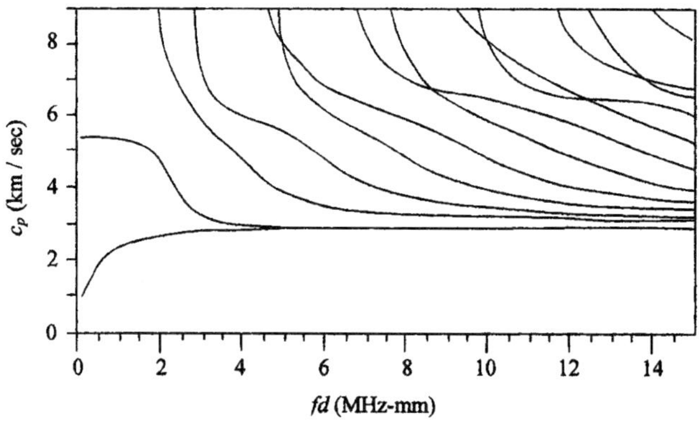

그림 2.14 알루미늄 평판의 위상속도 분산선도(c_L=6.3 km/s, c_T=3.1 km/s)

2.6 군속도의 개념

군속도(group velocity)는 유사한 주파수를 갖는 파동군의 전파속도와 관련된 개념이다. 파동역학의 선구자인 Rayleigh경은 군속도를 다음과 같이 설명하였다. "파동군이 정지하고 있는 물을 따라 전파될 경우 군속도는 그 군을 구성하고 있는 각각의 파동의 속도보다 느리다. 파동은 군속도보다 빠른 속도로 전진하고 내부의 한계에 접근하면 소멸된다."[73, vol. I, p.475]. 파동역학에서 Heisenberg는 군속도란 용어 대신 "파동속(wave packet)의 속도"라는 용어를 사용하였다(참고문헌 [84] 참조).

가장 간단한 예로 동일한 진폭을 갖지만 주파수가 ω_1과 ω_2로 약간 상이한 두 개의 조화파동을 고려해 보자. 이때 변위 u는

$$u = A\cos(k_1 x - \omega_1 t) + A\cos(k_2 x - \omega_2 t) \tag{2.20}$$

로 표현할 수 있다. 여기서 $k_1 = \omega_1 / c_1$, $k_2 = \omega_2 / c_2$ 이다. 삼각함수의 정리

$$A(\cos\alpha + \cos\beta) = 2A\left(\cos\left(\frac{\alpha-\beta}{2}\right) * \cos\left(\frac{\alpha+\beta}{2}\right)\right)$$

를 이용하여 식 (2.20)을 다시 쓰면

$$u = 2A\cos\left\{\frac{1}{2}(k_2 - k_1)x - \frac{1}{2}(\omega_2 - \omega_1)t\right\} * \cos\left\{\frac{1}{2}(k_2 + k_1)x - \frac{1}{2}(\omega_2 - \omega_1)t\right\} \tag{2.21}$$

이 된다. 또

$$\Delta\omega = \omega_2 - \omega_1 \ , \quad \Delta k = k_2 - k_1$$

$$\frac{1}{2}(\omega_2 + \omega_1) = \omega_{Av} \ , \quad \frac{1}{2}(k_2 + k_1) = k_{Av}$$

$$c_{Av} = \frac{\omega_{Av}}{k_{Av}}$$

를 이용하여 식 (2.21)을 정리하면

$$u = 2A\cos\{\underbrace{\frac{1}{2}\Delta kx - \frac{1}{2}\Delta\omega t}_{\text{저주파성분}}\} * \underbrace{\cos(kx - \omega t)}_{\text{고주파성분}} \qquad (2.22)$$

이 된다. 여기서 저주파성분이 파동군의 전파속도를 갖는다는 사실에 주목하자. 군속도는

$$c_g = \frac{\Delta\omega}{\Delta k}$$

로 정의되고 극한값에 이르게 되면 $c_g = d\omega/dk$가 된다. 고주파성분도 전파속도 $c_p = \omega/k$를 갖는다.

군속도를 다른 접근방법을 이용하여 정의해 보자. 시간증분 $t = t_0 + \Delta t$에서 임의의 개별 성분의 위상변화는 다음과 같이 표현할 수 있다.

$$dP_i = \{k_i(x_0 + dx) - \omega_i(t_0 + dt)\} - \{k_i x_0 - \omega_0 t\} = k_i dx - \omega_i dt$$

파동군이 유지되기 위해서는 모든 성분의 위상변화 크기가 같아야 한다. 즉 $dP_j - dP_i = 0$의 조건을 만족해야 한다.

위상각 $(kx - \omega t)$에 대해

$$\underbrace{(k_j - k_i)}_{dk}dx - \underbrace{(\omega_j - \omega_i)}_{d\omega}dt = 0 \ \text{이고}$$

$$\frac{dx}{dt} = \frac{d\omega}{dk} = c_g \quad \Rightarrow \quad \frac{\Delta\omega}{\Delta k} \qquad (2.23)$$

이다. 식 (2.23)과 같이 표현하는 방식이 고전적인 표현방법이다. 여기서 $c_p = \omega/k$와

$c_g = d\omega/dk$를 다음과 같이 비교해 보자.

$$c_g = \frac{d(kc_p)}{dk} = c_p + k\frac{dc_p}{dk} \tag{2.24}$$

여기서 $c_p = c_p(k)$ 이다. 세 가지 경우($c_g > 0,\ c_g = 0,\ c_g < 0$)에 대해 주파수 스펙트럼 상에 표현할 수 있다.

유사한 주파수를 갖는 파동군을 중첩(superposition)하면 그림 2.15와 같은 전형적인 결과를 얻을 수 있다. 각각의 조화파동은 서로 다른 위상속도 c_p로 진행하지만 중첩된 파동패킷은 군속도 c_g로 진행한다. 실제의 경우 두 개 이상의 파동이 중첩되고 이는 다음 식으로 표현할 수 있다.

$$u = \sum_{i=1}^{n} A_i \cos(k_i x - \omega_i t) \tag{2.25}$$

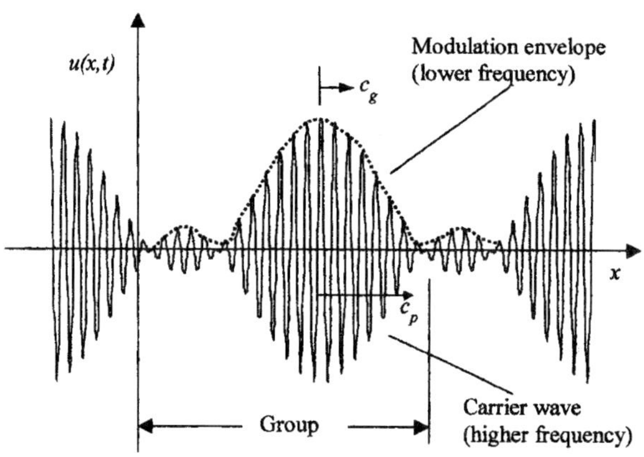

그림 2.15 군속도의 예

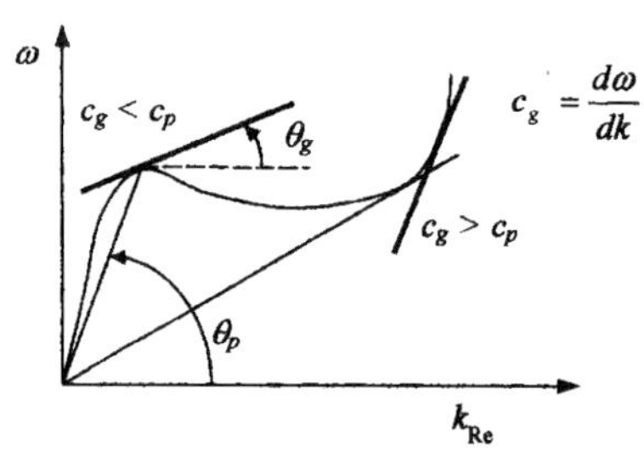

그림 2.16 위상속도에 따른 군속도의 변화

여기서 각각의 k_i와 ω_i는 약간씩 상이하다.

주파수 스펙트럼의 관점에서 위상속도와 군속도를 비교해 보자. 그림 2.16에 나타낸 바와 같이 군속도는 곡선의 국부 기울기로 표시된다. 세 가지 경우에 대한 물리적 현상은 다음과 같이 기술할 수 있다.

(1) $c_p > c_g$ - 고전적(정규) 분산, 파동패킷 뒤에서 발생하여 앞쪽으로 전진하다 소멸된다.

(2) $c_p = c_g$ - 분산이 발생하지 않는다.

(3) $c_p < c_g$ - 변칙 분산, 파동패킷 앞에서 발생하여 뒤쪽으로 진행하다 소멸된다.

군속도 c_g에 대한 다른 형태의 표현방법을 생각해 보자. 식 (2.24)는

$$c_g = \frac{d(kc_p)}{dk} = c_p + k\frac{dc_p}{dk}$$

이고 $\lambda = 2\pi/k = 2\pi k^{-1}$ 이므로 군속도를 다음과 같이 표현할 수 있다.

$$\begin{aligned} c_g &= c_p + k\frac{dc_p}{d\lambda}\frac{d\lambda}{dk} = c_p + \frac{2\pi}{\lambda}\frac{dc_p}{d\lambda}(-2\pi k^{-2}) \\ &= c_p + \frac{2\pi}{\lambda}\frac{-2\pi}{(2\pi)^2}\lambda^2\frac{dc_p}{d\lambda} = c_p - \lambda\frac{dc_p}{d\lambda} \end{aligned} \tag{2.26}$$

이제 군속도와 에너지전달에 대해 고려해 보자. 간단한 파동군

$$u = 2A\cos\left(\frac{1}{2}\Delta kx - \frac{1}{2}\Delta\omega t\right)\cos(kx - \omega t)$$

를 고려하자. 에너지밀도(energy density)의 정의로부터

$$\begin{aligned} \hat{E} &= \rho\dot{u}^2 \\ &= 4\rho\omega^2 A^2\cos^2\left(\frac{1}{2}\Delta kx - \frac{1}{2}\Delta\omega t\right)\sin^2(kx - \omega t) + \cdots \end{aligned}$$

가 된다. 몇 개의 주기 T(변조(modulation)가 크게 발생하지 않는 구간)에 대해 위 식의 시간평균을 구하면 손실이 없는 매질에 대해

$$< \hat{E} > \cong 2\rho\omega^2 A^2 \cos^2\left(\frac{1}{2}\Delta kx - \frac{1}{2}\Delta\omega t\right)$$

로 구할 수 있고 시간평균 에너지밀도의 전파속도는

$$c_E = c_g = \frac{d\omega}{dk} \tag{2.27}$$

가 되어 군속도가 에너지전달속도를 나타낸다는 것을 알 수 있다.

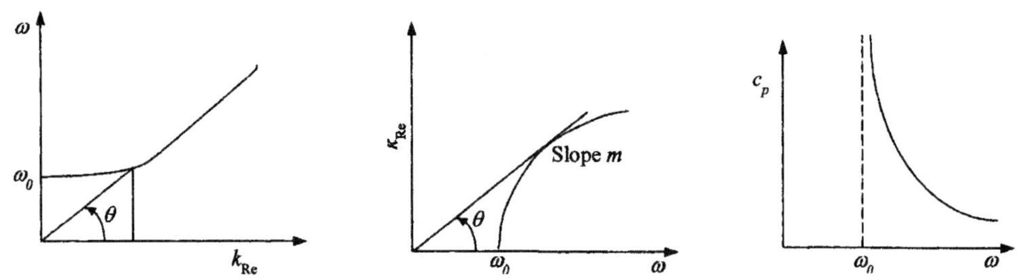

(a) 주파수 스펙트럼 (k_{Re}에 대한 ω)

(b) 주파수 스펙트럼 (ω에 대한 k_{Re})

(c) 분산선도

그림 2.17 주파수 스펙트럼으로부터 분산선도 계산

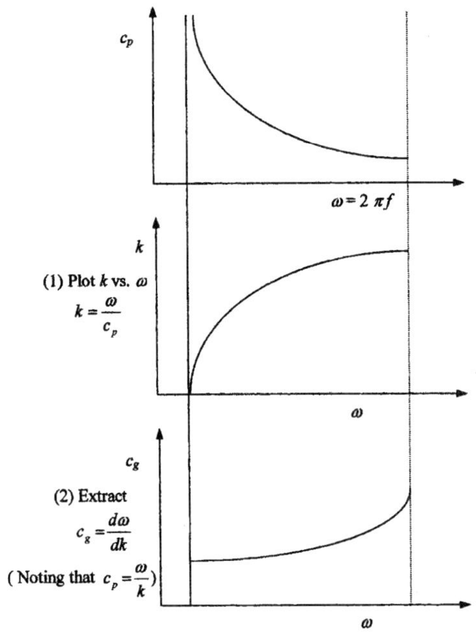

그림 2.18 위상속도 분산선도로부터 군속도 계산

주파수 스펙트럼으로부터 좀 더 일반적인 $c_p(\omega)$의 분산선도를 표현하는 방법을 살펴보자. 위상속도 c_p를 주파수 f에 대해 그리기 위해서는 주파수 스펙트럼에서 k에 대한 ω 선도보다는 ω에 대한 k의 선도를 그리는 것이 유리하다. 이는 그림 2.17의 (a), (b)에 나타낸 바와 같다. 그림 2.17의 (c)는 (b)로부터 $c_p = \omega/k$를 이용하여 점대점 대응으로 구할 수 있다. 위상속도 분산선도로부터 군속도 분산선도를 그리는 방법은 그림 2.18에 나타낸 바와 같다.

2.7 수직 보 입사 반사계수

평면파(plane wave)가 두 물질의 경계면을 만나면 두 성분으로 나뉘어 진다. 즉 경계면에서 일부 에너지는 투과하고 일부는 반사한다. 수직입사 시 경계면에서 반사계수를 계산하는 수식은 그림 2.19에 나타낸 바와 같다.

이 식은 경계면에서 변위, 입자속도뿐만 아니라 수직응력이 일치해야한다는 조건으로부터 유도할 수 있다. 그림 2.19와 같이 두 매질의 경계면을 향해 x방향으로 진행하는 입사 조화평면파(incident harmonic plane wave) σ_I를 고려하자. 반사파는 σ_R, 투과파는 σ_T 이다. 탄성장(elastic field)는 y방향과 무관하므로 y에 대한 모든 미분은 운동방정식에서 사라질 것이다. 이 경우 지배방정식은 매우 간단한 파동방정식 형태를 가지며 종방향 또는 전단방향 파동에 대해 모두 적용할 수 있다.

$$\frac{\partial^2 u_x}{\partial x^2} = \frac{1}{c_L^2}\frac{\partial^2 u_x}{\partial t^2} \tag{2.28}$$

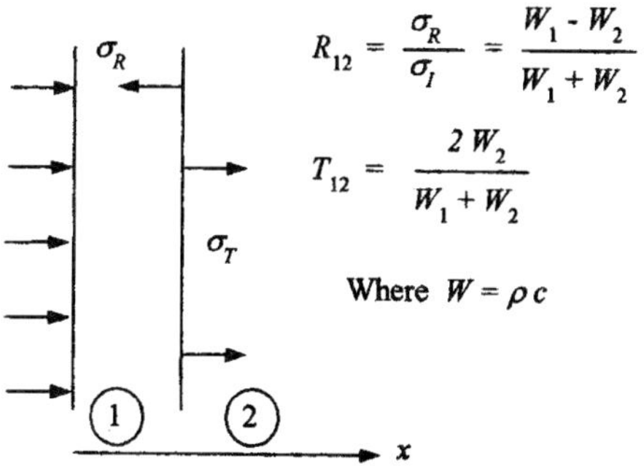

그림 2.19 반사계수

또는

$$\frac{\partial^2 u_y}{\partial x^2} = \frac{1}{c_T^2}\frac{\partial^2 u_y}{\partial t^2} \tag{2.29}$$

여기서 u_x와 u_y는 각각 x, y 방향의 변위벡터이다.

이제 압축파(compressional wave)를 고려해 보자. 식 (2.28)로부터 압축 조화파에 대한 해는 다음과 같이 구할 수 있다.

$$u_x = A_1 e^{i(kx-\omega t)} + A_2 e^{-i(kx+\omega t)} \tag{2.30}$$

여기서

$$\text{파동수 } k = \frac{\omega}{c_L}, \quad c_T^2 = \frac{\mu}{\rho} \quad \text{그리고} \quad c_L^2 = \frac{\lambda + 2\mu}{\rho} \tag{2.31}$$

이다. 식 (2.30)의 첫 번째 항은 양(+)의 x방향으로 진행하는 파동을 나타내고 두 번째 항은 음(-)의 방향으로 진행하는 파동을 나타낸다.

다음과 같은 입사파를 고려하자.

$$u_x^I = Ie^{i(k_1 x-\omega t)}, \quad k_1 = \frac{\omega}{c_L^{(1)}} \tag{2.32}$$

이 경우 반사파는

$$u_x^{(R)} = A_R e^{-i(k_1 x+\omega t)} \tag{2.33}$$

이고 두 번째 매질로 전파되는 투과파는

$$u_x^{(T)} = A_T e^{i(k_2 x-\omega t)}, \quad k_2 = \frac{\omega}{c_L^{(2)}} \tag{2.34}$$

이다. 여기서 A_R, A_T는 미정계수이다.

첫 번째 매질에서 전체 탄성장은

$$u^1 = u_x^{(I)} + u_x^{(R)} = Ie^{i(k_1 x-\omega t)} + A_R e^{-i(k_1 x+\omega t)} \tag{2.35}$$

이고 두 번째 매질에서는

$$u^2 = u_x^{(T)} = A_T e^{i(k_2 x - \omega t)} \tag{2.36}$$

이다. 경계면에서 경계조건은 다음과 같이 쓸 수 있다.

$$u^{(1)} \mid_{x=0} = u^{(2)} \mid_{x=0} \tag{2.37}$$

$$\sigma_x^{(1)} \mid_{x=0} = \sigma_x^{(2)} \mid_{x=0} \tag{2.38}$$

$$\sigma_{xy}^{(1)} \mid_{x=0} = \sigma_{xy}^{(2)} \mid_{x=0} \tag{2.39}$$

일차원 문제의 경우 일반적인 Hook의 법칙은 다음과 같다.

$$\sigma_x = (\lambda + 2\mu)\frac{\partial u_x}{\partial x} \tag{2.40}$$

$$\sigma_{xy} = 0 \tag{2.41}$$

식 (2.35)와 (2.36)을 식 (2.37)에 대입하면

$$I + A_e = A_T \tag{2.42}$$

를 얻을 수 있다.

식 (2.35), (2.36)과 (2.40)으로부터

$$\sigma_x^{(1)} = i(\lambda_1 + 2\mu_1) \cdot k_1 [Ie^{i(k_1 x - \omega t)} - A_R e^{-i(kx + \omega t)}] \tag{2.43}$$

$$\sigma_x^{(2)} = i(\lambda_2 + 2\mu_2) \cdot k_2 \cdot A_T e^{i(k_2 x - \omega t)} \tag{2.44}$$

임을 알 수 있고 식 (2.43)과 (2.44)를 식 (2.38)에 대입하면

$$(\lambda_1 + 2\mu_1) \cdot k_1 [I - A_R] = (\lambda_2 + 2\mu_2) k_2 A_T \tag{2.45}$$

이고 여기서

$$\text{파동수 } k_n = \frac{\omega}{c_L^{(n)}},\ (n = 1, 2) \tag{2.46}$$

$$(\lambda_n + 2\mu_n) = \rho_n [c_L^{(n)}]^2 \tag{2.47}$$

이므로 식 (2.46)과 (2.47)을 이용하면 식 (2.42)와 (2.45)를 다음 식으로 정리할 수 있다.

$$I + A_R = A_T$$

$$\rho_1 c_L^{(1)} (I - A_R) = \rho_2 c_L^{(2)} \cdot A_T \tag{2.48}$$

위 식을 풀면 해를 다음과 같이 구할 수 있다.

$$A_R = \frac{\rho_1 c_L^{(1)} - \rho_2 c_L^{(2)}}{\rho_1 c_L^{(1)} + \rho_2 c_L^{(2)}} \cdot I \tag{2.49}$$

$$A_T = \frac{2\rho_1 c_L^{(1)}}{\rho_1 c_L^{(1)} + \rho_2 c_L^{(2)}} \cdot I \tag{2.50}$$

반사, 투과파에 대한 파동장은 식 (2.49)와 (2.50)을 식 (2.33), (2.34)에 대입하면 구할 수 있다.

이제 입사, 반사, 투과응력을 고려해 보자. 식 (2.40)으로부터 입사응력은

$$\sigma_x^{(I)} = (\lambda_1 + 2\mu_1)\frac{\partial u_x^{(I)}}{\partial x} = ik_1(\lambda_1 + 2\mu_1)e^{i(k_1 x - \omega t)} \cdot I \tag{2.51}$$

이고 마찬가지 방법으로 반사응력은

$$\sigma_x^{(R)} = -ik_1(\lambda_1 + 2\mu_1)e^{-i(k_1 x + \omega t)} \cdot A_R \tag{2.52}$$

이 되고 투과응력은 식(2.44)에 나타낸 바와 같다. 따라서 응력 반사계수와 투과계수는 다음과 같이 구해진다.

$$R = \left.\frac{\sigma_x^{(R)}}{\sigma_x^{(I)}}\right|_{x=0} = -\frac{A_R}{I} = -\frac{\rho_1 c_1 - \rho_2 c_2}{\rho_1 c_1 + \rho_2 c_2} \tag{2.53}$$

$$T = \left.\frac{\sigma_x^{(T)}}{\sigma_x^{(I)}}\right|_{x=0} = \frac{(\lambda_2 + 2\mu_2)k_2}{(\lambda_1 + 2\mu_1)k_1} \cdot \frac{A_T}{I} = \frac{2\rho_2 c_2}{\rho_1 c_1 + \rho_2 c_2} \tag{2.54}$$

음향임피던스(acoustic impedance)를 $W = \rho c_L$로 정의하면 반사계수는

$$R = \frac{W_1 - W_2}{W_1 + W_2} \tag{2.55}$$

이고 투과계수는

표 2.1 재료의 파동속도

재료	밀도 (g/㎤)	파동속도(㎧)	
		종방향	전단방향
공기	0.001	330	—
알루미늄	2.7-2.8	6,250-6,350	3,100
베릴리움	1.82	12,800	8,710
뼈	1.738	2,240±8%	—
황동	8.1	4,430	2,120
청동	8.86	3,530	2,230
주철	7.7	4,500	2,400
초코렛(다크)	1.302	2,584	960
구리	8.9	4,660	2,260
코르크	0.24	510	—
유리	2.23-2.51	5,570-5,770	3,430-3,440
글리세린	1.261	1,920	—
금	19.3	3,240	1,200
얼음	1.00	3,980	1,990
납	11.4	2,160	700
납-지르콘산-티탄산	7.65	3,791	—
마그네슘	1.74	5,790	3,100
니켈	8.3	5,630	2,960
오일	0.92-0.953	1,380-1,500	—
플렉시글라스	1.18	2,670	1,120
폴리에틸렌	0.920	2,000	—
석영	2.65	5,736	—
은	10.5	3,600	1,590
연조직	1.06	1,540	—
강	7.8	5,850	3,230
스테인레스강	7.67-8.03	5,660-7,390	2,990-3,120
주석	7.3	3,320	1,670
티타늄	4.54	6,100	3,120
텅스텐	19.25	5,180	2,870
물(20℃)	1.00	1,480	—
나무, 오크(입자포함)	0.4615	4,640	1,750
나무, 오크(입자 불포함)	0.4615	1,630-2,150	1,460-1,750
아연	7.1	4,170	2,410

$$T = \frac{2W_2}{W_1 + W_2} \tag{2.56}$$

로 쓸 수 있다.

경계면에서 투과모드와 반사모드로 분리되는 에너지의 비에 대한 식은 에너지가 압력 크기의 제곱에 비례한다는 사실로부터 유도할 수 있다. 전파방향에 수직한 단위면적을 단위시간당 통과하는 에너지의 유동을 파동의 강도(I_I, I_R, I_T)로 정의한다. 강도는 한 주기에 대해 계산하고 다음과 같이 진폭에 따라 달라진다.

$$I_R = \frac{A_R^2}{2\rho_1 c_L^{(1)}}, \quad I_T = \frac{A_T^2}{2\rho_2 c_L^{(2)}}, \quad I_I = \frac{1}{2\rho_1 c_L^{(1)}} \tag{2.57}$$

식 (2.53), (2.54)과 (2.57)로부터

$$\frac{I_R}{I_I} = \left(\frac{B-1}{B+1}\right)^2, \quad \frac{I_T}{I_I} = \frac{4B}{B+1}$$

이고 여기서 $B = W_2/W_1$ 이다.

여러 가지 재질에 대한 초음파의 파동속도와 음향임피던스에 대한 값을 표 2.1에 제시하였다. 몇 가지 재료에 대한 반사계수는 표 2.2에 나타내었다. 여기서 도입한 음향임피던스 W는 재료의 고유한 특성이라고 할 수 있다.

$$W = \rho c \sim \sqrt{\rho E}$$

재료의 강도는 영계수 E와 관련이 있고, 일반적으로 재료의 강도가 커지면 파동속도도 높아지는 것을 알 수 있다.

표 2.2 재료의 반사, 투과비

반사면 (1)	σ_R/σ_I (2)	I_R/I_I (3)	σ_T/σ_I (4)	I_R/I_I (5)
코르크-강	0.995	0.989	0.005	0.011
강-코르크	−0.995	0.989	1.995	0.011
알루미늄-플렉시글라스	−0.692	0.479	1.692	0.521
플렉시글라스-알루미늄	0.692	0.479	0.308	0.521

2.8 경사보 해석을 위한 Snell의 법칙

초음파가 두 매질의 경계면을 경사각을 갖고 만날 때 몇 가지 현상이 발생한다. 먼저 광학 파동(optical light wave)처럼 굴절이 발생한다. 그림 2.20에서처럼 파동의 굴절이 발생하고 굴절각은 Snell의 법칙 $c_1 \sin\theta_2 = c_2 \sin\theta_1$ 으로부터 구할 수 있다.

경계면에서 발생하는 두 번째 현상은 모드변환이다. 두 번째 매질에서 에너지는 종파와 전단파로 분산된다. 반사각과 입사각이 동일할 때 일부 에너지는 반사된다. 모드변환에 대한 개념을 그림 2.21에 나타내었다. 초음파가 두 매질 사이의 경계면을 만나면 입사에너지는 서로 다른 종류의 초음파에너지로 분리된다. 경계면에 경사각 θ를 갖고 작용하는 힘을 생각해 보자. 이 힘은 독립적으로 매우 복잡한 형태의 파동운동을 발생시킨다. 복잡한 파동운동은 두 개의 특정 운동이 중첩된 것으로 생각할 수 있다. 즉 수직력과 수직 파동에 관계된 운동과 전단력과 전단 파동에 관련된 운동이 중첩된 것으로 생각할 수 있다. 하중원(loading source)으로부터 멀리 떨어진 곳에서 펄스(pulse) 형태로 가진하면 두 형태의 파동을 분리할 수 있다. 이는 전단파의 속도가 수직파보

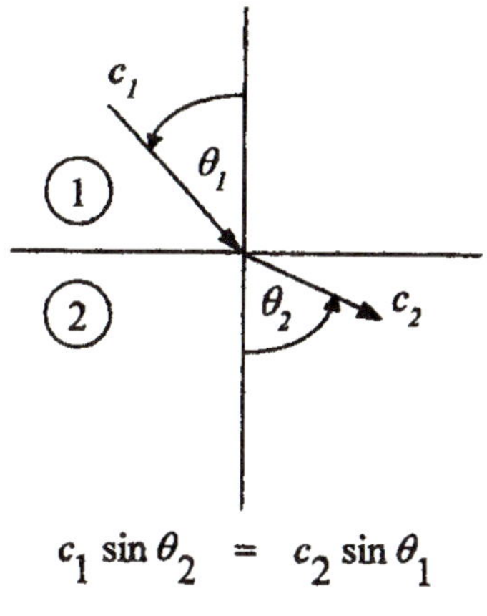

그림 2.20 경사보 해석을 위한 Snell의 법칙

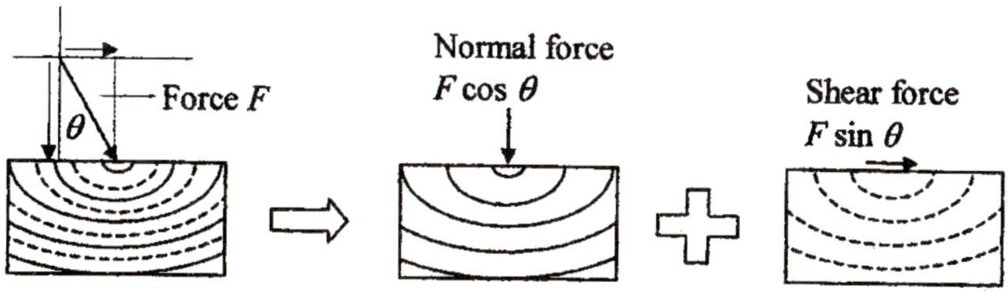

그림 2.21 모드변환의 개념

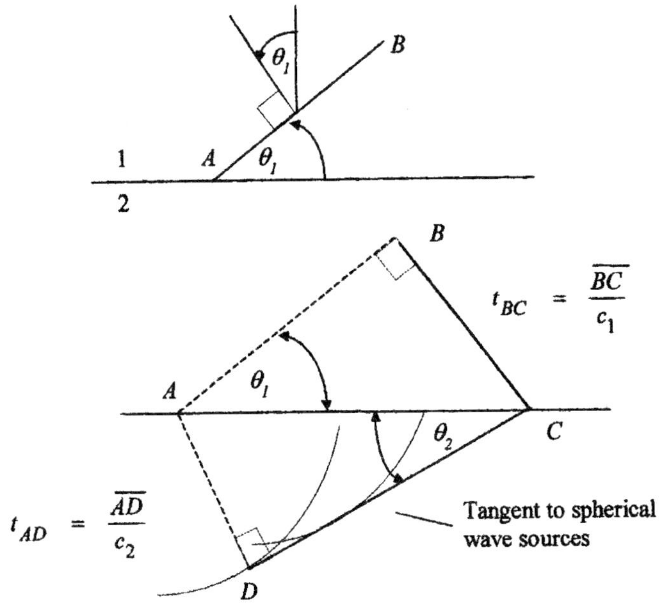

그림 2.22 Snell의 법칙의 유도

다 느리기 때문이다. 그러나 연속파 형태로 가진하면 두 파동운동은 중첩되어 매우 복잡한 파동이 구조물로 전달된다. 모드변환의 완벽한 해석을 위해서는 경계면 양 쪽에서 두 파동을 동시에 고려해야 한다. 이 경우 양 매질에서 수직파와 전단파가 모두 발생 하고 중첩의 과정을 통해 양 매질의 경계면을 따라 전파되는 계면파(interface wave)를 생성할 수 있다.

Snell의 법칙과 모드변환의 정량적 해석은 Snell의 법칙에 대한 수학적 유도과정을 통해서도 살펴볼 수 있다. 그림 2.22에 보인 바와 같이 매질 1과 2 사이의 경계면을 향해 전파하는 경사진 파면의 일부분 *AB*를 고려해 보자. 구면파에 대한 Huygen의 원리를 이용하여 점 *A*에서 *C*방향으로 움직이는 구면파를 생각해 보자. 파면 *AB*를 먼저 구성하고 매질 2에서의 파동 *CD*를 나중에 구성하면 삼각법에 의해 Snell의 법칙을 유도할 수 있다. 매질 1의 *B*에서 *C*까지 진행하는 동안 걸린 시간은 매질 2의 *A*에서 *D*까지 진행하는 동안 걸린 시간과 같아야 하므로 이로부터 Snell의 법칙을 유도할 수 있다.

$$\sin\theta_1 = \frac{\overline{BC}}{\overline{AC}}\ , \quad \sin\theta_2 = \frac{\overline{AD}}{\overline{AC}}$$

$t_{BC} = t_{AD}$에서 $\overline{BC}/c_1 = \overline{AD}/c_2$ 이므로

$$c_1 \sin\theta_2 = c_2 \sin\theta_1$$

임을 알 수 있다. 파동속도해석만을 이용하여 유도한 Snell의 법칙을 이용하여 매질 2에서의 굴절 전단각(refracted shear angle)을 계산할 수 있다. 따라서 그림 2.23의 두 식은 Snell의 법칙으로부터 유도할 수 있다.

한 매질에서 다른 매질로 초음파가 진행할 때 입사각(15°, 30°, 45°)에 따른 굴절각의 변화를 표 2.3에 제시하였다. 파동속도가 낮은 매질에서 높은 매질로 전파할 때 수직선에서 먼 쪽으로 굽어지는 것을 알 수 있다(그림 2.24 참조). 파동속도가 높은 쪽에서 낮은 쪽으로 진행할 때는 수직선 쪽으로 굽어진다.

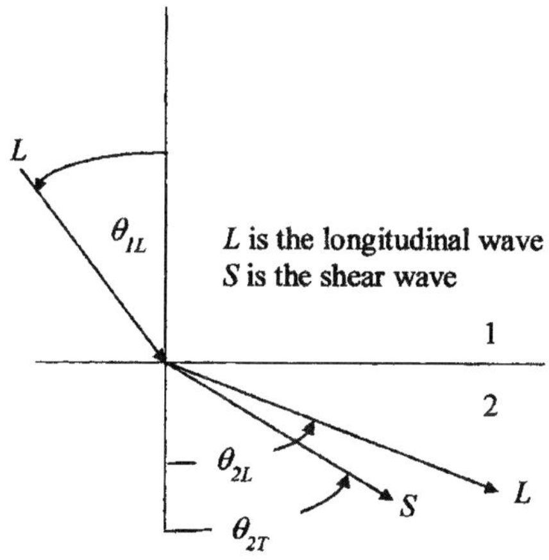

$$c_{1L} \sin\theta_{2L} = c_{2L} \sin\theta_{1L}$$

$$c_{1L} \sin\theta_{2T} = c_{2T} \sin\theta_{1L}$$

그림 2.23 Snell의 법칙과 모드변환

표 2.3 종파의 입사각에 대한 반사각

계면	θ_{2L} 값			θ_{2L} = 90°
	θ_I = 15° 일 때	θ_I = 30° 일 때	θ_I = 45° 일 때	$\theta_I = \theta_{cr}$
강-플렉시글라스	6.8°	13.2°	18.8°	—
플렉시글라스-강	34.5°	—	—	θ_{cr}=27°

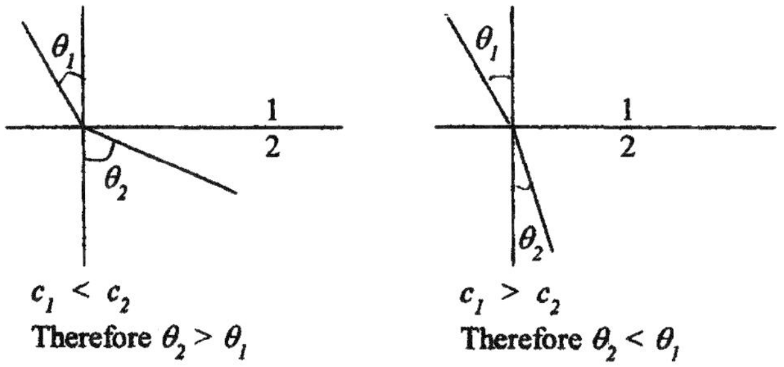

a) 첫 번째 임계각은 다음과 같이 정의된다.

$\theta_2 = 90\,^\circ$ 일 때 $\theta_c = \sin^{-1}\dfrac{c_1}{c_2}$

b) 두 번째 임계각은 전단 굴절각이 90° 일 때 발생한다.

그림 2.24 임계각의 개념

2.9 임계각과 모드변환

초음파가 두 매질의 경계면과 만났을 때 발생하는 현상을 좀 더 고찰하기 위해 임계각(critical angle)이라는 개념을 살펴보기로 하자. Snell의 법칙을 고려해보면 굴절과정과 관련하여 두 개의 임계각이 존재함을 알 수 있다.

(1) 첫 번째 임계각은 다음과 같이 정의된다.

$$\theta_2 = 90\,^\circ \text{ 일 때 } \theta_{cr} = \sin^{-1}\frac{c_1}{c_{2L}}$$

이 경우 모든 종방향 에너지는 반사되거나 계면파로 변환된다. 두 번째 매질에는 전단파만 존재한다.

(2) 두 번째 임계각은 전단 굴절각이 90°일 때 발생한다. 즉 두 번째 매질로는 에너지가 거의 전달되지 않는다. 모든 에너지는 반사되거나 계면파로 변환된다. 두 번째 임계각은 $\sin^{-1}c_1/c_{2s}$ 에서 구할 수 있다.

강(steel)과 플렉시그라스(Plexiglas)에 대해 임계각을 구하려할 때 그런 각이 존재하지 않는다는 사실($\sin\theta > 1$)을 발견하게 된다. 즉 두 번째 매질에서의 파동속도가 첫 번째 매질보다 낮을 때 굴절각은 입사각보다 작게 된다. 그 반대의 경우 굴절각은 입사각보다 커지게 된다.

경사보 해석과 관련된 모드변환에 대한 몇 가지 결론을 도출해 보자. 그림 2.25에 가능한 네 가지 경우의 모드변환을 제시하였다. 그림에서 (a)는 각 θ_L을 갖고 입사하는 종파에 의해 생성되는 파형을 나타내었다. 두 번째 매질에서의 굴절파는 종파 또는 전단파 모두 발생할 수 있다. 반사파도 종파 또는 전단파로 변환할 수 있다. 두 개의 굴절각과 두 개의 반사각은 Snell의 법칙으로부터 계산할 수 있다. 종파 입사의 경우 입사각은 반사각과 동일하다.

그림 (b)는 입사각이 첫 번째 임계각과 일치할 때의 파형을 나타내고 있다. 전단파만이 두 번째 매질로 전파되고 종파는 90°의 각을 갖고 전파되기 때문에 계면파만 발생시킬 수 있음을 알 수 있다. 이 경우 두 파는 모두 반사되는 것도 확인할 수 있다. 그림 (c)는 두 번째 임계각을 갖고 종파가 입사되는 경우이다. 이 경우 두 번째 매질로 전파되는 초음파에너지를 발생시킬 수 없는데 이는 종파와 전단파가 모두 경계면에서 반사되기 때문이다. 그림 (d)는 전단파의 입사각이 전단파 반사각과 일치할 때의 경우이다.

그림 2.26은 파동이 첫 번째 매질에서 두 번째 매질로 전파될 때 첫 번째 임계각에 다다르기 전에 계면파가 발생하는 흥미로운 모드변환 현상에 대해 설명하고 있다. 계면파는 지향성 파동의 전개(beam spreading)와 발산각(angle of diversion)에 의해 발생한다. 두 번째 매질에서 굴절된 종파를, 그것을 둘러싼 초음파에너지 로브(lobe)와 함께 나타내었다. 종파의 굴절각이 증가하게 되면 로브의 중심이 90°에 이르기 전에 초음파에너지 로브의 일정 부분이 경계면과 만나게 된다는 사실에 주목할 필요가 있다.

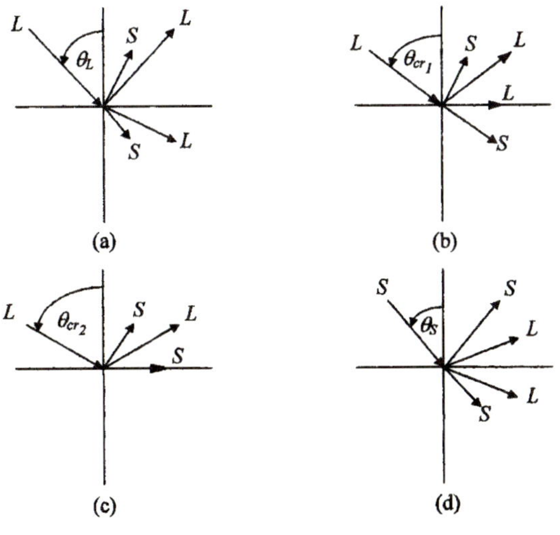

그림 2.25 모드변환 (a) 일반 L입력 (b) θ_{cr1}에서 (c) θ_{cr2}에서 (d) 일반 S입력

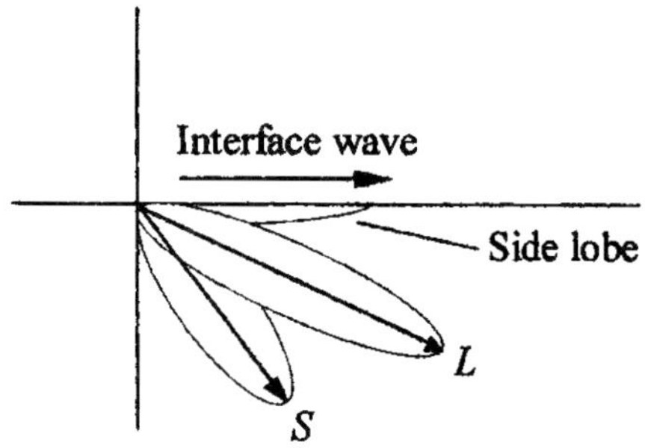

측면 로브와 계면 사이의 상관관계를 나타내는 θ_{cr1}, θ_{cr2}전에 나타나는 계면파

그림 2.26 모드변환과 계면파의 생성

에너지 분할(energy partitioning)이라는 주제는 응용역학의 몇몇 영역에서 주목을 받고 있다. 반사되는 전단파, 종파로 어느 정도의 에너지가 변환되고, 굴절되는 전단파, 종파로 얼마, 그리고 계면파로 변환되는 전단파, 종파가 차지하는 에너지 비율을 계산할 수 있다.

제3장 파동전파 모델

본 장에서는 평판과 파이프와 같은 원통형 시스템의 파동전파에 대한 일반적인 모델을 수립하는 방법에 대해 기술하고자 한다. 등방성 재료가 사용될 경우 탄성, 점탄성 등방성 매질, 단일 또는 다중 층을 갖는 구조물, 자유 또는 누설 시스템에 대한 모델을 수립할 수 있다. 고려대상 시스템이 탄성, 비누설(non-leaky) 시스템일 경우 다층 이방성 시스템에 대한 분산선도도 계산할 수 있다.

시스템의 형상과 재료특성에 따라 경계조건을 만족하기 위해 존재하는 공진 점과 각 층에 존재하는 입체파의 전파특성을 규명할 수 있다. 즉 공진 점이 결정되면 유도파의 형태로 존재하는 초음파와 각각의 초음파가 갖는 특성을 규명할 수 있다. 유도파 문제에 대한 해는 분산선도라는 연속성을 갖는 곡선의 형태로 구해질 수 있는데 이러한 분산선도는 주파수, 파동수, 감쇠 공간에서 반복계산을 통해 얻어진다. 해를 찾고 파동의 특성을 결정하면 그 결과를 이용하여 효과적인 비파괴검사 방법을 설계할 수 있다.

파동전파 모델을 수립하기 위해 먼저 탄성, 점탄성 등방성 매질 내에 존재하는 입체

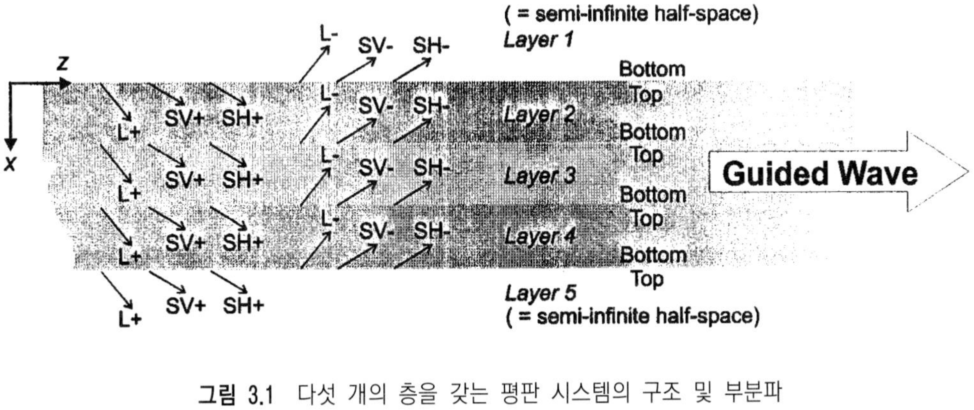

그림 3.1 다섯 개의 층을 갖는 평판 시스템의 구조 및 부분파

파의 성질을 규명한다. 입체파의 성질이 알려지면 임의의 층의 응력과 변위를 모든 입체파의 크기로 표현할 수 있다. 각 층의 경계에서의 응력과 변위는 전체 시스템을 하나의 전역행렬(global matrix)로 표시하기 위해 경계조건과 결합되는데, 전역행렬은 입체파 크기와 물리적인 제한조건 사이의 관계를 규명하는 행렬이다. 그림 3.1에는 다섯 개의 층으로 구성된 평판 시스템의 구조를, 그림 3.2에는 다섯 개의 층으로 구성된 원통형 시스템의 구조를 나타내었다. 그림에서 L+-, SV+-, SH+-로 표시된 부분파(또는 입체파)는 각 계면에서의 경계조건을 만족하면서 하나로 결합된다. 어떤 주파수, 파동수, 감쇠의 조합에서 이 부분파들은 무한대로 긴 원통의 축을 따라 진행하는 유도파를 형성한다. 유도파가 존재할 수 있는 조합은 전역행렬의 해를 구하여 계산할 수 있다. 시스템이 결정되면 전역행렬의 식은 주파수(시간에 따라 변하는 성분), 실파동수(공간에 따라 변하는 성분) 그리고 감쇠(공간 감소율)의 함수로 표현된다. 유효한 근을 구할 때까지 이 세 파라미터들을 반복적으로 변화시키면서 해를 찾는다. 초기 근을 찾으면 동일 곡선 상에 놓여있는 근들이나 분산선도를 추적할 수 있게 된다. 이 과정을 반복하면 다른 분산선도도 연속해서 찾을 수 있다. 모든 분산선도의 추적이 끝나면 유도파에 대한 정보를 추출할 수 있고 시스템의 초음파 전파특성을 결정할 수 있다.

본 장의 전반부에서는 여러 가지 종류의 층에 대한 파동전파 방정식을 전개하는 방법에 대해 설명하고 후반부에서는 이러한 파동전파 방정식을 결합하여 전체 시스템을 묘사하는 방법에 대해 설명한다.

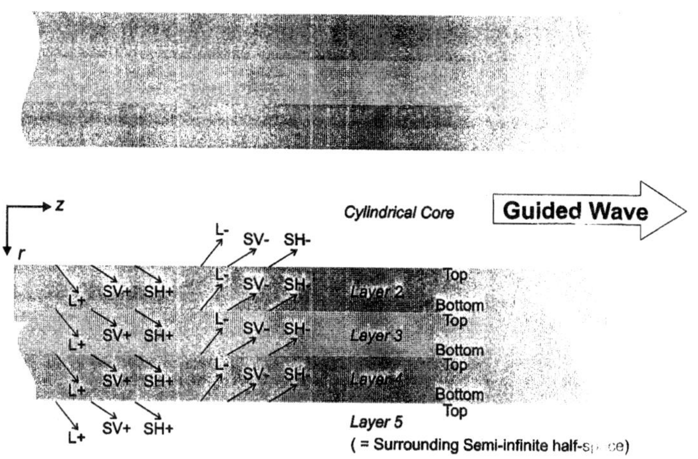

그림 3.2 다섯 개의 층을 갖는 원통형 시스템의 구조 및 부분파

3.1 입체, 등방성 매질의 파동방정식

층을 갖는 매질의 거동을 묘사하는 방정식을 유도하기 전에 무한 매질에서의 파동전파 형상을 이해하는 것이 중요하다고 할 수 있다. 즉 재료의 입체파 거동을 이해하는 것이 필수적이라 할 수 있다. 이에 대한 정보는 많은 문헌[51, 5, 35, 10, 11, 34]에 기술되어 있지만 본 절에서는 일반적인 형태의 관계식을 요약하여 정리하고 원통형 구조물에 대한 설명은 다음 절에서 다루기로 한다.

재료의 미소요소(infinitesimal element)에 적용되는 Newton의 제 2법칙과 탄성체의 임의의 체적 내에서 성립하는 질량보존법칙을 이용하여 Euler 운동방정식을 유도할 수 있다. Euler 운동방정식은 위치 $\boldsymbol{r}$과 시간 t의 함수인 입자 변위장 $\boldsymbol{u}(\boldsymbol{r},t)$과 응력 다이아딕(dyadic) $\vec{\sigma}$(2차원 벡터장) 사이의 관계식으로 다음과 같이 기술된다.

$$\rho(\partial^2 \boldsymbol{u}/\partial t^2) = \nabla \cdot \vec{\sigma} \tag{3.1}$$

여기서 ρ는 층의 밀도로 일정하다고 가정한다. 또 재료는 선형 탄성이고 체적력(body force) 즉 중력은 무시한다. 그러면 일반적인 Hook의 법칙을 이용하여 응력 다이아딕 $\vec{\sigma}$와 재료 탄성상수의 관계를 표현할 수 있다. 탄성론을 이용하여 균일(homogeneous) 등방성 재료의 탄성 강성텐서(stiffness tensor)를 구성하는 21개의 요소를 Lamé상수라 불리는 두 개의 재료상수 λ, μ로 감소시킬 수 있다(참고문헌 [5] 참조). 그러면 Hook의 법칙은 다음과 같이 간단히 표현된다.

$$\vec{\sigma} = \lambda \boldsymbol{I} \nabla \cdot \boldsymbol{u} + \mu(\nabla \boldsymbol{u} + \boldsymbol{u} \nabla) \tag{3.2}$$

여기서 $\boldsymbol{I}$ 는 단위행렬이다.

앞의 두 식 (3.1), (3.2)를 결합하면 등방성 탄성 매질에 대한 Navier 변위방정식을 유도할 수 있다.

$$(\lambda + \mu)\nabla\nabla \cdot \boldsymbol{u} + \mu \nabla^2 \boldsymbol{u} = \rho(\partial^2 \boldsymbol{u}/\partial t^2) \tag{3.3}$$

이 식은 다음과 같이 다시 쓸 수 있다.

$$(\lambda + 2\mu)\overbrace{\nabla(\nabla \cdot \boldsymbol{u})}^{\text{dilatational}} + \mu \overbrace{\nabla \times (\nabla \times \boldsymbol{u})}^{\text{rotational}} = \rho(\partial^2 \boldsymbol{u}/\partial t^2) \tag{3.4}$$

여기서 $\boldsymbol{u}$는 변위벡터, ρ는 밀도, λ와 μ는 Lamé상수이고 ∇^2은 3차원 Laplace 연산자이다. 식 (3.4)에서 $(\lambda+2\mu)\nabla(\nabla \cdot \boldsymbol{u})$는 해의 팽창(dilatational) 부분이고 $\mu\nabla\times(\nabla\times\boldsymbol{u})$는 회전(rotational) 부분이다.

재료의 감쇠를 시스템에 도입하는 방법에는 몇 가지가 있다. 일반적인 NDE의 경우 진행파장 당 변위 크기의 일정 손실을 표시하는 감쇠 모델에 의해 재료의 거동을 적절하게 표현할 수 있다[83, 82, 12, 31, 76, 77, 78, 66, 44, 95, 13, 30, 48, 43]. 재료의 감쇠를 도입하면 Lamé상수 λ, μ는 다음과 같은 연산자로 대치된다.

$$\lambda \rightarrow \lambda + \frac{\lambda'}{\omega}\frac{\partial}{\partial t},\ \mu \rightarrow \mu + \frac{\mu'}{\omega}\frac{\partial}{\partial t} \tag{3.5}$$

여기서 상수 λ'과 μ'은 점탄성재료의 상수이고 ω는 주파수이다. 점탄성상수가 0이면 점탄성모델은 탄성모델이 된다. 따라서 변위방정식 (3.3)은 다음과 같이 쓸 수 있다.

$$(\lambda+\mu)\nabla(\nabla \cdot \boldsymbol{u})+\mu\nabla^2\boldsymbol{u}+\left(\frac{\lambda'+\mu'}{\omega}\right)\nabla\left(\nabla \cdot \frac{\partial \boldsymbol{u}}{\partial t}\right)+\left(\frac{\mu'}{\omega}\right)\nabla^2\frac{\partial \boldsymbol{u}}{\partial t}=\rho\frac{\partial^2\boldsymbol{u}}{\partial t^2} \tag{3.6}$$

Helmholtz 분해법을 이용하면(참고문헌 [51]의 52-53쪽 참조) 유한하고 균일하며 연속적이고 무한대에서 그 값이 소멸하는 식 (3.3)의 3차원 변위벡터 $\boldsymbol{u}$를 압축 스칼라포텐셜 ϕ와 등가체적 벡터포텐셜 $\boldsymbol{H}$의 합으로 표현할 수 있다.

$$\boldsymbol{u} = \nabla\phi + \nabla\times\boldsymbol{H} \tag{3.7}$$

여기서

$$\nabla \cdot \boldsymbol{H} = F(\boldsymbol{r},t)$$

이고 F는 좌표벡터 $\boldsymbol{r}$과 시간 t의 함수이다. Gazis[25]는 함수 F는 필드변환(field transformation)의 측정불변(gauge invariance) 법칙에 의해 임의로 선택할 수 있음을 보였다(참고문헌 [51]의 207-211쪽 참조). 즉 필드와 포텐셜 사이의 관계는 유일하지 않다. χ가 적절한 경계조건을 만족하면 스칼라포텐셜 ϕ는 $\phi'+(1/c)(\partial\chi/\partial t)$로, 벡터포텐셜 $\boldsymbol{H}$는 $\boldsymbol{H}'-\nabla\chi$로 치환될 수 있다. 새로운 포텐셜은 동일한 필드를 나타낸다. 이와 같은 방법으로 전체 필드를 표현하기 위해 함수들을 조합할 수 있다. 여기서 $F(\boldsymbol{r},t)$를 0으로 설정하면 등가체적 벡터포텐셜은 제로발산(zero-divergence) 벡터가 되어 필드가 솔레노이드화 된다. 즉 영역 내에 에너지의 근원이나 싱크(sink)가 존재하지 않게 된다. 발산

조건을 규정하면 Helmholtz 분해법에 의해 도입된 두 개의 포텐셜에 의해 나타나는 네 개의 성분으로 $\boldsymbol{u}$의 세 성분을 유일하게 결정할 수 있는 필수조건을 구할 수 있다.

변위벡터 $\boldsymbol{u}$에 대한 표현을 Navier 운동방정식 (3.3)에 대입하면 다음의 결과식을 얻을 수 있다.

$$\nabla[(\lambda+2\mu)\nabla^2\phi-\rho(\partial^2\phi/\partial t^2)+\nabla\times(\mu\nabla^2\boldsymbol{H}-\rho(\partial^2\boldsymbol{H}/\partial t^2))=0 \tag{3.8}$$

이때 다음과 같은 항등식을 이용하였다.

$$\nabla\cdot\nabla\phi=\nabla^2\phi,\ \nabla^2(\nabla\phi)=\nabla(\nabla^2\phi),\ \nabla\cdot\nabla\times\boldsymbol{H}=0$$

식 (3.8)의 조건을 만족하기 위해서는 두 괄호 안의 항이 0이 되어야하고 이로부터 다음과 같은 표준방정식을 유도할 수 있다.

$$c_1^2\nabla^2\phi=\partial^2\phi/\partial t^2$$

$$c_2^2\nabla^2\boldsymbol{H}=\partial^2\boldsymbol{H}/\partial t^2 \tag{3.9}$$

여기서

$$c_1=\left(\frac{\lambda+2\mu-i(\lambda'+2\mu')}{\rho}\right)^{1/2},\quad c_2=\left(\frac{\mu-i\mu'}{\rho}\right)^{1/2} \tag{3.10}$$

이다. 만약 매질이 탄성이면

$$c_1=\left(\frac{\lambda+2\mu}{\rho}\right)^{1/2},\quad c_2=\left(\frac{\mu}{\rho}\right)^{1/2} \tag{3.11}$$

이 된다. 즉 재료가 탄성이면 상수 c_1, c_2는 실수 값을 갖게 되고 각각 종방향, 전단방향 입체파 속도와 같아지는 것을 알 수 있다. 재료가 감쇠를 가지면 상수 c_1, c_2는 복소수가 되지만 감쇠가 적을 경우 실수부는 입체파 속도를 근사적으로 나타낸다는 사실을 명심할 필요가 있다.

3.1.1 감쇠 파동방정식의 특성

파동이 감쇠를 갖는 것은 다음과 같은 두 종류의 물리적 현상에 기인한다고 할 수 있다. 즉 (1) 구조물의 재료가 감쇠를 갖는 경우(복소수 Lamé상수에 의해 정의됨). 이 경우 파동의 에너지는 파동이 진행되면서 구조물에 의해 흡수된다. (2) 구조물이 유체에 잠겨있거나 고체에 매립되어 있는 경우. 이 경우 파동에너지는 주변 반공간으로 방사(또는 누설)된다. 두 경우 모두 유도파의 감쇠는 속도나 파동수처럼 구조물의 중요한 특성이 된다. 두 종류의 감쇠 모두 파동 진행거리에 따라 지수적으로 감소하는 식으로 표현할 수 있다. 이때 파동수는 복소수로 표시되는데 실수부 $\mathbf{k}_{\text{real}}$은 파동의 전파를, 허수부 $\mathbf{k}_{\text{imag}}$는 파동의 감쇠를 나타낸다. 일반적인 형태의 파동방정식은 변위 $\boldsymbol{u}$를 사용하여 다음과 같이 쓸 수 있다.

$$\boldsymbol{u} = Ae^{i(\boldsymbol{k} \cdot \boldsymbol{x} - \omega t)} \tag{3.12}$$

실수부와 허수부를 분리하면 다음과 같이 다시 쓸 수 있다.

$$\boldsymbol{u} = Ae^{i(\mathbf{k}_{\text{real}} \cdot \boldsymbol{x} - \omega t)} e^{-\mathbf{k}_{\text{imag}} \cdot \boldsymbol{x}} \tag{3.13}$$

여기서 완전 허수로 표현된 첫 번째 지수함수는 벡터 $\mathbf{k}_{\text{real}}$의 진행방향을 따르는 파동의 전파를 나타내고, 실수로 표현된 두 번째 지수함수는 벡터 $\mathbf{k}_{\text{imag}}$의 진행방향을 따르는 파동의 지수적 감소를 나타낸다. 일반적으로 $\mathbf{k}_{\text{real}}$과 $\mathbf{k}_{\text{imag}}$는 벡터이며 임의의 방향을 갖고 있다.

이 모델에서 파장 당 감쇠는 상수이다. 즉 단위거리 당 감쇠는 주파수에 따라 선형적으로 증가한다. 재료의 입체 초음파 특성을 측정하는 경우처럼 파동수의 실수부와 허수부가 평행하면 재료상수는 다음과 같이 파동속도와 감쇠로 표현될 수 있다.

$$c_1 \text{ 또는 } c_2 = \frac{\omega}{|\mathbf{k}_{\text{r}}| + i|\mathbf{k}_{\text{i}}|} = \frac{c_{ph}}{1 + |\mathbf{k}_{\text{i}}|/|\mathbf{k}_{\text{r}}|} = \frac{c_{ph}}{1 + i\kappa/(2\pi)} \tag{3.14}$$

여기서 c_{ph}는 파동의 위상속도(항상 실수)이고 κ는 neper/wavelength의 단위를 갖는 감쇠로 단위크기의 파장이 단위 파장을 진행한 후 크기가 $e^{-\kappa}$로 감소한다는 것을 의미한다.

따라서 Lamé 상수가 알려지면 입체파 위상속도, 감쇠는 다음 식으로 표현된다.

$$c_{ph,1} = c_{1,re} - \kappa_1 \frac{c_{1,im}}{2\pi}, \quad c_{ph,2} = c_{2,re} - \kappa_2 \frac{c_{2,im}}{2\pi}$$

$$\kappa_1 = -2\pi \frac{c_{1,im}}{c_{1,re}}, \quad \kappa_2 = -2\pi \frac{c_{2,im}}{c_{2,re}} \tag{3.15}$$

또 입체파 위상속도와 감쇠가 알려지면 Lamé 상수는 다음과 같이 표현된다.

$$\mu = \frac{\rho(c_{ph,2})^2(4\pi^2)(4\pi^2-\kappa_2^2)}{(\kappa_2^2+4\pi^2)^2}, \quad \mu' = \frac{\rho(c_{ph,2})^2(4\pi^2)(4\kappa_2\pi)}{(\kappa_2^2+4\pi^2)^2}$$

$$\lambda = \frac{\rho(c_{ph,1})^2(4\pi^2)(4\pi^2-\kappa_1^2)}{(\kappa_1^2+4\pi^2)^2} - 2\mu, \quad \lambda' = \frac{\rho(c_{ph,1})^2(4\pi^2)(4\kappa_1\pi)}{(\kappa_1^2+4\pi^2)^2} - 2\mu' \tag{3.16}$$

파동수가 아닌 주파수를 복소수라고 가정하여 파동방정식에 감쇠를 포함시킬 수도 있다. 두 방법 모두 유효한 방법이지만 그 결과는 다르다. 그 이유는 서로 다른 물리적 문제를 표현하기 때문이다. 이에 대한 예제로는 참고문헌 [71, 9]를 참조하기 바란다. 그러나 상당한 거리를 전파하는 유도파에 초점을 맞출 경우 파동수를 복소수로 가정하는 것이 좀 더 타당한 방법이라고 할 수 있다. 감쇠모델에 대한 자세한 내용은 참고문헌 [74, 65, 64, 26, 18, 19, 1, 39]를 참조하기 바란다.

3.1.2 유체재료

일반적으로 유체를 모델링하는 방법은 적절한 파라미터를 이용하여 고체재료에서 사용하였던 재료모델로 유체를 표현하는 방법을 채택하고 있다. 이론적 배경에 대한 자세한 내용은 참고문헌 [52, 66]을 참조하기 바란다.

유체의 입체파 감쇠가 0이면 전단파를 지지하지 못한다. 따라서 파동방정식에 대한 해는 하나만 존재하게 되고 이때 입체 압축파의 속도는 다음 식으로 표현된다.

$$c_1 = (\lambda_f/\rho)^{1/2} \tag{3.17}$$

여기서 λ_f는 유체의 입체 강성이다. 위 식을 직접 압축파에 대한 고체 표현식에 대입할 수 있다. 전단파를 지지하지 못하는 현상은 개념적으로 간단하다. 즉 이 항을 무시하면 된다. 그러나 유체와 관련된 열과 행을 행렬방정식에서 삭제할 때는 주의가 요구된다.

입자분산에 의한 손실처럼 점성손실 없이 유체가 파동을 감쇠시키는 경우 종파에 대한 표현식은 고체재료에서 도입하였던 방법과 동일한 방식으로 변경될 수 있다. 즉 허수 강성상수를 첨가하기만 하면 된다. 따라서 재료를 밀도, 입체 압축파 속도, 입체 압축파 감쇠를 이용하여 정의할 수 있다.

점성에 의해 유체가 파동을 감쇠시키는 경우에는 입체 전단파를 포함시키고 입체 압축파에 대한 표현식을 수정할 필요가 있다. 전단파를 포함시키는 이유는 자명하다. 즉 고체 층과 점성유체를 전단방향으로 연성시킬 필요가 있기 때문이다. 모든 경우에 전단파의 감쇠는 매우 크기 때문에 전단파는 멀리까지 전파되지 못한다. 즉 고체로부터 에너지를 빼앗아 짧은 거리를 전파하는 동안 그 에너지를 소멸해 버린다. 압축파는 감쇠 특성을 갖는데 그 이유는 종파운동은 체적변화뿐만 아니라 재료의 왜곡(전단변형) 과도 관련이 있기 때문이다.

본 교재에서는 점성유체를 모델링할 때 Newton점성을 갖는 압축성 Stokes유체만을 그 대상으로 한다(참고문헌 [47] 참조). 이러한 유체를 선형 점성유체라 한다. 변형이 발생하는 유체의 응력상태에 대한 Stokes식은 다음과 같이 기술된다.

$$\sigma = -p + F(D) \tag{3.18}$$

여기서 σ는 응력텐서, p는 평형압력(유체가 정지 상태에 있을 때의 압력), F는 임의의 함수, D는 변형의 텐서변화율(변형률의 시간미분)이다. 유체가 비점성이면 응력상태는 평형압력과 같아지게 되어 위 식은 단순히 $\sigma = -p$가 된다. 점성($F(D)$)에 의한 응력의 변화를 점성응력이라 부른다.

함수 F가 선형이면 이때의 유체를 Newtonian유체라 부른다. 그러면 식 (3.18)은 Newton유체의 Navier-Poisson법칙에 따라 다음과 같이 표현된다.

$$\sigma_{ij} = -p\delta_{ij} + \lambda' D_{kk}\delta_{ij} + 2\mu' D_{ij} \tag{3.19}$$

여기서 λ'과 μ'은 점성상수이다. 유체가 입체압력을 받는 경우(σ_{xx}=σ_{yy}=σ_{zz}), 위 식으로부터 다음과 같은 유체의 입체점성 κ에 대한 관계식을 얻을 수 있다.

$$\kappa = \lambda' + 2\mu'/3 \tag{3.20}$$

모든 점성손실이 전단변형에 의해 발생하는, 즉 κ가 0인 유체를 Stokes유체라 한다. 따라서 유체의 점성을 단일 상수 μ'에 의해 정의할 수 있다. 이 경우 움직이는 유체의 평형압력은 정적 평형압력 p와 같아지게 된다.

따라서 κ=0일 경우 입체점성을 갖지 않는 Newton유체의 Navier-Poisson법칙은 다음과 같이 기술된다.

$$\sigma_{ij} = -p\delta_{ij} - \frac{2}{3}\mu' D_{kk}\delta_{ij} + 2\mu' D_{ij} \tag{3.21}$$

유체를 연속체 고체모델과 동등한 식으로 표현하기 위해서는 응력-변형률 관계식을 유도할 필요가 있다. 이를 위해 먼저 압력에 의한 기여도를 고려해보자. Stokes유체의 경우 정적 상태만을 고려해도 충분하기 때문에 다음과 같은 간단한 관계식을 얻을 수 있다.

$$\sigma_{xx} = \sigma_{yy} = \sigma_{zz} = -p = \lambda_f(\epsilon_{xx} + \epsilon_{yy} + \epsilon_{zz}) \tag{3.22}$$

이제 점성에 의한 기여도를 고려하기 위해 변형과 변형률 사이의 관계식이 필요하다. 여기서 고려하는 유체운동은 항상 시간에 따른 조화운동으로 표현되기 때문에 임의의 변형률 $i\omega$에 변형을 곱한 값으로 표시할 수 있다. 따라서 응력-변형률 관계식은 다음과 같이 구할 수 있다.

$$\begin{Bmatrix} \sigma_{xx} \\ \sigma_{yy} \\ \sigma_{zz} \\ \sigma_{xy} \\ \sigma_{yz} \\ \sigma_{xz} \end{Bmatrix} = \begin{bmatrix} (\lambda_f - 4/3\mu' i\omega) & (\lambda_f + 2/3\mu' i\omega) & (\lambda_f + 2/3\mu' i\omega) & & & \\ (\lambda_f + 2/3\mu' i\omega) & (\lambda_f - 4/3\mu' i\omega) & (\lambda_f + 2/3\mu' i\omega) & & & \\ (\lambda_f + 2/3\mu' i\omega) & (\lambda_f + 2/3\mu' i\omega) & (\lambda_f - 4/3\mu' i\omega) & & & \\ & & & -\mu' i\omega & & \\ & & & & -\mu' i\omega & \\ & & & & & -\mu' i\omega \end{bmatrix} \begin{Bmatrix} \epsilon_{xx} \\ \sigma_{yy} \\ \epsilon_{zz} \\ \epsilon_{xy} \\ \epsilon_{yz} \\ \epsilon_{xz} \end{Bmatrix} \tag{3.23}$$

위 식은 등방성 고체의 재료 강성을 표현하기 위해 일반적으로 사용하는 C_{ij}로 나타낼 수 있다.

$$\begin{Bmatrix} \sigma_{xx} \\ \sigma_{yy} \\ \sigma_{zz} \\ \sigma_{xy} \\ \sigma_{yz} \\ \sigma_{xz} \end{Bmatrix} = \begin{bmatrix} C_{11} & C_{12} & C_{12} & & & \\ C_{12} & C_{11} & C_{12} & & & \\ C_{12} & C_{12} & C_{11} & & & \\ & & & C_{44} & & \\ & & & & C_{44} & \\ & & & & & C_{44} \end{bmatrix} \begin{Bmatrix} \epsilon_{xx} \\ \sigma_{yy} \\ \epsilon_{zz} \\ \epsilon_{xy} \\ \epsilon_{yz} \\ \epsilon_{xz} \end{Bmatrix} \tag{3.24}$$

일반적으로 $C_{11} = C_{12} + 2C_{44}$로 표현되므로 위 식에서 독립상수는 단지 2개만 존재한다는 것을 알 수 있다. 따라서

$$\begin{aligned} C_{44} &= -\mu' i\omega \\ C_{11} &= \lambda_f - 3/4\mu' i\omega = \lambda_f + 4/3C_{44} \end{aligned} \tag{3.25}$$

가 된다. 상수 C_{44}는 전단파를 정의하는 상수이므로 고체가 점성유체와 접촉할 때의 점성손실을 모델링한다고 할 수 있다. 그러나 상수 C_{44}는 압축파를 표현하는 상수 C_{11}에도 나타나는 것을 볼 수 있다. 따라서 점성유체의 입체 압축파에도 점성손실이 존재한다는 것을 알 수 있다. 점성상수 μ'을 유체의 동적 점성이라 부르며 η로 표시하기도

한다. 차원은 응력에 시간을 곱한 값(M/(LT))으로 표현된다. 점성에 종종 사용되는 파라미터로 운동학 점도 ν가 있는데 차원은 L^2/T이고 다음과 같이 정의된다.

$$\nu = \frac{\eta}{\rho} = \frac{\mu'}{\rho} \tag{3.26}$$

따라서 상수 C_{44}는 다음과 같이 쓸 수 있다.

$$C_{44} = -i\omega\eta = -i\omega\rho\nu \tag{3.27}$$

등가 "고체" 전단파 특성

점성유체에서 소용돌이 모드(vorticity mode)를 만들어내는 것은 전단파 속도와 감쇠이다. 여기에서 유도한 결과식은 참고문헌 [66]의 결과와 동일하다. 감쇠벡터가 전파벡터와 평행한 상태로 입체파가 무한매질 내에서 진행된다고 가정하자. 이와 같은 가정을 이용하면 방정식을 유도하기가 편리한데 그 이유는 파동수, 속도, 감쇠를 스칼라로 취급할 수 있기 때문이다. 따라서 식 (3.10)과 (3.14)로부터

$$\frac{\omega}{k} = \left(\frac{C_{44}}{\rho}\right)^{1/2} = (-i\omega\nu)^{1/2} \tag{3.28}$$

임을 알 수 있고 위 식을 다시 정리하면 다음과 같다.

$$k^2 = \frac{-i\omega}{\nu} \tag{3.29}$$

복소 파동수를 $k = k_r + ik_i$로 표현하자. 여기서 k_r은 실수벡터(전파), k_i는 허수벡터(감쇠)이고 두 벡터는 평행하다고 가정한다. 복소 파동수 k를 제곱하면

$$k^2 = k_r^2 + 2ik_rk_i - k_i^2 \tag{3.30}$$

가 되고 식 (3.29)와 (3.30)을 같다고 놓으면

$$k_r^2 = k_i^2$$

$$k_rk_i = \frac{-\omega}{2\nu} \tag{3.31}$$

임을 알 수 있다. 식 (3.31)에서 양(+)의 근을 취하면

$$k_r = k_i = \left(\frac{\omega}{2\nu}\right)^{1/2} \tag{3.32}$$

가 된다. 따라서 입체 전단파속도와 감쇠는 다음과 같이 쓸 수 있다.

$$C_s = \frac{\omega}{k_r} = (2\omega\nu)^{1/2}$$

$$\kappa_s = k_i \frac{2\pi}{k_r} = 2\pi \tag{3.33}$$

등가 "고체" 종파 특성

유체의 점성에 의해 입체 종파는 감쇠특성을 갖는데 그 이유는 종파가 체적변화뿐만 아니라 재료의 왜곡에 의한 영향도 포함하기 때문이다. 여기에서 유도하는 결과식은 참고문헌 [52]와 동일하다. 종파에 대한 접근방법은 전단파와 동일하다. 다만 상수 C_{44} 대신 상수 C_{11}이 사용되고 이에 따른 적절한 유체상수가 도입되는 점이 다를 뿐이다.

$$\frac{\omega}{k} = \left(\frac{C_{11}}{\rho}\right)^{1/2} = \left(\frac{\lambda_f}{\rho} + \frac{4/3C_{44}}{\rho}\right)^{1/2} \tag{3.34}$$

위 식을 다시 정리하고 k대신 $k_r + ik_i$를 대입하면

$$\omega^2 = (k_r^2 + 2ik_rk_i - k_i^2)\left(\frac{\lambda_f}{\rho} - \frac{4i\omega\nu}{3}\right) \tag{3.35}$$

가 된다. 위 식의 실수부는

$$\omega^2 = (k_r^2 - k_i^2)\frac{\lambda_f}{\rho} + \frac{8}{3}k_rk_i\omega\nu \tag{3.36}$$

이다. 입체 종파의 감쇠 $\kappa_l = 2\pi k_i/k_r$ (식 (3.14))를 대입하면 입체 종파의 속도는 다음과 같이 표현된다.

$$C_l = \frac{\omega}{k_r} = \left[\left(1 - \frac{\kappa_l^2}{(2\pi)^2}\right)\frac{\lambda_f}{\rho} + \frac{4}{3}\kappa_l\omega\nu\right]^{1/2} \tag{3.37}$$

엄밀하게 말하면 위 식을 이용할 때 점성에 의한 입체파 속도의 변화를 고려할 필요가 있다. 그러나 그 양은 무시할 수 있을 만큼 적기 때문에 근사식을 구할 때 고려하지 않아도 된다. 예를 들어 물의 파동속도와 밀도를 갖고 동적 점성이 $1\mathrm{Ns/m^2}$인 유체의 경

우 1㎒에서 입체파 속도의 변화량은 약 0.002%이다. 이러한 점성을 갖는 유체로는 글리세린(glycerine)을 들 수 있다. 이 주파수에서 오차 1%이면 동적 점성은 100Ns/m^2 이 될 것이다. 따라서 종파 속도의 근사식은

$$C_l \approx \left(\frac{\lambda_f}{\rho}\right)^{1/2} \tag{3.38}$$

이 된다. 식 (3.35)의 허수부를 0으로 놓고(실수 주파수) 계산하여 정리하면

$$\left(\frac{4\omega\nu\rho}{3\lambda_f}\right)\left[1-\left(\frac{\kappa_l}{2\pi}\right)^2\right] = \frac{\kappa_l}{\pi} \tag{3.39}$$

가 된다. 이 식은 $\kappa_l/(2\pi)$에 대한 2차 방정식이 된다. 양(+)의 근을 계산하면

$$\kappa_l = \frac{3\pi\lambda_f}{2\omega\nu\rho}\left\{\sqrt{1+\left(\frac{4\omega\nu\rho}{3\lambda_f}\right)^2}-1\right\} \tag{3.40}$$

이다. 식 (3.40)에서 인자 $(4\omega\nu\rho/3\lambda_f)$가 적으면 수식을 보다 간단하게 표현할 수 있다. 이 인자를 A라 하면 입체 종파의 감쇠에 대한 근사식은 다음과 같이 쓸 수 있다.

$$\kappa_l \approx \frac{2\pi}{A}\left[\left(1+\frac{A^2}{2}\right)-1\right] \approx \pi A \approx \left(\frac{4\pi\omega\nu}{3C_l^2}\right) \tag{3.41}$$

이와 같은 근사식으로 표현해도 계산된 결과의 오차는 적다. 즉 동적 감쇠가 1Ns/m^{2}에서 100Ns/m^{2}로 바뀌어도 오차는 0.01%에서 3.3% 정도로 증가할 뿐이다.

3.2 등방성 평판의 파동전파

편평한 등방성, 탄성, 고체 층의 변위와 응력장에 대한 방정식은 층 내에 존재하는 4개의 입체파를 중첩(superposition)하여 표현할 수 있다. 따라서 방정식을 유도하기 위해서는 먼저 무한 매질 내에서의 파동운동에 대한 해가 되는 입체파에 대한 방정식을 유도하고, 다음으로 두 층 사이의 계면에서의 경계조건을 도입하여, 층 사이의 결합법칙과 입체파의 중첩조건을 규정해야 한다. 각 층에서의 해석을 수행할 때 2차원 운동 즉, 평면 내에서 발생하는 평면 변형률과 운동에 대해서만 해석을 수행한다. 이러한 평면운동과 비연성되어 있는 SH모드는 따로 다루기로 한다.

3.2.1 역사적 배경

다중 층 또는 적층으로 구성된 매질에서의 파동전파에 대한 최초의 연구는 Rayleigh에 의해 수행되었는데[73], 그는 1885년에 반무한, 탄성 반공간의 자유 표면에서 진행하는 파동에 대한 수식을 유도하였다. 유도된 수식은 3차 방정식으로 표현되는데 이 방정식의 근에 의해 표면에서 전파되는 파동의 속도를 결정할 수 있다. 단일 계면 문제를 일반화시킨 결과는 1924년 Stoneley에 의해 전개되었는데 그는 두 개의 서로 다른 탄성 고체 사이의 계면을 따라 진행하는 파동에 대해 기술하였다. 그 후의 연구에 의해 계면을 구성하는 고체들로 파동이 누설되지 않고 전파될 수 있는 조건[80]과 누설모드의 존재 가능성[67] 등이 확인되었다. 1917년 Lamb[38]은 유한 두께의 편평한 층의 개념을 도입하기 위해 또 다른 계면을 첨가하였다. 그는 공기 중에 놓여있는 평판에 대한 두 개의 파동방정식을 유도하였는데, 하나는 대칭모드, 다른 하나는 비대칭모드에 대한 방정식이다. 각 방정식의 근들은 잘 알려진 Lamb파 분산선도를 구성한다. Love는 층의 표면에서 전단운동과 관련된 횡파 모드(transverse mode)가 유한 두께의 층 내에 존재할 수 있음을 보였다[42]. 이러한 파동들과 다른 특수한 층의 구조에 대한 검토는 참고문헌 [22, 92, 23, 10, 11]을 참조하기 바란다.

3.2.2 무한, 탄성 고체의 평면파

무한 탄성 고체의 운동을 기술하는 방정식은 여러 교재에서 다루고 있다([10], [11], [34]). 가장 일반적인 방법은 밀도 ρ를 갖는 무한, 등방성, 탄성 고체의 미소 입방요소(infinitesimal cubic element)로부터 유도를 시작하는 방법이다. 이를 위해 직교좌표계를 도입하고 좌표계 $\boldsymbol{x}(x_1, x_2, x_3)$방향의 변위 $\boldsymbol{u}(u_1, u_2, u_3)$를 정의한다. Newton의 제 2법칙을 적용하면 동적 평형에 대한 식은 다음과 같이 쓸 수 있다.

$$\begin{aligned} \rho\frac{\partial^2 u_1}{\partial t^2} &= \frac{\partial\sigma_{11}}{\partial x_1}+\frac{\partial\sigma_{12}}{\partial x_2}+\frac{\partial\sigma_{13}}{\partial x_3} \\ \rho\frac{\partial^2 u_2}{\partial t^2} &= \frac{\partial\sigma_{21}}{\partial x_1}+\frac{\partial\sigma_{22}}{\partial x_2}+\frac{\partial\sigma_{23}}{\partial x_3} \\ \rho\frac{\partial^2 u_3}{\partial t^2} &= \frac{\partial\sigma_{31}}{\partial x_1}+\frac{\partial\sigma_{32}}{\partial x_2}+\frac{\partial\sigma_{33}}{\partial x_3} \end{aligned} \tag{3.42}$$

여기서 σ_{11}, σ_{12}, …는 입방체 표면에서 작용하는 응력성분이고 t는 시간을 나타낸다.

식 (3.42)는 매질의 운동을 표현하는 가장 기본적인 응력방정식이다. 위 식에 응력-변형률, 변형률-변위 관계식을 도입하면 변위에 관련된 항들로 방정식을 재구성할 수 있다. 응력과 변형률, 변형률과 변위 사이의 관계식은 다음과 같이 주어진다.

$$\begin{aligned}
&\sigma_{11} = \lambda\Delta + 2\mu\epsilon_{11} && \sigma_{22} = \lambda\Delta + 2\mu\epsilon_{22} && \sigma_{33} = \lambda\Delta + 2\mu\epsilon_{33} \\
&\sigma_{12} = \mu\epsilon_{12} && \sigma_{23} = \mu\epsilon_{23} && \sigma_{13} = \mu\epsilon_{13} \\
&\epsilon_{11} = \frac{\partial u_1}{\partial x_1} && \epsilon_{22} = \frac{\partial u_2}{\partial x_2} && \epsilon_{33} = \frac{\partial u_3}{\partial x_3} \\
&\epsilon_{12} = \frac{\partial u_1}{\partial x_2} + \frac{\partial u_2}{\partial x_1} && \epsilon_{23} = \frac{\partial u_2}{\partial x_3} + \frac{\partial u_3}{\partial x_2} && \epsilon_{13} = \frac{\partial u_1}{\partial x_3} + \frac{\partial u_3}{\partial x_1}
\end{aligned} \tag{3.43}$$

여기서 λ와 μ는 Lamé의 탄성 강성상수이고 $\Delta = \epsilon_{11} + \epsilon_{22} + \epsilon_{33}$는 미소요소의 체적변화(팽창)를 나타낸다.

식 (3.43)을 (3.42)에 대입하면 변위에 대한 방정식을 얻게 되고

$$\begin{aligned}
\rho\frac{\partial^2 u_1}{\partial t^2} &= (\lambda+\mu)\frac{\partial}{\partial x_1}\left(\frac{\partial\sigma_{11}}{\partial x_1} + \frac{\partial\sigma_{12}}{\partial x_2} + \frac{\partial\sigma_{13}}{\partial x_3}\right) + \mu\nabla^2\partial u_1 \\
\rho\frac{\partial^2 u_2}{\partial t^2} &= (\lambda+\mu)\frac{\partial}{\partial x_2}\left(\frac{\partial\sigma_{11}}{\partial x_1} + \frac{\partial\sigma_{12}}{\partial x_2} + \frac{\partial\sigma_{13}}{\partial x_3}\right) + \mu\nabla^2\partial u_2 \\
\rho\frac{\partial^2 u_3}{\partial t^2} &= (\lambda+\mu)\frac{\partial}{\partial x_3}\left(\frac{\partial\sigma_{11}}{\partial x_1} + \frac{\partial\sigma_{12}}{\partial x_2} + \frac{\partial\sigma_{13}}{\partial x_3}\right) + \mu\nabla^2\partial u_3
\end{aligned} \tag{3.44}$$

이를 벡터형태로 표현하면 다음과 같이 쓸 수 있다.

$$\rho\frac{\partial^2 \boldsymbol{u}}{\partial t^2} = (\lambda+\mu)\nabla(\nabla \bullet \boldsymbol{u}) + \mu\nabla^2\boldsymbol{u} \tag{3.45}$$

여기서 ∇는 벡터연산자, ∇^2은 스칼라 연산자로 각각 다음과 같이 정의된다.

$$\nabla = \left(\hat{x}_1\frac{\partial}{\partial x_1}, \hat{x}_2\frac{\partial}{\partial x_2}, \hat{x}_3\frac{\partial}{\partial x_3}\right) \qquad \nabla^2 = \left(\frac{\partial^2}{\partial x_1^2}, \frac{\partial^2}{\partial x_2^2}, \frac{\partial^2}{\partial x_3^2}\right)$$

위 식은 직접 적분할 수 없는 식이다. 즉 해의 형태를 가정하고 미분과 대입을 통해

해의 적합성을 검토해야 한다. 여기서는 파면(wave front)이 파동 진행방향과 수직한 무한 평면이라 가정한다. 또한 파동 진행방향의 임의의 위치, 임의의 시간에서 모든 변위는 파면을 구성하는 평면 내에서 균일(homogeneous)하다고 가정한다. 이로부터 균일 평면파를 정의할 수 있다. 위의 가정들에 의해 두 개의 해 즉 종파와 전단파(입체파)에 대한 해가 존재하게 된다. 종파의 입자운동은 파동의 진행방향으로만 발생하고 파동은 체적의 변화(팽창)에 의해서만 생성된다. 전단파의 입자운동은 파동 진행방향에 수직하고 파동은 체적의 변화가 없는 매질의 회전에 의해서만 생성된다. 이에 대한 해를 벡터 형태로 나타낼 수 있는 편리한 방법은 Helmholtz방법[47]을 도입하는 것이다. Helmholtz 방법에서는 종파$_{(1)}$를 스칼라함수 ϕ로 나타내고 전단파$_{(2)}$는 벡터함수 $\boldsymbol{H}$로 나타내는데, 이때 $\boldsymbol{H}$의 방향은 파동의 전파방향, 입자의 운동방향 모두에 대해 수직하다.

$$\begin{aligned} \phi &= A_L e^{i(\mathbf{k}\cdot \boldsymbol{x} - \omega t)} \\ \boldsymbol{H} &= A_S e^{i(\mathbf{k}\cdot \boldsymbol{x} - \omega t)} \end{aligned} \tag{3.46}$$

여기서 A_L과 A_S는 각각 종파, 전단파의 크기이고, k는 파동수벡터, ω는 주파수이다. 파동수벡터의 방향은 파동의 진행방향과 동일하고 파동의 파장과 속도를 나타낸다.

$$\text{Wavelength} = \frac{2\pi}{|\mathbf{k}|} \quad \text{Speed} = c = \frac{\omega}{|\mathbf{k}|} \tag{3.47}$$

식 (3.46)을 일반화하기 위해 복소수개념을 도입하여 파동의 크기를 $A_L e^{i\psi}$, $A_S e^{i\psi}$로 표현할 수 있다. 여기서 ψ는 x=0, t=0 에서의 파동의 위상이다.

변위장에 대한 식은 연산자를 도입하여 다음과 같이 기술할 수 있다.

$$\boldsymbol{u} = \boldsymbol{u}_L \nabla\phi + \boldsymbol{u}_S \nabla \times \boldsymbol{H} \tag{3.48}$$

여기서 $\times$는 벡터적(vector cross product)을 나타내고, $\nabla\phi$는 팽창(종방향) 운동, $\nabla \times \boldsymbol{H}$는 균일체적(전단) 운동에 해당된다. 식 (3.48)을 식 (3.45)에 대입하면 파동속도 $c_{1,2}$를 재료특성으로 표현할 수 있다.

$$c_1 = \left(\frac{\lambda + 2\mu}{\rho}\right)^{1/2} = \left[\frac{E(1-\nu)}{\rho(1+\nu)(1-2\nu)}\right]^{1/2} \tag{3.49}$$

$$c_2 = \left(\frac{\mu}{\rho}\right)^{1/2} = \left[\frac{E}{2\rho(1+\nu)}\right]^{1/2} \tag{3.50}$$

여기서 E는 영계수, ν는 포와송비이다.

3.2.3 2차원 공간의 평면파

다중 층을 갖는 평판 모델에서 파장은 평판과 파동장의 폭보다 매우 작기 때문에 대부분 평면응력해석이 타당하다고 가정한다. 따라서 좌표계는 파동의 진행방향과 평판에 수직한 방향에 의해 규정되는 평면으로 축소될 수 있다. 본 절에서는 해석의 편의를 위해 평판에 평행한 x_1과 평판에 수직한 x_3에 의해 평면을 정의한다. 그림 3.1에 평판의 좌표계를 X, Y, Z로 나타내었다. 이로부터 x_1, x_2, x_3는 각각 X, Y, Z에 대응됨을 알 수 있다. 그림에 나타낸 층의 계면과 평판의 경계면은 지금 단계에서는 고려하지 않는다. 평면 변형률에서는 x_2방향으로의 물리적 양의 변화는 존재하지 않는다 $(\partial/\partial x_2 = 0)$. 또 해석을 간단히 하기 위해 모든 입자운동이 평면 내에서만 발생하는 $(u_2 = 0)$ 파동에 대한 모델만을 수립하고자 한다. 즉 Love모드는 제외하고자 한다. Love모드에 대한 모델은 유도된 모델을 약간만 수정하여 유도할 수 있다. 또 Love 형태의 모드는 Lamb 형태의 모드와 완전히 비연성되어 있으므로 따로 다루기로 한다. Love 형태의 모델에 대한 방정식을 추가하면 행렬의 차수가 4에서 6으로 증가한다(따라서 일반적인 해의 경우 6개의 부분파가 존재한다).

식 (3.48)로부터 종파와 전단파에 대한 변위를 다음과 같이 표현할 수 있다.

$$u_L = \nabla\phi = \begin{bmatrix} k_1 \\ 0 \\ k_3 \end{bmatrix} A_L e^{(\mathbf{k}\cdot\boldsymbol{x} - \omega t)} \tag{3.51}$$

$$u_S = \nabla \times \boldsymbol{H} = \begin{bmatrix} \partial/\partial x_1 \\ \partial/\partial x_2 \\ \partial/\partial x_3 \end{bmatrix} \times \begin{bmatrix} 0 \\ H_3 \\ 0 \end{bmatrix} = \begin{bmatrix} k_3 \\ 0 \\ k_1 \end{bmatrix} A_S e^{(\mathbf{k}\cdot\boldsymbol{x} - \omega \mathrm{t})} \tag{3.52}$$

여기서 벡터포텐셜 $\boldsymbol{H}$의 방향은 x_2방향이므로 모든 입자운동은 평면 $x_1 x_3$ 내에서 발생하게 된다.

3.2.4 평판 층의 평면파 중첩

종파와 전단 입체파를 중첩하고 각 층 사이의 계면에서 경계조건을 설정하면 적층평판의 파동운동에 대한 모델을 전개할 수 있다. 각 계면에는 8개의 파동이 존재한다고 가정한다. 즉 계면의 상부로부터 들어와서 계면 하부에서 나가는 종파(팽창파)와 전단파(균일체적파)로 구성되는 4개의 파동(L+, S+)과, 계면의 하부로부터 들어와서 계면 상부에서 나가는 파동으로 구성되는 4개의 파동(L−, S−)이 존재한다. 따라서 각 층에는 4개의 파동이 존재한다(그림 3.1 참조). Snell의 법칙으로부터 파동이 상호작용하기 위해서는 각 계면에서 x_3방향으로 동일한 주파수와 공간 특성을 갖는 것이 요구된다. 따라서 모든 변위, 응력방정식은 동일한 주파수 ω와 동일한 파동수 $k_3(=\xi)$를 갖게 된다. 여기서 파동수 k_3를 특별히 평판파동수(plate wavenumber)라 하는데 이는 입체파의 파동수를 계면에 투영한 파동수이다. 따라서 모든 층의, 모든 위치에서의 방정식은 다음과 같은 인자 F를 포함하게 되는데 이 인자는 시스템 내에서 불변이다.

$$F = e^{\xi x_3 - \omega t} \tag{3.53}$$

위 식에 의해 입사각(angle of incidence), 층 내에서의 균일 입체파의 투과(transmission)와 반사(reflection)는 입체파 속도에 따라 제한조건을 갖게 된다.

$$\frac{\xi}{\omega} = \frac{1}{c_{ph}} = \frac{\sin(\theta_L)}{c_1} = \frac{\sin(\theta_S)}{c_2} \tag{3.54}$$

여기서 θ_L과 θ_S는 종방향, 전단방향 입체파가 전파될 때 층의 수직방향(x_1방향)과 이루는 각도를 나타낸다. 불변 속도 c_{ph}는 입체파 속도를 x_3방향으로 투영한 속도로 전파되는 파동의 위상속도에 해당된다. 각 층에서 입체파의 k_1성분은 평판파동수($\xi=k_3$)와 재료의 입체파 속도 c_1, c_2의 함수로 표현할 수 있다.

$$\begin{aligned} k_{1L\pm} &= \pm\left(\frac{\omega^2}{c_1^2} - \xi^2\right)^{1/2} \\ k_{1S\pm} &= \pm\left(\frac{\omega^2}{c_2^2} - \xi^2\right)^{1/2} \end{aligned} \tag{3.55}$$

위 식에서 +와 −는 각각 양(+)의 방향(아래방향), 음(-)의 방향(윗방향)으로 진행하는 파동을 나타낸다. 만약 ω^2/c_1^2이 ξ^2보다 크면 k_1은 실수가 되고 파동은 균일 파동이 되어 x_3방향과 0이 아닌 각도를 갖고 진행하게 된다. 만약 ω^2/c_1^2이 ξ^2보다 작으면 k_1은 허수가 되고 파동은 x_3방향으로 불균일 또는 소멸(evanescent) 파동이 되어 x_1방향의 크기가 점차 감소하게 된다.

따라서 어떤 층의 임의의 위치에서의 변위와 응력은 입체파의 크기로부터 구할 수 있다. 즉 입체 종파의 경우 관계식은

$$
\begin{aligned}
u_1 &= \pm\zeta_1 A_{L\pm} F e^{\pm i\zeta_1 x} \\
u_3 &= \xi A_{L\pm} F e^{\pm i\zeta_1 x} \\
\sigma_{11} &= i\rho(\omega^2 - 2c_2^2\xi^2) A_{L\pm} F e^{\pm i\zeta_1 x} \\
\sigma_{22} &= i\rho\omega^2(1 - 2c_2^2/c_1^2) A_{L\pm} F e^{\pm i\zeta_1 x} \\
\sigma_{33} &= i\rho(\omega^2 - 2c_2^2\zeta_1^2) A_{L\pm} F e^{\pm i\zeta_1 x} \\
\sigma_{13} &= 2i\rho c_2^2\xi\zeta_1 A_{L\pm} F e^{\pm i\zeta_1 x} \\
\sigma_{12} &= \sigma_{23} = 0
\end{aligned}
$$

이고 여기서 $\zeta_1 = (\omega^2/c_1^2 - \xi^2)^{1/2}$이다. 입체 전단파의 경우

$$
\begin{aligned}
u_1 &= -\xi A_{S\pm} F e^{\pm i\zeta_2 x} \\
u_3 &= \pm\zeta_2 A_{S\pm} F e^{\pm i\zeta_2 x} \\
\sigma_{11} &= \mp 2i\rho c_2^2\xi\zeta_2 A_{S\pm} F e^{\pm i\zeta_2 x} \\
\sigma_{22} &= 0 \\
\sigma_{33} &= -\sigma_{11} \\
\sigma_{13} &= i\rho(\omega_2^2 - 2c_2^2\xi) A_{S\pm} F e^{\pm i\zeta_2 x} \\
\sigma_{12} &= \sigma_{23} = 0
\end{aligned}
\tag{3.56}
$$

이고 여기서 $\zeta_2 = (\omega^2/c_2^2 - \xi^2)^{1/2}$이다.

따라서 어떤 층의 임의의 위치에서의 변위와 응력은 그 층에 존재하는 4개의 파동성분을 합하여 구할 수 있다. 다중 층의 경우 관심 있는 물리량은 계면에서 반드시 연속

이어야 한다. 즉 두 변위성분 u_1, u_3와 수직응력 σ_{11}, 전단응력 σ_{13}는 반드시 연속성을 가져야 한다. 해석의 편의를 위해 다음과 같은 대체변수

$$g_{\zeta_1} = e^{i\zeta_1 x_1} \qquad g_{\zeta_2} = e^{i\zeta_2 x_1} \tag{3.57}$$

를 도입하고 인자 F를 제거하면 임의의 층에서의 변위와 응력을 다음과 같은 행렬 형태로 표현할 수 있다.

$$\begin{Bmatrix} u_1 \\ u_3 \\ \sigma_{11} \\ \sigma_{13} \end{Bmatrix} = \begin{bmatrix} \zeta_1 g_{\zeta_1} & -\zeta_1/g_{\zeta_1} & -\xi g_{\zeta_2} & -\xi/g_{\zeta_2} \\ \xi g_{\zeta_1} & \xi/g_{\zeta_1} & \zeta_2 g_{\zeta_2} & -\zeta_2/g_{\zeta_2} \\ i\rho(\omega^2 - 2c_2^2\xi^2)g_{\zeta_1} & i\rho(\omega^2 - 2c_2^2\xi^2)/g_{\zeta_1} & -2i\rho\xi c_2^2\zeta_2 g_{\zeta_2} & 2i\rho\xi c_2^2\zeta_2/g_{\zeta_2} \\ 2i\rho\xi c_2^2\zeta_1 g_{\zeta_1} & -2i\rho\xi c_2^2\zeta_1/g_{\zeta_1} & i\rho(\omega^2 - 2c_2^2\xi^2)g_{\zeta_2} & i\rho(\omega^2 - 2c_2^2\xi^2)/g_{\zeta_2} \end{bmatrix} \begin{Bmatrix} A_{L+} \\ A_{L-} \\ A_{S+} \\ A_{S-} \end{Bmatrix} \tag{3.58}$$

식 (3.58)은 임의의 층에서의 파동의 크기와 변위, 응력 사이의 관계를 규명하는 식이다. 행렬의 계수는 평판의 x_1방향(두께 방향) 위치와 층을 구성하는 재료의 성질(ρ, c_1, c_2), 주파수(ω) 그리고 불변의 평판파동수(ξ=k_3)에 따라 달라진다. 여기서 x_1좌표의 원점은 임의의 위치에 지정할 수 있고 각 층마다 달리 설정할 수 있는데 그 이유는 각 층 사이의 위상차는 복소수 파동진폭의 위상에 의해 보상될 수 있기 때문이다. 식 (3.58)의 행렬을 기호 [**D**]로 표시하기로 한다.

3.3 등방성 원통형 구조물의 파동전파

3.3.1 역사적 배경

원통형 구조물에 대한 수치적 연구는 19세기 후반에 처음으로 이루어졌다. 초기의 연구자로는 Pochhammer[70]과 Chree[17]가 있는데 이들은 자유 봉의 유도파 전파에 대한 수학적 모델을 제시하였고 지금도 중실봉의 모드를 묘사하는 방정식에 그들의 이름이 거론되고 있다.

그러나 원통형 구조물의 파동전파에 대한 연구는 최근에 이루어진 것이 대부분이다. 20세기 중반 중실봉에 대한 많은 우수한 연구들이 수행되었는데[20, 32, 49, 57, 58, 59, 90] 대부분 봉을 지연선(delay line)의 음향유도관으로 이용하기 위한 연구에 집중되었다. 초기의 연구에서는 원통형 구조물을 쉘(shell)로 근사화하거나 연구의 범위를 축대칭 모드로 한정하는 경우가 많았다. 그러나 나중의 연구에서는 완전한 3차원 문제를

모두 다룰 수 있는 방법이 개발되게 되었다. 속이 빈 실린더의 분산선도는 1959년에 Gazis[24, 25]에 의해 비로소 명확하게 다루어지게 되었고, 그 후 일반적인 경우에 대한 수식을 유도할 때 대부분 그의 연구에 기초하여 연구를 진행하였다.

누설 원통형 시스템의 모델을 수립하는 것은 비누설 시스템보다 훨씬 어렵다. 그 이유는 복소수 Bessel함수를 계산해야하기 때문인데 최근까지 이는 거의 불가능한 작업이었다. 따라서 초기의 연구는 시스템에 존재할 수 있는 비누설 모드에 집중되었다[90]. 그러나 최근 진정한 누설모드를 모델링할 수 있게 되었고[36, 37, 75, 86, 91] 유체에 잠겨있는 횡방향으로 등방성인 봉의 파동전파 현상도 해석할 수 있게 되었다[53, 6, 7, 50].

누설 원통형 시스템의 파동전파에 대한 이전의 모든 연구에서는 해를 구하기 위해 특정한 탄성문제를 풀었다. 본 장에서 적용하는 수식도 Gazis의 연구결과를 일반적인 경우로 확장한 결과에 기초하고 있다. 여기에는 다중 층, 탄성 또는 점탄성 재료, 축대칭 또는 비축대칭 파동전파 그리고 주변 고체매질로의 누설 가능성 등이 포함되어 있다.

3.3.2 가정과 제한조건

파동전파 모델을 수립할 때 모델이 다룰 수 있는 시스템의 범위를 한정하기 위한 몇 가지 가정이 필요하다. 본 절에서는 이러한 가정들에 대해 기술하고자 한다.

먼저 원통형 시스템은 축대칭이고 축방향으로 무한대의 길이를 갖는다고 가정한다. 재료의 특성은 반경방향으로만 변할 수 있고 각 층의 경계에서 동시에 발생해야 한다. 각 층 사이의 경계는 완벽하다고 가정한다. 이와 같은 가정들로부터 결함과 같은 국부적인 현상은 모델링할 수 없음을 알 수 있다. 시스템의 형상은 반드시 축대칭이어야 하지만 비축대칭 파동전파도 허용될 수 있음을 인지할 필요가 있다.

사용되는 재료는 등방성이라고 가정한다. 이 가정을 이용하여 원통 축이 등방성 축과 평행한, 횡방향으로 등방성인 재료와 같은 특수 경우에 대한 모델도 수립할 수 있다. 자세한 내용은 참고문헌 [53, 6, 7]을 참조하기 바란다. 앞의 3.1절에서 기술한 바와 같이 탄성, 점탄성 등방성 재료의 모델도 수립할 수 있다.

파동은 연속성을 가지며 주파수는 실수이고 에너지는 유한하다고 가정한다. 파동이 연속적이고 주파수가 실수라는 가정으로부터 순간적인 효과는 모델에 포함시킬 수 없음을 알 수 있다. 시스템의 에너지가 유한하다는 가정으로부터 외부의 에너지원에 의한 에너지는 시스템에 부가될 수 없음을 알 수 있다. 그러나 점탄성 효과와 무한히 큰 주변매질로 누설되는 파동에 의해 에너지 손실은 발생할 수 있다. 원통형 구조물의 한 쪽 끝에서 파동이 연속적으로 생성되고 구조물을 따라 파동이 전파된다. 이때 축방향으로 전파되는 유도파에 대해서만 해를 찾는다.

3.3.3 경계조건

고려하는 시스템은 균일, 등방성 재료로 구성된 무한히 긴 동심(concentric) 실린더이다. 따라서 각 층 사이의 경계는 일정한 반경을 갖고 $\hat{z}$방향으로 무한히 긴 표면으로 정의된다. 본 절에서는 세 종류의 계면(interface), 즉 고체-고체, 고체-공기, 고체-유체 계면에 대해 고려하기로 한다.

연속되는 각 층 사이에는 완벽한 경계가 존재한다고 가정한다. 이 가정으로부터 계면에서 변위와 응력은 연속이라는 사실을 알 수 있다. 즉 세 방향의 변위 $\hat{r}$, $\hat{\theta}$, $\hat{z}$는 연속이어야 하며 그렇지 않을 경우 경계에서 불연속이 발생하게 된다. 또한 수직응력 σ_{rr}과 계면을 따라 형성되는 두 개의 접선응력 σ_{rz}, $\sigma_{r\theta}$는 계면을 통해 전달되며 연속이어야 한다. σ_{zz}와 같은 평면내 응력은 계면에서 연속일 필요는 없는데 그 이유는 이러한 응력은 매질 사이에 연성되지 않기 때문이다. 이상과 같은 경계조건을 요약하면 다음과 같다.

$$
\begin{aligned}
u_r\big|_{r=a^+} &= u_r\big|_{r=a^-} \\
u_\theta\big|_{r=a^+} &= u_\theta\big|_{r=a^-} \\
u_z\big|_{r=a^+} &= u_z\big|_{r=a^-} \\
\sigma_{rr}\big|_{r=a^+} &= \sigma_{rr}\big|_{r=a^-} \\
\sigma_{r\theta}\big|_{r=a^+} &= \sigma_{r\theta}\big|_{r=a^-} \\
\sigma_{rz}\big|_{r=a^+} &= \sigma_{rz}\big|_{r=a^-}
\end{aligned}
\qquad (3.59)
$$

여기서 r은 임의의 반경을, a는 층의 반경을 나타내고, 위첨자 +는 내부 매질에서 계면에 접근하는 경우를(r에 대해), $-$는 외부 매질에서 접근하는 경우를 나타낸다. 불완전 경계의 거동을 모델링하기 위해 다른 종류의 고체-고체 계면을 정의할 수 있다. 현재의 모델에는 이와 같은 계면이 포함되어있지 않지만, 감소된 강성을 갖는 얇은 계면 층을 첨가하여 불완전 경계의 거동을 해석하는 경우도 종종 있다.

층이 공기와 접하게 되면 경계조건이 바뀌게 된다. 이 경우 변위는 더 이상 층의 표면에만 한정되지 않기 때문에 자유 변위조건을 갖게 된다. 또 계면의 다른 쪽에 응력장을 지지할 수 있는 매질이 존재하지 않기 때문에 계면에서 연속조건을 만족해야 하는 수직, 접선응력은 0이 되어야 한다. 이 조건들을 요약하면 다음과 같다.

$$
\begin{aligned}
\sigma_{rr}|_{r=a} &= 0 \\
\sigma_{r\theta}|_{r=a} &= 0 \\
\sigma_{rz}|_{r=a} &= 0
\end{aligned}
\tag{3.60}
$$

마지막으로 모델을 수립하는데 가장 중요하다고 할 수 있는 유체와 고체 층 사이의 경계조건을 고려해 보자. 이 모델에서 유체는 전단방향을 지지하지 못한다. 따라서 고체-고체 경계조건에서 계면을 통해 전달되었던 접선응력이 고체-유체 경계에서는 0이 되어야 한다는 것을 알 수 있다. 또 두 매질 사이에서 자유로이 미끄러질 수 있기 때문에 계면의 접선방향 변위에 대한 제한조건도 더 이상 성립하지 못한다. 그러나 경계에 수직한 변위와 응력은 계면에서 연속이어야 한다. 이 조건들을 요약하면 다음과 같다.

$$
\begin{aligned}
u_r|_{r=a_{solid}} &= u_r|_{r=a_{liquid}} \\
\sigma_{rr}|_{r=a_{solid}} &= \sigma_{rr}|_{r=a_{liquid}} \\
\sigma_{r\theta}|_{r=a_{solid}} &= 0 \\
\sigma_{rz}|_{r=a_{solid}} &= 0
\end{aligned}
\tag{3.61}
$$

3.3.4 유한 층의 파동

파동이 무한히 큰 매질 내에서 전파되는 현상은 식 (3.9)로 표현할 수 있다. 본 절에서는 이 식을 이용하여 특정한 좌표계에 대한 해를 구하고 경계조건이 주어졌을 때 파동이 전파되는 양상을 조사하고자 한다. 본 절의 전반부에서는 원통형 좌표계에서 존재할 수 있는 식 (3.9)의 해를 구한다. 그리고 구한 해를 이용하여 파동전파에 의해 형성되는 변위장과 응력장을 결정한다. 마지막으로 변위장과 응력장을 경계조건과 결합하여 완전한 시스템을 묘사할 수 있는 층 행렬을 생성한다.

원통형 구조의 해

Helmholtz방정식인 식 (3.7)은 분리가 가능하기 때문에 해는 공간차원을 갖는 각각의 함수의 곱으로 나타낼 수 있다. 파동이 조화운동을 한다고 가정하면 식 (3.9)의 해는 다음과 같이 표현할 수 있다.

$$\phi,\ \boldsymbol{H} = \Xi_1(r)\Xi_2(\theta)\Xi_3(z)e^{i(\boldsymbol{k}\cdot\boldsymbol{r}\ -\omega t)} \tag{3.62}$$

여기서 $\boldsymbol{k}$는 복소파동수 벡터이고 $\boldsymbol{r}$은 위치벡터, ω는 주파수이다. 파동은 $\boldsymbol{r}$방향으로는 전파되지 않고 변위장은 $\hat{z}$, $\hat{\theta}$방향으로는 변하지 않는다고 가정한다. 단 벡터파동수의 실수부와 허수부로 표현되는 감쇠는 $\hat{z}$, $\hat{\theta}$방향으로 변할 수 있다. 그러면 식 (3.62)를 다음과 같이 다시 쓸 수 있다.

$$\phi,\ \boldsymbol{H} = \Xi_2(r)e^{i(k_\theta\theta + \xi z - \omega t)} \tag{3.63}$$

여기서 k_θ는 각파동수(angular wavenumber) 성분이고 ξ는 $\hat{z}$방향의 복소수 벡터파동수 성분이다. 각파동수 성분은 반드시 정수 n이어야 한다. 그렇지 않을 경우 θ와 $\theta+2\pi$에서의 해가 다르게 되어 해가 유일하지 않게 되기 때문이다. 위상각은 임의로 각 함수에 첨가할 수 있는데 그 이유는 첨가된 위상은 함수 자신의 계수에 의해 보상될 수 있기 때문이다. 위상각을 Gazis가 사용한 경우와 일치되도록 선택하면 $\hat{z}$방향으로 진행하는 원통형 구조물의 파동에 대한 Helmholtz 포텐셜의 성분들을 다음과 같이 표현할 수 있다.

$$\begin{aligned}
\phi &= f(r)e^{i(n\theta + \xi z - \omega t)} \\
H_r &= -g_r(r)e^{i(n\theta + \xi z - \omega t)} \\
H_\theta &= -ig_\theta(r)e^{i(n\theta + \xi z - \omega t)} \\
H_z &= -ig_3(r)e^{i(n\theta + \xi z - \omega t)}
\end{aligned} \tag{3.64}$$

해의 또 다른 표현방법으로 θ에 대한 sine, cosine함수로 위 식을 나타낼 수 있다. 이러한 함수를 이용하여 식을 전개하면 Gazis의 수식을 좀 더 밀접하게 따르게 되고, n=0일 때의 비틀림, 종방향 모드에 대한 파동의 거동을 좀 더 명확하게 나타낼 수 있게 된다. 위상각과 sine 또는 cosine함수의 선택은 변위에 대한 표현에 의해 제한되게 되고 식 (3.64)는 다음과 같이 다시 쓸 수 있다.

$$\begin{aligned} \phi &= f(r)\cos(n\theta)e^{i(\xi z - \omega t)} \\ H_r &= -ig_r(r)\sin(n\theta)e^{i(\xi z - \omega t)} \\ H_\theta &= -ig_\theta(r)\cos(n\theta)e^{i(\xi z - \omega t)} \\ H_z &= g_3(r)\sin(n\theta)e^{i(\xi z - \omega t)} \end{aligned} \tag{3.65}$$

식 (3.64)에서 ϕ에 대한 식을 식 (3.9)에 대입하면

$$\frac{d^2 f}{dr^2} + \frac{1}{r}\frac{df}{dr} - \left[\frac{n^2}{r^2} - \left(\frac{\omega^2}{c_1^2} - \xi^2\right)\right]f = 0 \tag{3.66}$$

가 된다. 이 미분방정식의 급수해는 Bessel함수가 되고 미분연산자는 다음과 같이 정의된다.

$$B_{n,r} = \left[\frac{\partial^2}{\partial r^2} + \frac{1}{r}\frac{\partial}{\partial r} - \left(\frac{n^2}{r^2} - 1\right)\right] \tag{3.67}$$

따라서

$$B_{n,\xi_1 r}[f] = 0 \tag{3.68}$$

은 $\zeta_1^2 = \omega^2/c_1^2 - \xi^2$일 때 포텐셜함수 ϕ에 대한 유효한 해가 된다. 식 (3.68)에서 ζ_1은 벡터파동수의 반경방향 성분으로 파동이 방사될 때의 거동을 표현하는데 사용된다.

식 (3.64)의 벡터포텐셜 $\boldsymbol{H}$를 식 (3.9)에 대입하면 세 개의 서로 연성된 스칼라방정식을 얻게 된다.

$$\begin{aligned} c_2^2\nabla^2\boldsymbol{H} = \nabla(\nabla \bullet \boldsymbol{H}) - \nabla\times(\nabla\times\boldsymbol{H}) = \partial^2\boldsymbol{H}/\partial t^2 &= \hat{r}\left(\nabla^2 H_r - \frac{H_r}{r^2} - \frac{2}{r^2}\frac{\partial H_\theta}{\partial\theta}\right) \\ &+ \hat{\theta}\left(\nabla^2 H_\theta - \frac{H_\theta}{r^2} + \frac{2}{r^2}\frac{\partial H_r}{\partial\theta}\right) + \hat{z}(\nabla^2 H_z) \end{aligned} \tag{3.69}$$

식 (3.69)를 분리하면 다음과 같은 방정식을 얻게 된다.

$$\frac{d^2 g_3}{dr^2} + \frac{1}{r}\frac{dg_3}{dr} - \left[\frac{n^2}{r^2} - \left(\frac{\omega^2}{c_2^2} - \xi^2\right)\right]g_3 = 0 \tag{3.70}$$

$$\frac{d^2 g_r}{dr^2} + \frac{1}{r}\frac{dg_r}{dr} + \frac{1}{r^2}(-n^2 g_r + 2ng_\theta - g_r) - \xi^2 g_r + \frac{\omega^2}{c_2^2} g_\theta = 0 \tag{3.71}$$

$$\frac{d^2 g_\theta}{dr^2} + \frac{1}{r}\frac{dg_\theta}{dr} + \frac{1}{r^2}(-n^2 g_\theta + 2ng_r - g_\theta) - \xi^2 g_\theta + \frac{\omega^2}{c_2^2} g_r = 0 \tag{3.72}$$

식 (3.70)은 비연성되어 있으므로 다음과 같은 형태의 해를 갖는다.

$$B_{n,\xi_2 r}[g_3] = 0 \tag{3.73}$$

여기서 $\zeta_2^2 = \omega^2 / c_2^2 - \xi^2$이다.

식 (3.71)와 (3.72)를 더하고 빼면 다음과 같은 파동 포텐셜함수에 대한 해를 얻을 수 있다.

$$\begin{aligned} B_{n+1,\xi_2 r}[g_r - g_\theta] &= 0 \\ B_{n+1,\xi_2 r}[g_r + g_\theta] &= 0 \end{aligned} \tag{3.74}$$

측정불변의 법칙으로부터 포텐셜 중 하나를 0으로 설정할 수 있다. 다시 말해 균일체적 포텐셜에 해당되는 변위장에 대한 식은 다른 두 균일체적 포텐셜의 조합에 의해 구할 수 있다. 즉 $g_2 = 0$으로 설정하면

$$g_r = -g_\theta = g_1 \tag{3.75}$$

이 되고 Bessel 미분연산자를 만족하는 세 개의 독립적인 포텐셜함수 $f(r)$, $g_1(r)$, $g_3(r)$만 남게 된다.

Bessel함수의 선택

세 개의 독립적인 포텐셜함수 $f(r)$, $g_1(r)$, $g_3(r)$은 각각 Bessel 미분연산자를 만족한다. 그러나 이러한 미분연산자를 만족하기 위해 사용할 수 있는 Bessel함수의 조합은 몇 가지가 있을 수 있다. 연산자를 완벽하게 만족하기 위해서는 한 쌍의 독립적인 Bessel함수가 요구되는데 두 개의 함수는 각각 안쪽과 바깥쪽으로 전파되는 파동에 해당된다. Bessel 미분연산자를 만족하는 함수의 '표준'쌍은 제 1종(J_n), 제 2종(Y_n) Bessel함수이다. 이 함수들은 정재파 쌍을 나타낸다. 소멸하는 파동을 나타내는 수정

Bessel함수 I_n과 K_n도 사용될 수 있다. 또 다른 함수의 조합으로 제 1종, 2종 Hankel함수($H_n^{(1)}$과 $H_n^{(2)}$)도 사용될 수 있는데 이 함수들은 원점을 향하거나 원점에서 멀어지는 파동을 나타낸다.

여기에서 고려하는 파동전파 모델은 유도파에 대한 것으로, 축방향으로 전파되면서 두께(반경)방향 공진을 갖는 파동이 그 대상이다. 따라서 정재파 또는 소멸파는 내부층의 해를 가장 잘 나타낸다고 할 수 있다. 비수정 Bessel함수나 수정 Bessel함수를 선택하는 기준은 Bessel함수의 독립변수에 따라 달라진다. 비감쇠 시스템의 경우 Bessel함수의 독립변수 $\zeta_1 r$과 $\zeta_2 r$는 순 실수 또는 순 허수가 될 것이다. 복소수 독립변수를 갖는 Bessel함수를 사용할 경우 Bessel함수 J_n과 Y_n을 사용할 수 있다. 그러나 독립변수가 실수일 경우 J_n과 Y_n을 사용하는 것이 보다 안정적이지만 독립변수가 허수일 경우 수정 Bessel함수 I_n과 K_n을 사용하는 것이 보다 안정적이다. 비수정 Bessel함수(J_n과 Y_n) 모두 허수축을 따라 지수적으로 증가하기 때문에 안쪽, 바깥쪽으로 전파하는 파동의 영향을 명확하게 분리할 수 없고 따라서 독립변수가 커지게 되면 해가 불안정해지는 결과를 유발한다. 이러한 문제는 평판의 주파수-두께의 곱(*fd*)이 큰 경우에 해당되며[43], 반경이 큰 파이프에서 매우 중요한 문제가 될 수 있다. 그러나 수정 Bessel함수는 독립변수가 증가함에 따라 $I_n(z)=(-1)^n J_n(iz)$는 증가하고 $K_n(z)=(1/2)\pi(i)^{n+1}H_n^{(1)}(iz)$는 감소하게 되어 두 함수를 분리할 수 있다. 따라서 보다 안정적인 해를 얻을 수 있다.

표 3.1 원통형 층 행렬에 사용되는 Bessel함수의 종류와 선택기준

$V_{ph} > c_1$일 때	$c_1 > V_{ph} > c_2$일 때	$c_1 > c_2 > V_{ph}$일 때
$\zeta_1=\sqrt{\zeta_1^2}$	$\zeta_1=\sqrt{-\zeta_1^2}$	$\zeta_1=\sqrt{-\zeta_1^2}$
$\zeta_2=\sqrt{\zeta_2^2}$	$\zeta_2=\sqrt{\zeta_2^2}$	$\zeta_2=\sqrt{-\zeta_2^2}$
$\gamma_1=1$	$\gamma_1=-1$	$\gamma_1=-1$
$\gamma_2=1$	$\gamma_2=1$	$\gamma_2=-1$
$Z_n(\zeta_1 r)=J_n(\zeta_1 r)$	$Z_n(\zeta_1 r)=I_n(\zeta_1 r)$	$Z_n(\zeta_1 r)=I_n(\zeta_1 r)$
$W_n(\zeta_1 r)=Y_n(\zeta_1 r)$	$W_n(\zeta_1 r)=K_n(\zeta_1 r)$	$W_n(\zeta_1 r)=K_n(\zeta_1 r)$
$Z_n(\zeta_2 r)=J_n(\zeta_2 r)$	$Z_n(\zeta_2 r)=J_n(\zeta_1 r)$	$Z_n(\zeta_2 r)=I_n(\zeta_2 r)$
$W_n(\zeta_2 r)=Y_n(\zeta_2 r)$	$W_n(\zeta_2 r)=Y_n(\zeta_2 r)$	$W_n(\zeta_2 r)=K_n(\zeta_2 r)$

수정 Bessel함수는 약간 다른 방정식의 해를 구하고 비수정 Bessel함수와는 다른 재발생 관계(reoccurance relation)를 가지므로 $\zeta_1 r$과 $\zeta_2 r$를 정의할 때 약간의 수정이 필요하다. 또한 함수의 미분 값을 구할 때 사용되는 재발생 관계의 차이를 고려하기 위해 두 개의 파라미터 γ_1과 γ_2를 정의할 필요가 있다. 첫 번째 파라미터 γ_1은 ζ_1이 관련된 재발생 관계와 관련이 있고 γ_2는 ζ_2와 관련이 있다. 언제, 어떤 값을 대입해야하는지에 대한 기준은 표 3.1에 나타낸 바와 같다. 표 3.1에는 함수 Z_n과 W_n이 도입되어 있는데 이 함수들은 수식유도 시 안쪽(Z_n)과 바깥쪽(W_n)을 향하는 Bessel함수들을 나타내기 위해 사용된다. 함수 Z_n에는 $\boldsymbol{J}_n$, $\boldsymbol{I}_n$, $\boldsymbol{H}_n^{(1)}$을 대입할 수 있고 W_n에는 $\boldsymbol{Y}_n$, $\boldsymbol{K}_n$, $\boldsymbol{H}_n^{(2)}$를 대입할 수 있다.

주변매질로의 누설

무한히 큰 매질에 매립되어 있는 파이프처럼 주변매질로 에너지가 누설되는 시스템의 경우, 무한히 큰 주변매질을 나타내는 층에서 바깥쪽으로 전파하는 파동을 나타내기 위해서는 적절한 Hankel함수를 사용해야 한다. 유한한 크기의 층에서 바깥쪽으로 전파되는 파동을 나타내는 $\boldsymbol{Y}$, $\boldsymbol{K}$ Bessel함수는 정재파, 소멸파를 표시한다. 이 함수들에 의한 해는 무한히 두꺼운 층에서의 파동을 정확하게 묘사할 수 없다. 파동의 진행방향을 $e^{i(\xi z - \omega t)}$로 선택할 경우 무한히 두꺼운 주변매질에서 바깥쪽으로 전파하는 파동을 묘사하기 위해 제 1종 Hankel함수 $\boldsymbol{H}_n^{(1)}$을 선택한다. 이 함수는 무한대에서 소멸하는 파동을 나타낸다. 안쪽으로 전파하는 파동을 나타내는 제 2종 Hankel함수 $\boldsymbol{H}_n^{(2)}$는 독립변수가 무한대에 접근함에 따라 증가하는 함수이다. 이 함수를 해에 포함시킬 경우 에너지가 유한하다는 가정에 위배될 수 있는데 그 이유는 시스템의 전체 무한거리를 따라 일정한 에너지가 유입될 수 있기 때문이다. 그 대신 세 개의 안쪽으로 전파되는 부분파의 크기(L_-, SV_-, SH_-)는 0으로 설정한다. Hankel함수는 비수정 제 1종, 제 2종 Bessel함수($\boldsymbol{J}$와 $\boldsymbol{Y}$)와 동일한 재발생 관계를 갖는다. 따라서 γ_1과 γ_2는 항상 1이어야 하고 $\zeta_1 = \sqrt{\zeta_1^2}$, $\zeta_2 = \sqrt{\zeta_2^2}$의 관계를 만족한다.

시스템의 원통형 중심부는 반무한 반공간으로 모델링할 수 있다. 내부 층은 6개의 부분파(세 개는 안쪽, 세 개는 바깥쪽으로 향하는 파동)를 포함하지만 중심부는 세 개의 부분파(모두 안쪽을 향하는 파동)만을 포함한다. 중심부의 경우 바깥쪽으로 진행하는 파동은 파이프의 다른 쪽에서 안쪽으로 진행하는 파동에 의해 나타내진다. 이 파동

표 3.2 Bessel함수의 독립변수 위상에 대한 선택기준

Bessel함수	균일 파동의 위상(ϕ)	비균일 파동의 위상(ϕ)
J_n, Y_n, H_n	$e^{-i\pi/2} < \phi < e^{i\pi/2}$	$e^{-i0} < \phi < e^{i\pi}$
I_n K_n	$e^{-i0} < \phi < e^{i\pi}$	$e^{-i\pi/2} < \phi < e^{i\pi/2}$

들은 대개 J 또는 I Bessel함수로 표현되는데 이 함수들은 중심부의 두께를 통과하는 정재파를 나타낸다. 그러나 중심부의 한 쪽에서 다른 쪽으로 전파되는 안쪽방향 파동의 전달을 제거하는 것이 유리할 때가 있다. 제 5.2.1절에서 설명할 내부가 유체로 차있는 대구경 파이프를 예로 들어보자. 안쪽으로 진행하는 파동이 유체 중심부를 통과하여 전달되지 않는다면 감쇠 값은 파이프에서 진행하는 파동속의 최대 크기 감소와 보다 밀접한 관계를 갖게 될 것이다. 시스템 내에 싱크(sink)가 존재하지 않으면 유체 모드가 가진되어 파이프 모드의 감쇠는 감소될 것이다. 그 이유는 유체로부터 에너지가 다시 파이프로 재전달되기 때문이다. 그러나 이러한 에너지 재전달은 약간의 시간이 지체된 후 발생하게 되어 전달된 파동속이 분산성을 갖게 하고 최대 크기도 모드의 총 에너지보다 더 빨리 감소하게 만들 것이다. 유체 층을 통해 입체파가 전달되는 것이 바람직하지 않은 다른 예로는 유체가 점성인 경우 그리고 부분적으로 유체가 차있는 경우를 들 수 있다.

유체 층을 통해 부분파가 전달되는 것을 막기 위해, J 또는 I Bessel함수를 사용하는 통상적인 파동해를 제 2종 Hankel함수 $H_n^{(2)}$를 포함하는 해로 대체할 수 있다. 제 2종 Hankel함수는 중심에 싱크가 있어 유입되는 입체파의 에너지를 흡수한다. 제 2종 Hankel함수를 사용할 때 파라미터 γ_1과 γ_2는 1로 설정해야 하고 ζ_1과 ζ_2는 제 1종 Hankel함수와 동일한 방식으로 정의되어야 한다.

ζ_1과 ζ_2의 위상선택

Bessel함수에 대한 독립변수의 위상 $\zeta_1 r$과 $\zeta_2 r$는 해의 거동에 심각한 영향을 미치므로 주의 깊게 선택해야 한다. ζ_1과 ζ_2는 자신들의 제곱에 의해 정의되므로 위상이 180° 차이가 나는 두 개의 다른 값을 가질 수 있다. 근의 선택은 사용되는 Bessel함수의 종류에 따라 달라지고 부분파가 균일하냐 아니냐에 따라 달라진다. 균일 파동은 유도파의 파동 진행방향과 층 사이의 계면에 수직한 방향 모두를 따라 전파될 수 있다. 반면

에 비균일 파동은 유도파의 진행방향을 따라서는 전파될 수 있지만 계면에 수직한 방향으로는 지수적으로 감소하는 특성을 나타낸다. 감쇠가 없을 경우 어떤 파가 균일이고 어떤 파가 비균일인지는 쉽게 판별할 수 있다. 즉 Bessel함수에 대한 독립변수가 실수이면 파동은 균일이고 독립변수가 허수이면 부분파는 비균일이다. 이러한 조건들을 적용하면 ζ_1을 다음과 같이 정의할 수 있다.

$$\zeta_1 = \sqrt{\left(\frac{\omega}{v_1}\right)^2 - \left(\frac{\omega}{v_{ph}}\right)^2} \tag{3.76}$$

여기서 축방향 파동수 ξ대신 ω/v_{ph}를 사용하였다. 유도파의 위상속도 v_{ph}가 입체파 속도 v_1보다 크면 ζ_1^2은 양(+)이고 ζ_1은 실수가 된다. 반대로 위상속도가 입체파 속도보다 적으면 ζ_1^2은 음(-)이 되어 ζ_1은 허수가 된다. 감쇠가 있을 경우 Bessel함수의 독립변수는 복소수가 될 것이다. 이 경우 ω^2/c_{bulk}의 실수부가 ξ^2의 실수부보다 클 경우 균일 파동이 존재한다고 할 수 있다. 이 조건은 파동의 위상속도가 적절한 입체파 속도(ζ_1에 대해서는 c_1, ζ_2에 대해서는 c_2)보다 클 경우 대부분 성립하는 조건이다. 그렇지 않을 경우 부분파는 비균일 파동이 될 것이다. ζ_1과 ζ_2는 층 사이의 계면에 수직한 방향으로의 파동수를 나타내므로, 거동이 균일, 비균일 파동의 특성과 일치하도록 그들의 위상을 선택할 필요가 있다. 균일 파동의 전파와 비균일 파동의 감소는 계면에서 떨어진 곳에서 발생해야 한다. 이상의 결과를 종합하여 위상선택에 대한 기준을 정리한 결과를 표 3.2에 나타내었다.

변위장

이제 매질의 임의의 위치에서의 변위를 계산하기 위해 해에 대해 지금까지 살펴보았던 정보들을 적용해보기로 하자. 식 (3.7)로부터 변위 $\boldsymbol{u} = \nabla\phi + \nabla\times\boldsymbol{H}$ 임을 알 수 있고 부록 A.8로부터 원통좌표계의 벡터 연산자는 다음과 같이 주어진다.

$$\begin{aligned} u_r &= \frac{\partial\phi}{\partial r} + \frac{1}{r}\frac{\partial \boldsymbol{H}_z}{\partial\theta} - \frac{\partial \boldsymbol{H}_\theta}{\partial z} \\ u_\theta &= \frac{1}{r}\frac{\partial\phi}{\partial\theta} + \frac{\partial \boldsymbol{H}_r}{\partial z} - \frac{\partial \boldsymbol{H}_z}{\partial r} \\ u_z &= \frac{\partial\phi}{\partial z} + \frac{1}{r}\frac{\partial}{\partial r}(r\boldsymbol{H}_\theta) - \frac{1}{r}\frac{\partial \boldsymbol{H}_r}{\partial\theta} \end{aligned} \tag{3.77}$$

식 (3.64)의 포텐셜함수를 식 (3.77)에 대입하면 다음 식을 얻게 된다.

$$
\begin{aligned}
u_r &= \left(f' + \xi g_1 + \frac{n}{r} g_3\right) e^{i(n\theta + \xi z - \omega t)} \\
u_\theta &= i\left(\frac{n}{r} f - \xi g_1 + g_3{}'\right) e^{i(n\theta + \xi z - \omega t)} \\
u_z &= i\left(\xi f + \frac{(n+1)}{r} g_1 + g_1{}' + 0\right) e^{i(n\theta + \xi z - \omega t)}
\end{aligned}
\tag{3.78}
$$

여기서 (′)은 반경 에 대한 미분을 나타낸다. 변위에 대한 표현은 sine, cosine함수를 이용하여 다음과 같이 나타낼 수도 있다.

$$
\begin{aligned}
u_r &= \left(f' + \xi g_1 + \frac{n}{r} g_3\right) \cos(n\theta) e^{i(\xi z - \omega t)} \\
u_\theta &= -\left(\frac{n}{r} f - \xi g_1 + g_3{}'\right) \sin(n\theta) e^{i(\xi z - \omega t)} \\
u_z &= i\left(\xi f + \frac{(n+1)}{r} g_1 + g_1{}'\right) \cos(n\theta) e^{i(\xi z - \omega t)}
\end{aligned}
\tag{3.79}
$$

식 (3.79)로부터 종방향 모드(n=0)는 $\hat{\theta}$방향의 변위를 갖지 않으며 원주방향으로 일정한 변위형상을 갖는다는 것을 명확하게 알 수 있다.

응력장

변위에 대한 표현식과 변위, 응력 사이의 관계를 알았으므로 응력에 대한 표현식을 구할 수 있다. Hook의 법칙으로부터 $\tau_{ii} = \lambda \Delta \delta_{ij} + 2\mu \epsilon_{ij}$이고 원통좌표계에 대한 변형률은 다음과 같이 주어진다.

$$
\begin{aligned}
&\epsilon_{rr} = \frac{\partial u_r}{\partial r} \qquad \epsilon_{\theta\theta} = \frac{1}{r}\frac{\partial u_\theta}{\partial \theta} + \frac{u_r}{r} \qquad \epsilon_{zz} = \frac{\partial u_z}{\partial z} \\
&\epsilon_{rz} = \frac{1}{2}\left(\frac{\partial u_r}{\partial z} + \frac{\partial u_z}{\partial r}\right) \\
&\epsilon_{r\theta} = \frac{1}{2}\left[r \frac{\partial}{\partial r}\left(\frac{u_\theta}{r}\right) + \frac{1}{r}\frac{\partial u_r}{\partial \theta}\right]
\end{aligned}
\tag{3.80}
$$

$$\epsilon_{\theta z} = \frac{1}{2}\left(\frac{\partial u_\theta}{\partial z} + \frac{1}{r}\frac{\partial u_z}{\partial \theta}\right)$$

또한

$$\begin{aligned} \sigma_{rr} &= \lambda\Delta + 2\mu\epsilon_{rr} \\ \sigma_{rz} &= 2\mu\epsilon_{rz} \\ \sigma_{r\theta} &= 2\mu\epsilon_{r\theta} \end{aligned} \tag{3.81}$$

인데 여기서 Δ는 팽창 연산자로 다음과 같이 정의된다.

$$\Delta = \nabla^2\phi = -(\omega^2/c_1^2)fe^{i(n\theta+\xi z-\omega t)} = -(\zeta_1^2+\xi^2)fe^{i(n\theta+\xi z-\omega t)}$$

이러한 표현들을 식 (3.78)의 변위에 적용하면 경계조건에서 규정된 응력은 다음과 같이 구할 수 있다.

$$\begin{aligned} \sigma_{rr} &= \mu\left[-\frac{\lambda}{\mu}(\zeta_1^2+\xi^2)f + 2f'' + 2\xi g_1{}' - 2\frac{n}{r^2}g_3 + \frac{2n}{r}g_3{}'\right] \\ \sigma_{r\theta} &= i\mu\left[-\frac{2n}{r^2}f + \frac{2n}{r}f' + \frac{(n+1)\xi}{r}g_1 - \xi g_1{}' + 2g_3{}'' + \zeta_2^2 g_3\right] \\ \sigma_{rz} &= i\mu\left[2\xi f' + \left(\frac{n}{r}\frac{n+1}{r} + \xi^2 - \zeta_2^2\right)g_1 + \frac{n}{r}g_1{}' + \frac{n}{r}\xi g_3\right] \end{aligned} \tag{3.82}$$

위 식에서 $\sigma_{r\theta}$와 σ_{rz}를 계산할 때 Bessel방정식의 관계식

$$\begin{aligned} -\frac{1}{r}g_3{}' &= g_3{}'' + \left(\zeta_2^2 - \frac{n^2}{r^2}\right) \\ g_1{}'' &= -\frac{1}{r}g_1{}' + \left(\frac{(n+1)^2}{r^2} - \zeta_2^2\right) \end{aligned} \tag{3.83}$$

을 이용하였는데 그 이유는 Gazis[25]의 식과 일치하도록 만들기 위해서다. 응력 σ_{rz}의 g_1항은 Gazis의 식과 일치하지 않는다는 점에 유의하기 바란다. Gazis는 $\xi^2-\zeta_2^2$에 n/r을 잘못 곱했지만 이러한 잘못은 다른 결과로 파급되지는 않았다는 사실을 명심할 필요가 있다.

재료 층행렬

식 (3.78)과 (3.82)의 변위장과 응력장에 대한 식은 포텐셜함수의 항으로 표현되었다. 이러한 포텐셜함수에 대한 해는 3.3.4절에 제시되어 있는데 실제 응력장을 계산하기 전에 반드시 식 (3.78)과 (3.82)에 대입해야 한다. 이러한 해를 대입하면 6개의 방정식을 얻을 수 있고 각 방정식은 부분파 크기에 대한 6개의 미지수(세 개는 들어오는 파, 세 개는 나가는 파)로 구성되어 있다. 6개의 부분파의 크기는 해에 사용되는 Bessel함수의 계수에 해당된다. 이러한 부분파들이 나타나는 양상은 그림 3.2에 제시된 바와 같다. 그림에는 각 내부 층에 존재하는 6개의 입체파가 표시되어 있다. 그림 3.2에서 부분파의 크기는 L, SH, SV로 나타내었는데 각각 종파($f(r)$의 해와 동일), 수평전단파(g_3), 수직전단파(g_1)를 표시한다.

변위에 대한 세 개의 방정식(식 (3.78))과 응력에 대한 세 개의 방정식(식 (3.82))를 이용하여 6개의 부분파 크기에 대한 6×6 행렬을 구성할 수 있다. 이 행렬을 재료 층행렬이라 하고 다음과 같이 표현한다.

$$\begin{Bmatrix} u_r \\ u_\theta \\ u_z \\ \sigma_{rr} \\ \sigma_{r\theta} \\ \sigma_{rz} \end{Bmatrix} = [D] \begin{Bmatrix} L_+ \\ L_- \\ SV_+ \\ SV_- \\ SH_+ \\ SH_- \end{Bmatrix} \tag{3.84}$$

여기서 [D]가 재료 층행렬이다. 이 행렬은 3.3.3절에 기술한 경계조건을 구하기 위해 필요한 모든 변위와 응력을 나타내고 다음 절에서 설명할 전체 시스템의 방정식을 모으는데 사용된다. 층행렬의 열의 순서는 바깥쪽으로 전파되는 파동 f, 안쪽으로 전파되는 파동 f, 바깥쪽으로 전파되는 파동 g_1, 안쪽으로 전파되는 파동 g_1, 바깥쪽으로 전파되는 파동 g_3, 안쪽으로 전파되는 파동 g_3 순으로 배열된다. 행의 순서는 평면내 변위 u_z, 수직변위 u_r, 전단변위 u_θ, 수직응력 σ_{rr}, 전단응력(파동 진행방향으로) σ_{rz}, 파동 진행방향에 수직한 전단응력 $\sigma_{r\theta}$ 순으로 배열된다. 이를 그림으로 나타낸 결과가 식 (3.85)에 제시되어 있는데 식에서 하첨자 +는 바깥쪽으로 전파되는 파동을, 하첨자 −는 안쪽으로 전파되는 파동을 나타낸다. 그리고 부분파의 크기는 L, SH, SV로 나타내었다.

$$
\begin{array}{ccccccc}
 & L_+ & L_- & SV_+ & SV_- & SH_+ & SH_- \\
u_z & D(1,1) & D(1,2) & & \cdots & & D(1,6) \\
u_r & D(2,1) & & & & & \\
u_\theta & & & & & & \\
\sigma_{rr} & \vdots & & & & \ddots & \\
\sigma_{rz} & & & & & & \\
\sigma_{r\theta} & D(6,1) & & & \cdots & & D(6,6)
\end{array} \tag{3.85}
$$

등방성 원통형 재료 층의 경우 재료 층행렬의 요소들은 다음과 같이 주어진다.

u_z

$$D(1,2) = i(\xi r^2 Z_n(\zeta_1 r))$$
$$D(1,4) = i(\beta r^2 Z_n(\zeta_2 r))$$
$$D(1,6) = 0$$
$$D(1,1) = i(\xi r^2 W_n(\zeta_1 r))$$
$$D(1,3) = i(\gamma_2 \beta r^2 W_n(\zeta_2 r))$$
$$D(1,5) = 0$$

σ_{rr}

$$D(4,2) = ((\xi^2 - \beta^2) r^2 + 2n(n-1)) Z_n(\zeta_1 r) + 2\gamma_1 \alpha r Z_{n+1}(\zeta_1 r)$$
$$D(4,4) = 2\xi\beta r^2 Z_n(\zeta_2 r) - 2\xi r(n+1) Z_{n+1}(\zeta_2 r)$$
$$D(4,6) = 2n(n-1) Z_n(\zeta_2 r) - 2\gamma_2 n\beta r Z_{n+1}(\zeta_2 r)$$
$$D(4,1) = ((\xi^2 - \beta^2) r^2 + 2n(n-1)) W_n(\zeta_1 r) + 2\alpha r W_{n+1}(\zeta_1 r)$$
$$D(4,3) = 2\gamma_2 \xi\beta r^2 W_n(\zeta_2 r) - 2(n+1)\xi r W_{n+1}(\zeta_2 r)$$
$$D(4,5) = 2n(n-1) W_n(\zeta_2 r) - 2n\beta r W_{n+1}(\zeta_2 r)$$

u_r

$$D(2,2) = nr Z_n(\zeta_1 r) - \gamma_1 \alpha r^2 Z_{n+1}(\zeta_1 r)$$
$$D(2,4) = \xi r^2 Z_{n+1}(\zeta_2 r)$$
$$D(2,6) = nr Z_n(\zeta_2 r)$$
$$D(2,1) = nr W_n(\zeta_1 r) - \alpha r^2 W_{n+1}(\zeta_1 r)$$
$$D(2,3) = \xi r^2 W_{n+1}(\zeta_2 r)$$
$$D(2,5) = nr W_n(\zeta_2 r)$$

σ_{rz}

$$D(5,2) = i(2n\xi r Z_n(\zeta_1 r) - 2\gamma_1 \xi\alpha r^2 Z_{n+1}(\zeta_1 r))$$
$$D(5,4) = i(n\beta r Z_n(\zeta_2 r) + (\xi^2 - \beta^2) r^2 Z_{n+1}(\zeta_2 r))$$
$$D(5,6) = i(n\xi r Z_n(\zeta_2 r))$$
$$D(5,1) = i(2n\xi r W_n(\zeta_1 r) - 2\xi\alpha r^2 W_{n+1}(\zeta_1 r))$$
$$D(5,3) = i(\gamma_2 n\beta r W_n(\zeta_2 r) + (\xi^2 - \beta^2) r^2 W_{n+1}(\zeta_2 r))$$
$$D(5,5) = i(n\xi r W_n(\zeta_2 r))$$

u_θ

$$D(3,2) = i(nr Z_n(\zeta_1 r))$$
$$D(3,4) = i(-\xi r^2 Z_{n+1}(\zeta_2 r))$$
$$D(3,6) = i(nr Z_n(\zeta_2 r) - \beta\gamma_2 r^2 Z_{n+1}(\zeta_2 r))$$
$$D(3,1) = i(nr W_n(\zeta_1 r))$$
$$D(3,3) = i(-\xi r^2 W_{n+1}(\zeta_2 r))$$
$$D(3,6) = i(nr W_n(\zeta_2 r) - \beta r^2 W_{n+1}(\zeta_2 r))$$

$\sigma_{r\theta}$

$$D(6,2) = i(2n(n-1) Z_n(\zeta_1 r)) - 2\gamma_1 n\alpha r Z_{n+1}(\zeta_1 r))$$
$$D(6,4) = i(-\xi\beta r^2 Z_n(\zeta_2 r) + 2\xi r(n+1) Z_{n+1}(\zeta_2 r))$$
$$D(6,6) = i((2n(n-1) - \beta^2 r^2) Z_n(\zeta_2 r)) + 2\gamma_2 \beta r Z_{n+1}(\zeta_2 r))$$
$$D(6,1) = i(2n(n-1) W_n(\zeta_1 r)) - 2n\alpha r W_{n+1}(\zeta_1 r))$$
$$D(6,4) = i(-\xi\gamma_2 \beta r^2 W_n(\zeta_2 r) + 2\xi r(n+1) W_{n+1}(\zeta_2 r))$$
$$D(6,6) = i((2n(n-1) - \beta^2 r^2) W_n(\zeta_2 r)) + 2\beta r W_{n+1}(\zeta_2 r)) \tag{3.86}$$

여기서 $Z_n()$, $W_n()$은 들어오는 파동에 대한 Bessel함수와 나가는 파동에 대한 Bessel함수를 나타내고 n은 원주방향 차수, r은 반경, ξ는 축방향 파동수, μ는 Lamé상수를 나타낸다. 또 $\zeta_1^2 = \omega^2/v_1^2 - \xi^2$이고 $\zeta_2^2 = \omega^2/v_2^2 - \xi^2$인데 여기서 v_1과 v_2는 종방향, 전단방향 입체파 속도이고, γ_1과 γ_2는 표 3.1에 나타낸 바와 같이 서로 다른 Bessel함수의 재발생 관계의 차이를 고려하기 위해 도입된 파라미터이다. 위 행렬에서 변위에는 r^2을 곱하고 응력에는 r^2/μ를 곱했는데 이는 결과식을 간단히 하고 반경으로 나누는 작업을 피하기 위해서이다. 단일 층의 경우 전역행렬(3.5절 참조)을 구성할 때 척도인자(scaling factor)를 고려할 필요가 없다. 그러나 다중 층의 경우 Lamé상수 μ를 응력에 대한 표현식에 반드시 포함시켜야 한다. 또한 위상인자 $-i$도 대개 포함되는데 이는 여러 가지 성분들의 상대위상을 표현하기 위한 것이다. 척도인자를 제외하면 위 식에 나타난 응력에 대한 표현은 Gazis의 경우와 매우 잘 일치한다. 그러나 안쪽으로 전파하는 σ_{rz}의 종방향 성분(Gazis의 결과식에서 c_{31})에 대한 Gazis의 표현식 중 처음 부분에 있는 ζ_{11}은 실제로는 a이다.

위 식에서 Z_n은 안쪽으로 진행하는 파동을 나타내고 Bessel함수 $\boldsymbol{J}_n$, $\boldsymbol{I}_n$, 또는 $\boldsymbol{H}_n^{(2)}$ 중 하나로 표현할 수 있다. 선택기준은 해의 형태와 독립변수의 위상에 따라 달라진다. W_n은 바깥쪽으로 진행하는 파동을 나타내고 $\boldsymbol{Y}_n$, $\boldsymbol{K}_n$, $\boldsymbol{H}_n^{(1)}$ 중 하나로 표현할 수 있다. $\boldsymbol{I}_n$, $\boldsymbol{K}_n$에 대한 재발생 관계는 $\boldsymbol{J}_n$, $\boldsymbol{Y}_n$, $\boldsymbol{H}_n^{(1)}$, $\boldsymbol{H}_n^{(2)}$와는 다르므로 파라미터 γ_1과 γ_2를 방정식에 도입하였다. 이 파라미터들은 Bessel함수 $\boldsymbol{I}_n$, $\boldsymbol{K}_n$이 사용될 때는 -1이고 다른 함수들이 사용될 때는 1이다. γ_1은 종방향 성분과 관련이 있고 γ_2는 전단방향 성분과 관련이 있다.

유체

점성손실이 포함되어 있는지에 따라 유체를 다루는 방법이 달라진다. 3.1.2절에서 설명한 바와 같이 유체가 점성을 가지면 고체처럼 다루고 종방향 속도와 입체파 속도를 이용하여 모델링한다.

평판의 경우 유체가 점성을 갖지 않으면 유체를 매우 낮은 전단속도를 갖는 고체로 나타내어 정확한 결과를 얻을 수 있다[43]. 그러나 원통형 구조물의 경우 이와 같은 방법을 적용할 수 없는데 그 이유는 전단속도가 낮게 되면 Bessel함수의 독립변수가 너무 커지게 되어 이를 계산할 때 수치적 불안정성이 유발되기 때문이다. 그러나 이상적인 유체의 경우 전단 성분을 제거하여 재료행렬을 간단하게 만들 수 있다. 이상적인 비점성 유체를 모델링할 때 스칼라 포텐셜 ϕ만을 사용하는데 그 이유는 응력장이 단일 차원 스칼라장이 되기 때문이다. 또 재료의 전단 운동에 가장 강하게 영향을 미치는 재료성분 μ를 0으로 설정할 수 있다. 따라서 변위와 응력은 다음과 같은 관계를 갖는다.

$$
\begin{aligned}
u_r &= f' e^{i(n\theta + \xi z - \omega t)} \\
u_\theta &= i\frac{n}{r} f e^{i(n\theta + \xi z - \omega t)} \\
u_z &= i\xi f e^{i(n\theta + \xi z - \omega t)} \\
\sigma_{rr} &= -\lambda(\zeta_1^2 - \xi^2) f e^{i(n\theta + \xi z - \omega t)} \\
\sigma_{r\theta} &= 0 \\
\sigma_{rz} &= 0
\end{aligned}
\tag{3.87}
$$

비점성 유체는 전단력을 지지하지 않으므로 고체-유체 계면에 대한 경계조건은 고체-고체 계면의 경계조건과는 다르다. 식 (3.61)에 제시되어 있듯이 수직(원통 축에 수직) 변위와 수직, 압축응력만이 유체와 고체 사이의 경계에서 연속성을 갖는다. 이상의 조건들과 식 (3.87)을 이용하여 원통형 구조물의 비점성 유체 층에 대한 재료행렬을 구성할 수 있다. 재료행렬 요소 중 아래 식 (3.88)에 나타낸 요소 이외에는 모두 0을 갖는다.

$$
\begin{array}{ll}
\qquad\qquad u_r & \qquad\qquad \sigma_{rr} \\
D(2,1) = nrW_n(\zeta_1 r) - \zeta_1 r^2 W_{n+1}(\zeta_1 r) & D(4,1) = -\rho\omega^2 r^2 W_n(\zeta_1 r) \\
D(2,2) = nrZ_n(\zeta_1 r) - \zeta_1 r^2 Z_{n+1}(\zeta_1 r) & D(4,2) = -\rho\omega^2 r^2 Z_n(\zeta_1 r)
\end{array}
\tag{3.88}
$$

여기서 변위와 응력에는 모두 $1/r^2$이 곱해져 있다.

3.4 정방형 매질의 파동전파

본 절에서는 파동의 전파가 주축을 따라 진행되는 정방형 매질에 대한 파동전파 방정식을 유도하고자 한다. 이 경우 Lamb 형태의 모드는 SH 형태의 모드와 비연성되어 있다. 따라서 파동이 모두 연성되어 있는 일반적인 이방성 매질에 대한 해보다 훨씬 간단한 형태로 해를 구할 수 있다.

수식을 유도하기 위해 강성상수에 대한 다음과 같은 하첨자를 사용하기로 하자[5, 65쪽].

$$\begin{array}{ll} 1 & xx \\ 2 & yy \\ 3 & zz \\ 4 & yz,\ zy \\ 5 & xz,\ zx \\ 6 & xy,\ yx \end{array} \tag{3.89}$$

이러한 표기방법은 Jones(40쪽)가 사용한 표기방법과 일치하지만 Borese(250쪽)의 방법과는 일치하지 않는다.

3.4.1 이방성 매질의 입체파

이방성 재료에서 파동이 전파되는 파동수를 결정하기 위해서는 다음과 같은 직교좌표계에 대한 Christoffel방정식[5, 211쪽]이 필요하다.

$$k^2\begin{bmatrix}\Gamma_{11} & \Gamma_{12} & \Gamma_{12}\\ \Gamma_{21} & \Gamma_{22} & \Gamma_{22}\\ \Gamma_{31} & \Gamma_{32} & \Gamma_{32}\end{bmatrix}=\begin{Bmatrix}v_x\\ v_y\\ v_x\end{Bmatrix}=\rho\omega^2\begin{Bmatrix}v_x\\ v_y\\ v_x\end{Bmatrix} \tag{3.90}$$

여기서

$$\Gamma=\begin{bmatrix}l_x & 0 & 0 & 0 & l_z & l_y\\ 0 & l_y & 0 & l_z & 0 & l_x\\ 0 & 0 & l_z & l_y & l_x & 0\end{bmatrix}[C_{ij}]\begin{bmatrix}l_x & 0 & 0\\ 0 & l_y & 0\\ 0 & 0 & l_z\\ 0 & l_z & l_y\\ l_z & 0 & l_x\\ l_y & l_x & 0\end{bmatrix} \tag{3.91}$$

이고 l_x, l_y, l_z는 방향여현(directinal cosine)이고 v_x, v_y, v_z는 입자속도, ρ는 밀도, ω는 주파수, k는 파동수, C_{ij}는 강성상수이다.

평면 *X-Z* 내에서 임의의 방향으로 정렬된 정방형 재료(여기서는 삼사정계(triclinic system)으로 표현)의 경우 위 식은 다음과 같이 간단하게 기술될 수 있다[5, 393쪽].

$$
\begin{bmatrix}
C_{11}\xi^2 + C_{66}k_x^2 + 2C_{16}\xi k_x - \rho\omega^2 & C_{16}\xi^2 + C_{26}k_x^2 + (C_{12}+C_{66})\xi k_x & C_{15}\xi^2 + C_{46}k_x^2 + (C_{14}+C_{56})\xi k_x \\
\Gamma_{12} & C_{66}\xi^2 + C_{22}k_x^2 + 2C_{26}\xi k_x - \rho\omega^2 & C_{56}\xi^2 + C_{24}k_x^2 + (C_{25}+C_{46})\xi k_x \\
\Gamma_{13} & \Gamma_{23} & C_{55}\xi^2 + C_{44}k_x^2 + 2C_{45}\xi k_x - \rho\omega^2
\end{bmatrix} = 0 \qquad (3.92)
$$

그리고 축이 관성좌표계 *X-Y-Z*축과 일치할 경우 아래와 같이 더 간단하게 표현할 수 있다.

$$
\begin{bmatrix}
C_{11}\xi^2 + C_{66}k_x^2 - \rho\omega^2 & (C_{12}+C_{66})\xi k_x & 0 \\
(C_{12}+C_{66})\xi k_x & C_{66}\xi^2 + C_{22}k_x^2 - \rho\omega^2 & 0 \\
0 & 0 & C_{55}\xi^2 + C_{44}k_x^2 - \rho\omega^2
\end{bmatrix} = 0 \qquad (3.93)
$$

여기서 k_x와 $\xi(=k_z)$는 x, z방향의 파동수 성분이다. 층을 관통하는 공진과 진행파동의 파동수를 대응시키기 위해서는 임의의 ξ에 대한 k_x를 알 필요가 있다. 등방성 매질의 경우 부분파의 파동수는 층의 각도에 상관없이 ω/v_{bulk}임을 알고 있으므로 해에 대한 적절한 성분을 구하기 위해 이를 분해할 수 있다. 그러나 이방성 매질의 경우 부분파의 파동수는 각도에 따라 달라지므로 위 행렬의 해를 구해야만 파동수를 결정할 수 있다. 이 행렬은 두 개의 비연성 방정식으로 분해된다. 상부의 부분행렬을 이용하여 다음과 같은 두 개의 해를 구할 수 있다.

$$
\zeta_1^2 = \frac{-B-\sqrt{B^2-4AC}}{2A}
$$
$$
\zeta_2^2 = \frac{-B+\sqrt{B^2-4AC}}{2A} \qquad (3.94)
$$

여기서

$$
A = C_{66}C_{22}
$$
$$
B = -(C_{66}+C_{22})\rho\omega^2 - (C_{12}^2 + 2C_{12}C_{66} - C_{11}C_{22})\xi^2 \qquad (3.95)
$$
$$
C = (C_{11}\xi^2 - \rho\omega^2)(C_{66}\xi^2 - \rho\omega^2)
$$

이고 ζ_1은 준-종방향 파동, ζ_2는 준-전단방향 파동에 해당된다. 세 번째 해는 입자운동이 *XZ*평면에 수직한 순수 전단파를 나타낸다. 이 파동은 등방성 평판의 SH 모드와 동일하고 다음과 같이 표현된다.

$$\zeta_3^2 = k_x^2 = (1/C_{44})(\rho\omega^2 - C_{55}\xi^2) \tag{3.96}$$

3.4.2 Lamb 형태 모드

여기서 잠시 ζ_3에 대한 해는 무시하고 Lamb 형태의 모드해석에 초점을 맞춰 보자. 매질 내에서 입자변위는 주어진 문제의 고유벡터(eigenvector)와 동일하다. 따라서 정방형 매질에 대한 Christoffel방정식(식 (3.93))에 대입하면 다음의 관계식을 얻을 수 있다.

$$u_x = -\left(\frac{C_{11}\xi^2 + C_{66}k_x^2 - \rho\omega^2}{(C_{12} + C_{66})\xi k_x}\right)u_z \tag{3.97}$$

고유벡터는 임의의 변수로 정규화(normalization)시킬 수 있다. 여기서 ζ_1은 ξ로, ζ_2는 ζ_2로 정규화시키면 이방성 매질의 변위를 직교 등방성 매질과 대응시킬 수 있고 여러 가지 다른 형태의 재료를 포함시킬 수 있다. 또한 상방향으로 진행하는 파동의 경우 $\hat{x}$ 축을 반대로 설정하면 x에 대한 미분은 반대방향의 부호를 갖게 된다. 따라서 변위는 다음과 같이 쓸 수 있다.

$$\begin{aligned} &\text{준-종파}(\zeta_1) && \text{준-전단파}(\zeta_2) \\ &u_1 = \pm e(1,x)A_{1\pm}Fe^{\pm i\zeta_1 x} && u_1 = e(2,x)A_{2\pm}Fe^{\pm i\zeta_2 x} \\ &u_3 = e(1,z)A_{1\pm}Fe^{\pm i\zeta_1 x} && u_3 = \pm e(2,z)A_{2\pm}Fe^{\pm i\zeta_2 x} \end{aligned} \tag{3.98}$$

여기서 $F = e^{i(\xi x - \omega t)}$이고 $e(a,b)$는 방향 b를 갖는 크기 a의 고유벡터의 성분을 나타낸다. 그리고 ±기호는 아랫방향과 윗방향으로 진행하는 파동을 구별하기 위해 사용되었다.

등방성 매질의 경우 식 (3.98)은 다음과 같이 더욱 간단하게 쓸 수 있다.

$$\begin{aligned} &\text{준-종파}(\zeta_1) && \text{준-전단파}(\zeta_2) \\ &u_1 = \pm\zeta_1 A_{1\pm}Fe^{\pm i\zeta_1 x} && u_1 = -\xi A_{2\pm}Fe^{\pm i\zeta_2 x} \\ &u_3 = \xi A_{1\pm}Fe^{\pm i\zeta_1 x} && u_3 = \pm\zeta_2 A_{2\pm}Fe^{\pm i\zeta_2 x} \end{aligned} \tag{3.99}$$

식 (3.99)는 앞에서 유도한 등방성 매질의 변위에 대한 식 (3.56)과 형태가 일치하는 것을 확인할 수 있다.

직교좌표계의 경우 변형률벡터 $\boldsymbol{S}$는 다음과 같이 주어진다[5, 29쪽].

$$\boldsymbol{S}=\begin{bmatrix}\partial/\partial x & 0 & 0\\ 0 & \partial/\partial y & 0\\ 0 & 0 & \partial/\partial z\\ 0 & \partial/\partial z & \partial/\partial y\\ \partial/\partial z & 0 & \partial/\partial x\\ \partial/\partial y & \partial/\partial x & 0\end{bmatrix}\begin{Bmatrix}u_x\\ u_y\\ u_z\end{Bmatrix}=\begin{Bmatrix}\partial u_x/\partial x\\ \partial u_y/\partial y\\ \partial u_z/\partial z\\ \partial u_z/\partial y+\partial u_y/\partial z\\ \partial u_x/\partial z+\partial u_z/\partial x\\ \partial u_x/\partial y+\partial u_y/\partial x\end{Bmatrix} \quad (3.100)$$

그리고 응력벡터 $\boldsymbol{T}$는 $\boldsymbol{S}$와 다음의 관계를 갖는다.

$$\boldsymbol{T}=\begin{Bmatrix}\sigma_{xx}\\ \sigma_{yy}\\ \sigma_{zz}\\ \sigma_{yz}\\ \sigma_{zx}\\ \sigma_{xy}\end{Bmatrix}=\begin{bmatrix}C_{11} & C_{12} & C_{13} & 0 & 0 & 0\\ C_{21} & C_{22} & C_{23} & 0 & 0 & 0\\ C_{31} & C_{32} & C_{33} & 0 & 0 & 0\\ 0 & 0 & 0 & C_{44} & 0 & 0\\ 0 & 0 & 0 & 0 & C_{55} & 0\\ 0 & 0 & 0 & 0 & 0 & C_{66}\end{bmatrix}[\boldsymbol{S}] \quad (3.101)$$

따라서 한 축에 대해 정렬되어 있는 정방형 재료의 경우(예를 들면 $\partial/\partial y=0,\ u_y=0$) 수직, 접선응력은 다음과 같이 구할 수 있다.

$$\sigma_{xx}=C_{11}\frac{\partial u_x}{\partial x}+C_{13}\frac{\partial u_z}{\partial z} \quad (3.102)$$

$$\sigma_{xz}=C_{55}\left(\frac{\partial u_x}{\partial z}+\frac{\partial u_z}{\partial x}\right) \quad (3.103)$$

변위에 대한 식 (3.98)을 식 (3.102), (3.103)에 대립하면 다음과 같은 응력에 대한 최종 결과식을 구할 수 있다.

준-종파

$$\sigma_{11}=i[C_{11}\xi e(1,z)+C_{12}\zeta_1 e(1,x)]A_{1\pm}Fe^{\pm i\zeta_1 x}$$

$$\sigma_{13}=\pm iC_{66}[\zeta_1 e(1,z)+\xi e(1,x)]A_{1\pm}Fe^{\pm i\zeta_1 x} \quad (3.104)$$

준-전단파

$$\sigma_{11}=\pm i[C_{11}\xi e(2,z)+C_{12}\zeta_2 e(2,x)]A_{2\pm}Fe^{\pm i\zeta_2 x}$$

$$\sigma_{13}=iC_{66}[\zeta_2 e(2,z)+\xi e(2,x)]A_{2\pm}Fe^{\pm i\zeta_2 x} \quad (3.105)$$

3.4.3 수평전단 모드

수평전단 형태의 모드의 경우 근 ζ_3가 다른 입체파와 비연성되어 있으므로 해의 유도가 훨씬 간단해진다. 식 (3.93)의 Christoffel방정식에서 볼 수 있듯이 모든 변위는 $\hat{z}$ 방향으로 발생한다. 등방성 매질과의 비교를 위해 고유벡터 $(\xi-\zeta_3)$로 정규화한다.

이 값을 세 번째 계면응력에 대한 식에 대입하면 다음의 결과를 얻을 수 있다.

$$\begin{aligned}\sigma_{23} &= C_{44}\left(\frac{\partial u_y}{\partial x}\right) \\ &= \mp i C_{44}\zeta_3(\xi\pm\zeta_3)A_{3\pm}Fe^{\pm i\zeta_3 x}\end{aligned} \tag{3.106}$$

여기서 ±기호는 각각 아랫방향, 윗방향으로 진행하는 파동을 나타낸다.

3.4.4 층 행렬

직교 등방성 매질의 경우와 마찬가지로 층 행렬을 구성하기 위해 식 (3.99), (3.104), (3.105)를 결합하면 다음과 같은 요소를 갖는 층 행렬 [*D*]를 구할 수 있다. 식 (3.107)에 나타나지 않은 요소들의 값은 모두 0이다.

u_1

$$\begin{aligned}D(1,1) &= e(1,x)e^{i\zeta_1 x} \\ D(1,2) &= -e(1,x)e^{i\zeta_1(d-x)} \\ D(1,3) &= e(2,x)e^{i\zeta_2 x} \\ D(1,4) &= e(2,x)e^{i\zeta_2(d-x)}\end{aligned}$$

u_2

$$\begin{aligned}D(2,5) &= -(\xi+\zeta_3)e^{i\zeta_3 x} \\ D(2,6) &= -(\xi-\zeta_3)e^{i\zeta_3(d-x)}\end{aligned}$$

u_3

$$\begin{aligned}D(3,1) &= e(1,z)e^{i\zeta_1 x} \\ D(3,2) &= e(1,z)e^{i\zeta_1(d-x)} \\ D(3,3) &= e(2,z)e^{i\zeta_2 x} \\ D(3,4) &= -e(2,z)e^{i\zeta_2(d-x)}\end{aligned}$$

$$\sigma_{11} \qquad D(4,1) = i[C_{13}e(1,z)\xi + C_{11}e(1,x)\zeta_1]e^{i\zeta_1 x}$$

$$D(4,2) = i[C_{13}e(1,z)\xi + C_{11}e(1,x)\zeta_1]e^{i\zeta_1(d-x)}$$

$$D(4,3) = i[C_{13}e(2,z)\xi + C_{11}e(2,x)\zeta_2]e^{i\zeta_2 x}$$

$$D(4,4) = -i[C_{13}e(2,z)\xi + C_{11}e(2,x)\zeta_2]e^{i\zeta_2(d-x)}$$

$$\sigma_{13} \qquad D(5,1) = iC_{55}[\zeta_1 e(1,z) + \xi e(1,x)]e^{i\zeta_1 x}$$

$$D(5,2) = -iC_{55}[\zeta_1 e(1,z) + \xi e(1,x)]e^{i\zeta_1(d-x)}$$

$$D(5,3) = iC_{55}[\zeta_2 e(2,z) + \xi e(2,x)]e^{i\zeta_2 x}$$

$$D(5,4) = iC_{55}[\zeta_2 e(2,z) + \xi e(2,x)]e^{i\zeta_2(d-x)}$$

$$\sigma_{23} \qquad D(6,5) = -iC_{44}(\xi + \zeta_3)e^{i\zeta_3 x}$$

$$D(6,6) = +iC_{44}(\xi - \zeta_3)e^{i\zeta_3(d-x)} \qquad (3.107)$$

여기서 $e(a,b)$는 b방향의 크기 a를 갖는 고유벡터이고 ζ_1, ζ_2, ζ_3는 두께관통 파동수의 성분들이고 d는 총 두께를 나타낸다. 이 재료 층 행렬을 등방성 재료와 결합하기 전에 변위는 주파수의 역수에 의해, 응력은 주파수 제곱의 역수에 의해 정규화시킬 필요가 있다.

3.5 전역행렬

각 재료 층과 각 계면의 경계조건을 기술하는 방법을 알았으므로 전체 시스템을 묘사하기 위해 각 층들을 결합할 수 있다. 이를 위해 본 절에서는 전역행렬 방법을 사용하는데 이 방법은 1964년에 Knopoff에 의해 처음 제안되었고[33] 그 뒤 Randall[72]과 Schmidt[77] 등에 의해 다중 층 시스템에 적용되기 시작하였다. 일반적으로 사용되는 Thomson-Haskel 전달행렬(transfer matrix) 기법[89, 29]과 비교해 볼 때 이 방법은 주파수-두께의 곱이 커져도 해가 안정해지는 장점을 갖고 있다. 또한 전역행렬 방법은 실수, 복소수 파동수, 공기, 유체 또는 고체 반공간, 모드 또는 응답 해에 대해 동일한 기저행렬(base matrix)을 사용할 수 있다. 단점으로는 시스템을 구성하는 층의 수가 많아지면 전역행렬이 커지게 되고 해의 수렴속도가 상대적으로 느려지는 점을 들 수 있다.

그러나 현재 사용되고 있는 다른 기법들도 안정된 해를 얻기 위해서는 계산속도가 대부분 느려지는 문제점을 안고 있다. 컴퓨터 기술이 발전됨에 따라 이와 같은 계산속도의 문제점은 많이 해소되리라 기대된다. 여러 가지 행렬 기법에 대한 비교는 참고문헌 [43]을 참조하기 바란다.

전역행렬 방법에서는 하나의 행렬이 전체 시스템을 대표한다. 일반적인 형태의 전역행렬은 6(n-1)개의 방정식으로 구성되는데 여기서 n은 층의 수(반무한, 반공간 포함)이다. 방정식은 각 계면에서의 경계조건을 만족한다. 축소된 형태의 행렬은 축소된 수만큼의 방정식만을 사용한다. 예를 들어 Lamb파의 경우 각 층 당 네 개의 방정식만 필요하므로 총 4(n-1)개의 방정식으로 구성되고, Love파의 경우 각 층 당 두 개의 방정식만 필요하므로 총 2(n-1)개의 방정식으로 구성된다. 전역행렬의 열은 각 층의 부분파의 크기에 상응하는데 6개는 각 내부 층에 해당되고 3개는 외부(반무한) 층에 해당된다. 이와 같이 재료 층행렬을 구성하면 응력과 변위의 연속조건을 만족할 수 있고 층의 상부, 하부에서의 부분파도 일관성을 갖게 된다. 그림 3.3에 그림 3.1과 3.2에서 고려한 다섯 개의 층을 갖는 시스템에 대한 전역행렬 구성방법을 제시하였다. 전역행렬에 부분파의 크기를 곱하면 모든 경계조건 방정식을 만족하게 된다. 시스템에 에너지가 부가되지 않는 한 이 방정식은 항상 0이 된다. 따라서 시스템에 대한 특성방정식(characteristic equation)을 다음과 같이 쓸 수 있다.

$$[G]\{A\}=0 \tag{3.108}$$

여기서 $[G]$는 전역행렬이고 $\{A\}$는 부분파 크기로 구성되는 벡터이다. 위 방정식을 만족하기 위해서는 전역행렬의 행렬식(determinant)이 0이 되어야 한다. 주파수, 파동수, 감쇠의 조합에 따라 이 조건을 만족하는지가 결정되고 이 값들은 다음 절에서 설명할 반복 계산과정에 의해 찾을 수 있다. 따라서 행렬식을 계산하기 위한 알고리즘이 정확해야 하며 그렇지 않을 경우 탐색 알고리즘이 0으로 수렴하지 않는다는 사실을 명심해야 한다. 이를 위해 본 절에서는 부분 피벗(partial pivot)을 갖는 Gauss소거법을 사용한다. 자세한 내용은 참고문헌 [45]를 참조하기 바란다.

조건에 따라 전역행렬이 유효한 파동전파 해를 갖지 못하고 특이행렬(singular matrix)이 되는 경우도 종종 발생한다. 이러한 조건의 가장 대표적인 예는 위상속도 (ω/ξ)가 입체파 속도 중 하나와 같아질 때이다. 이 경우 위쪽, 아래쪽으로 진행하는 파동의 영향을 구별할 수 없게 되어 두 열이 선형 종속이 되고 따라서 전역행렬이 특이

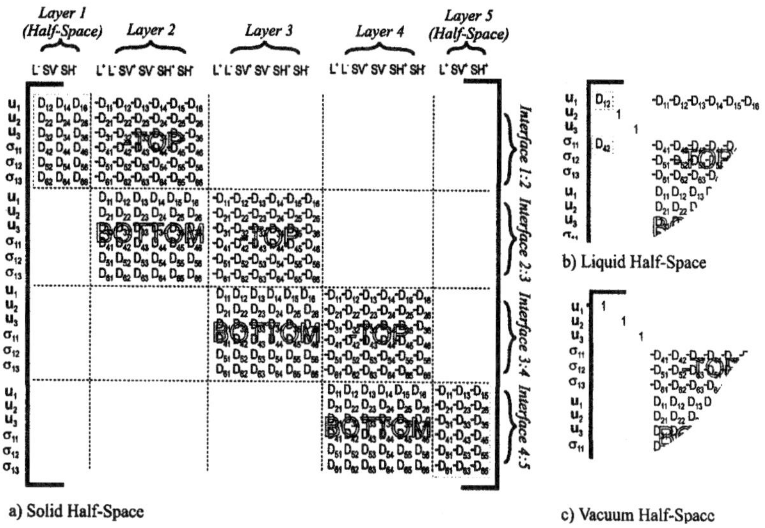

그림 3.3 전역행렬의 구조 (a) 고체 (b) 유체 반공간 (c) 공기 반공간

행렬이 된다.

하나 또는 두 개의 반공간이 비점성 유체이거나 공기일 경우 행렬을 수정하여 불필요한 경계조건과 부분파를 쉽게 소거할 수 있다. 이에 대한 과정은 그림 3.3 (b), (c)에 자세히 설명되어 있다(그림에서는 상부 반공간(원통의 경우 중심부)에 대해 적용). 상부 반공간(또는 원통 중심부)이 공기로 구성되어 있으면 대각선 요소 (1,1), (2,2), (3,3)만 1로 설정하고 나머지 요소들은 모두 0으로 만들어 처음 세 열과 행을 소거할 수 있다. 이러한 작업에 의해 시스템 내부에서의 변위에 대한 제한조건을 제거하고 중심부에 존재하는 입체파에 대한 기준을 소거할 수 있다. 중심부가 비점성 유체이면 두 개의 접선방향 변위에 대한 제한조건을 제거할 수 있다. 또 전단 입체파도 소거된다. 이러한 작업에 의해 종방향 입체파의 크기가 수직변위와, 중심부 계면과 첫 번째 층에서의 수직응력과 관련이 있는 요소들만을 행렬에 남길 수 있다. 하부(또는 바깥) 반공간이 공기나 유체일 경우 유사한 수정작업을 거쳐 행렬의 오른쪽 하단의 요소들을 소거할 수 있다.

3.6 스프링 계면

층 사이의 접촉조건이 완전하지 않은 적층 구조물을 모델링할 수 있는 방법이 때때로 필요하다. 예를 들어 두 개의 층이 분리되거나 중첩되지 않지만 서로 자유롭게 미끄러질 수 있는 모델이 요구될 때가 있다. 이 경우 수직방향의 변위는 연속조건을 만족하지만 접선방향의 변위는 자유로운 상태에 놓이게 된다. 또 어떤 계면강성을 갖는 불완전한 계면을 나타낼 필요가 있을 때도 있다. 즉 접촉하고 있는 두 평판의 부분 접촉조건을 나타낼 수 있는 모델이 필요하고 이를 위해 스프링 계면이 필요하다. 스프링 계면이 사용되는 경우에 대한 예제는 참고문헌 [3, 68, 69, 62]를 참조하기 바란다.

계면에서의 각 자유도에 대해 다음의 세 가지 조건으로 접촉조건을 설정할 수 있다. (1) Rigid(강체). 이 조건에서는 계면이 완벽한 결합조건을 만족하게 되어 모든 변위의 연속조건을 만족한다. (2) Free(자유). 이 조건에서는 표면이 자유로운 상태에 놓이게 되어 선택된 자유도는 완전히 단절되게 되고 그 자유도에 해당되는 응력은 0이 된다. (3) Spring(스프링). 이 조건은 강체 조건과 자유 조건 사이의 중간 조건임을 명확하게 알 수 있다. 즉 무한대의 강성을 갖는 스프링은 강체 조건에 해당되고, 강성이 0인 스프링은 자유 조건에 해당된다. 스프링 계면은 층 사이의 모든 계면에 대해 독립적으로 정의될 수 있고 또 상부, 하부 반공간에 대해서도 정의될 수 있다.

스프링 계면조건을 도입할 때 전체 프로그램의 구조, 특히 전역행렬의 조합에 미치는 영향이 최소가 되도록 할 필요가 있다. 따라서 일반적으로 스프링 계면을 하나의 "재료층"으로 규정한다. 이 층은 강성을 지배하는 재료상수를 가지며 두께는 0이다. 그리고 이 층은 시스템의 다른 층에 전혀 영향을 미치지 않으면서 전역행렬의 적당한 위치에 삽입될 수 있다.

3.6.1 두 층 사이의 임의의 위치에서의 스프링 계면

다중 층의 임의의 위치에 놓여있는 스프링 계면을 고려해보자. 다섯 개의 층으로 구성된 구조물의 전역행렬은 다음과 같이 주어진다.

$$\begin{bmatrix} [D_{1b}^-] & [-D_{2t}] & & & & \\ & [D_{2b}] & [-D_{3t}] & & & \\ & & [D_{3b}] & [-D_{4t}] & & \\ & & & [D_{4b}] & [-D_{5t}^+] \end{bmatrix} \begin{Bmatrix} A_1^- \\ A_2 \\ A_3 \\ A_4 \\ A_5^+ \end{Bmatrix} = \{0\} \tag{3.109}$$

여기서 행렬의 요소 $[D]$는 층의 부분행렬을 나타내고 $\{A\}$는 부분파의 크기를 나타낸다. 전역행렬 내에서의 위치와 구성계수는 그림 3.3과의 직접 비교를 통해 알 수 있거나 참고문헌 [43]의 538쪽의 방정식으로부터 구할 수 있다. 행렬의 비어있는 곳은 해당 요소가 0임을 의미한다.

예를 들어 세 번째 층이 스프링 층이라 가정하자. 그러면 행렬 $[D_{3t}]$와 $[D_{3b}]$에는 스프링의 거동을 나타내는 요소가 반드시 포함되어야 한다. 첫 번째 행렬 $[D_{3t}]$는 스프링 층의 상부와 그 위에 놓여있는 실제 재료 층 사이의 경계조건에 관련된 행렬이다. 두 번째 행렬 $[D_{3b}]$는 스프링 층의 하부와 그 아래에 놓여있는 실제 재료 층 사이의 경계조건에 관련된 행렬이다. 여기서 해석의 편의를 위해 스프링 층의 상부를 (t)로, 하부를 (b)로 나타내었지만 이 층은 실제로 두께를 갖지는 않는다. 통상적으로 행렬의 행은 자유도에 관련되어 있고 $\{u_1, u_2, u_3, \sigma_{11}, \sigma_{12}, \sigma_{13}\}$의 순서로 배열된다. 여기서 방향 1은 계면에 수직이고 아랫방향이 양(+)인 방향이고, 방향 3은 평판이나 파이프의 파동 진행방향과 일치하며, 방향 2는 방향 1, 3과 직교하는 방향이다(그림 3.1, 3.2 참조). 따라서 u_2와 σ_{12}는 2차원 평판의 일반적인 Lamb 형태 모드를 계산할 때는 사용되지 않는 자유도이다. 파동의 크기벡터 $\{A_3\}$는 스프링 계면의 부분파 크기를 계산하기 위해 도입된 벡터로 그 의미는 나중에 자세히 설명하기로 한다.

각각의 방향에 따른 스프링상수를 고려해 보자. (1) k_{11}은 계면에 수직한 방향으로의 두 층 사이의 강성을 의미하고 (2) k_{12}는 평면 12 내에 놓여있는 두 층 사이의 전단강성을 (3) k_{13}은 평면 13 내에 놓여있는 두 층 사이의 전단강성을 의미한다. 스프링은 서로 비연성되어 있고 각각의 k값은 독립적으로 정의할 수 있다. 스프링 층에서의 변위와 응력은 스프링상수와 다음의 관계를 갖는다.

$$
\begin{aligned}
u_{1(t)} - u_{1(b)} &= \frac{-\sigma_{11}}{k_{11}} \\
u_{2(t)} - u_{2(b)} &= \frac{-\sigma_{12}}{k_{12}} \\
u_{3(t)} - u_{3(b)} &= \frac{-\sigma_{13}}{k_{13}}
\end{aligned} \tag{3.110}
$$

식 (3.110)의 세 방정식은 변위가 스프링 층의 상부 또는 하부에서 발생하는지를 나타내기 위해 하첨자 (t), (b)가 필요하다. 즉 접촉하고 있는 두 재료 사이에서 스프링이 변위의 미분을 허용할 수 있도록 설정할 필요가 있다. 반면에 스프링 층에서의 응력은 일정(또는 평형상태를 유지)하기 때문에 이와 같은 하첨자가 필요 없다. 예를 들어 층 상부에서의 응력 σ_{11}은 층 하부의 응력 σ_{11}과 반드시 같은 값을 가져야 한다. 위 방정식의 부호를 결정할 때는 주의가 필요한데 특히 전단응력의 부호는 조심스럽게 설정할 필요가 있다. 여기에서 채택하고 있는 좌표계의 경우 방정식에 나타나는 응력의 부호는 모두 음(-)의 부호를 갖는다(윗방향을 양(+)으로 설정하면 세 방정식의 부호는 모두 양(+)이 된다). 스프링상수 k는 계면의 단위면적 당 (/㎟) 강성(N/㎜)을 나타내므로 전체 단위는 (N/㎣)이 된다.

이제 두 행렬 $[D_{3t}]$와 $[D_{3b}]$의 계수를 고려해보자. 먼저 스프링 층의 하부의 경우 계면에 대한 행렬이 단위행렬이 된다고 하자.

$$\begin{Bmatrix} u_1 \\ u_2 \\ u_3 \\ \sigma_{11} \\ \sigma_{12} \\ \sigma_{13} \end{Bmatrix}_{layer3,(b)} = \begin{bmatrix} 1 & & & & & \\ & 1 & & & & \\ & & 1 & & & \\ & & & 1 & & \\ & & & & 1 & \\ & & & & & 1 \end{bmatrix} \begin{Bmatrix} A_{L+} \\ A_{L-} \\ A_{SV+} \\ A_{SV-} \\ A_{SH+} \\ A_{SH-} \end{Bmatrix}_{layer3} \tag{3.111}$$

따라서 행렬 $[D_{3b}]$는 다음과 같이 정의된다.

$$[D_{3b}] = \begin{bmatrix} 1 & & & & & \\ & 1 & & & & \\ & & 1 & & & \\ & & & 1 & & \\ & & & & 1 & \\ & & & & & 1 \end{bmatrix} \tag{3.112}$$

층 상부에 대한 행렬식은 다음과 같이 구할 수 있다.

$$\begin{Bmatrix} u_1 \\ u_2 \\ u_3 \\ \sigma_{11} \\ \sigma_{12} \\ \sigma_{13} \end{Bmatrix}_{layer3,(t)} = [D_{3t}]\{A_3\} = [D_{3t}] \begin{Bmatrix} u_1 \\ u_2 \\ u_3 \\ \sigma_{11} \\ \sigma_{12} \\ \sigma_{13} \end{Bmatrix}_{layer3,(b)} \tag{3.113}$$

행렬 $[D_{3t}]$는 스프링 층에 따른 변위의 전이(transfer)를 나타내고 식 (3.110)을 이용하여 다음과 같이 쉽게 구할 수 있다.

$$[D_{3t}] = \begin{bmatrix} 1 & & & -1/k_{11} & & \\ & 1 & & & -1/k_{12} & \\ & & 1 & & & -1/k_{13} \\ & & & 1 & & \\ & & & & 1 & \\ & & & & & 1 \end{bmatrix} \tag{3.114}$$

3.6.2 강성이 0인 스프링

강성이 0인 스프링은 자유도가 분리된 상태를 의미한다. 이러한 스프링은 식 (3.114)와 (3.112)에 주어진 행렬 $[D_{3t}]$와 $[D_{3b}]$의 요소들을 적절히 수정하여 정의할 수 있다. 각각의 자유도는 독립적으로 취급할 수 있으므로, 자유 미끄럼조건을 갖지만 수직 방향으로는 일정한 강성을 갖는 혼합 경계조건도 어렵지 않게 모델링할 수 있다. 선택된 자유도를 수정하는 방법은 해당 응력에 관련된 두 행렬의 대각선 요소를 모두 0으로 설정하면 된다. 해당 응력은 k_{11}강성인 경우 σ_{11}, k_{12}강성은 σ_{12}, k_{13}강성은 σ_{13}로 모두 자명하게 결정할 수 있다.

이러한 수정에 의해 해당 자유도에 관련된 "파동의 크기"의 의미도 영향을 받게 된다. 각 방향에는 두 개의 파동크기 즉, 변위와 응력이 존재한다. 이 값들은 대부분 앞에서 설명한 바와 같이 스프링 층 하부의 변위와 응력에 해당된다. 이제 변위와 관련된 파동크기는 층 하부의 크기로 남아있지만 응력과 관련된 파동크기는 층 상부의 변위 값으로 변하게 된다. 따라서 두 개의 파동크기는 스프링 층 상, 하부의 변위가 되고 두 변위는 서로 분리되어 다른 값을 갖는다. 동시에 두 개의 응력은 경계조건을 만족하기 위해 0이 되어야 한다.

3.6.3 강성이 무한대인 스프링

어떤 자유도가 무한대의 강성을 갖는다는 것은 완벽한 결합조건을 의미한다. 이는 계면 스프링이 사용되지 않을 때 두 층 사이에서 일반적으로 정의되는 결합조건과 동일하다. 따라서 이 조건은 전체 자유도 중 하나 또는 두 개의 자유도가 무한강성 조건을 만족할 때 사용된다. 모든 자유도의 강성이 무한대이면 스프링 계면 층을 사용하는 의미가 없어진다. 즉 스프링 계면을 사용하는 의미가 없어진다고 할 수 있다.

무한대 강성을 모델링하기 위해서는 $[D_{3t}]$행렬만을 수정하면 된다. 즉 행렬에서 관련 변위에 해당되는 비대각선 요소(k요소를 포함하는 요소)를 제거(0으로 대체)하면 된다.

3.6.4 모델의 상, 하부 경계에서의 스프링 계면

스프링 층이 모델의 상부 반공간에 해당되면 스프링 특성을 포함하는 행렬은 $[D_{1b}^-]$가 된다. 이 행렬은 6개의 행과 3개의 열로 구성된다. 이제 스프링상수는 모델 상부 즉, 스프링 층 전체와 주변매질의 절대 변위와 응력을 결정하게 된다. 이때 첫 번째 재료층과 연결되는 스프링 하부에 대한 식은 다음과 같이 쓸 수 있다.

$$\begin{aligned} u_{1(b)} &= \frac{\sigma_{11}}{k_{11}} \\ u_{2(b)} &= \frac{\sigma_{12}}{k_{12}} \\ u_{3(b)} &= \frac{\sigma_{13}}{k_{13}} \end{aligned} \tag{3.115}$$

그리고 행렬 $[D_{1b}^-]$는 다음과 같이 주어진다.

$$[D_{1b}^-] = \begin{bmatrix} 1/k_{11} & & \\ & 1/k_{12} & \\ & & 1/k_{13} \\ 1 & & \\ & 1 & \\ & & 1 \end{bmatrix} \tag{3.116}$$

마찬가지 방법으로 스프링 층이 모델의 하부 반공간에 해당되는 경우에 대한 식도 유도할 수 있는데 이때는 전역행렬의 하부 우측의 부분행렬(여기서는 $[D_{5t}^+]$)이 수정되게 된다. 가장 아래쪽의 재료행렬과 연결되는 상부 스프링 층에 대한 식은 다음과 같이 주어지고

$$u_{1(b)} = \frac{-\sigma_{11}}{k_{11}}$$

$$u_{2(b)} = \frac{-\sigma_{12}}{k_{12}} \tag{3.117}$$

$$u_{3(b)} = \frac{-\sigma_{13}}{k_{13}}$$

행렬 $[D_{5t}^{+}]$는 다음과 같이 구해진다.

$$[D_{5t}^{+}] = \begin{bmatrix} -1/k_{11} & & \\ & -1/k_{12} & \\ & & -1/k_{13} \\ 1 & & \\ & 1 & \\ & & 1 \end{bmatrix} \tag{3.118}$$

행렬 $[D_{1b}^{-}]$과 $[D_{5t}^{+}]$의 아래쪽 절반을 구성하는 부분행렬의 대각선 요소가 1인 것으로부터 파동크기는 응력 σ_{11}, σ_{12}, σ_{13}이 됨을 알 수 있다. 강성이 0이거나 무한대인 스프링을 모델링하기 위해 상부, 하부의 행렬을 수정한 결과는 앞에서 설명한 일반적인 스프링 계면의 결과와 정확하게 일치하는 것을 확인할 수 있다.

3.7 누설Lamb파의 이론적 해

전역행렬을 사용하면 동일한 구성을 이용하여 다양한 종류의 구조물을 해석할 수 있는 장점이 있지만 계산속도가 빠르지 않은 단점을 갖게 된다. 일반적으로 사용되는 간단한 구조물의 경우 특성방정식을 이론적 형태로 구하는 것이 유리할 때가 많다. 이러한 방법을 이용하여 공기 중에 놓여있거나 비압축성 유체에 잠겨있는 단일 층, 탄성, 등방성 평판에 대한 특성방정식을 유도할 수 있다. 유도된 특성방정식은 Lamb파와 누설Lamb파에 해당된다.

Lamb파와 누설Lamb파에 대한 유도과정은 동일하다. 다만 평판이 공기 중에 놓여있을 때는 주변 유체로 누설되는 파동에 의한 손실이 존재하지 않는다는 점이 다를 뿐이다. 유도과정도 편평한 등방성 평판의 층 행렬에 대한 유도과정과 동일한 과정을 따르게 된다. 다만 경계조건과 주변매질에 대한 수식이 특성방정식에 직접 삽입된다는 점이 다를 뿐이다.

특성방정식을 유도하기 위해서는 고체 층과 주변 유체 사이의 계면에서 특정한 경계조건이 요구된다. 즉, 수직변위 u_1은 연속이어야 하고, 압력의 평형을 유지하기 위해 수직응력 σ_{11}도 연속이어야 한다. 또한 유체는 전단력과 연성될 수 없으므로 전단응력 σ_{13}는 계면에서 0이 되어야 한다. 나머지 변위와 응력에 대한 제한조건은 설정되지 않는다.

누설Lamb파에 대한 이론적 해의 유도는 등방성 층과 동일한 방식으로 시작한다. 유도파의 전파는 x_3방향으로 진행되고 x_1방향은 층에 수직한 방향이며 x_2평면에서 계는 평면변형률 상태를 유지한다고 가정한다. 비연성되어 있는 수평전단파는 무시하고 $X-Z$(1-3)평면의 운동만을 고려한다. 변위는 두 개의 포텐셜 즉, 스칼라 포텐셜과 벡터 포텐셜로 표현될 수 있고($\boldsymbol{u}= \nabla\phi+\nabla\times\boldsymbol{H}$), 여기서 스칼라 포텐셜 ϕ는 다음의 형태를 갖는다.

$$\phi=[A_{L1}\cos(k_1x_1)+A_{L2}\sin(k_1x_1)]e^{i(k_3x_3-\omega t)} \tag{3.119}$$

그리고 벡터 포텐셜 $\boldsymbol{H}$도 유사하게 정의할 수 있다.

$$\boldsymbol{H}=[A_{S1}\cos(k_1x_1)+A_{S2}\sin(k_1x_1)]e^{i(k_3x_3-\omega t)} \tag{3.120}$$

여기서 나중에 해가 대칭, 비대칭으로 분리될 수 있도록 두께관통 포텐셜을 sine과 cosine 항의 합으로 표현하였다. 등방성 평판처럼 두께관통 포텐셜을 지수함수로 표현하면 대칭, 비대칭이 서로 연성되어 나중에 분리할 수 없게 된다.

파동수의 크기는 스칼라 포텐셜의 경우 ω/v_1, 벡터 포텐셜의 경우 ω/v_2라고 알려져 있으므로, 두 파동수 성분을 서로 관련지어 규정할 수 있다. 즉, 파동 진행방향의 파동수 성분 k_3를 ξ라 하면 파동 진행방향에 수직한 파동수 성분의 제곱은 다음과 같이 정의할 수 있다.

$$\begin{aligned}\zeta_1^2&=\frac{\omega^2}{v_1^2}-\xi^2\\ \zeta_2^2&=\frac{\omega^2}{v_2^2}-\xi^2\end{aligned} \tag{3.121}$$

여기서 ζ_1은 스칼라 포텐셜 ϕ에 대한 수직 파동수 성분이고 ζ_2는 벡터 포텐셜 $\boldsymbol{H}$에 대한 수직 파동수 성분이다.

변위를 두 개의 서로 다른 포텐셜을 이용하여 정의하면 압축파($\boldsymbol{u}_L$)와 회전파($\boldsymbol{u}_S$)에 대한 변위 표현식을 구할 수 있다.

$$
\begin{aligned}
\boldsymbol{u}_L = \nabla\phi &= \begin{Bmatrix} \partial\phi/\partial x_1 \\ \partial\phi/\partial x_2 \\ \partial\phi/\partial x_3 \end{Bmatrix} \\
&= A_{L1}\begin{Bmatrix} -\zeta_1\sin(\zeta_1 x_2) \\ 0 \\ i\xi\cos(\zeta_1 x_2) \end{Bmatrix} e^{i(\xi x_3 - \omega t)} + A_{L2}\begin{Bmatrix} \zeta_1\cos(\zeta_1 x_2) \\ 0 \\ i\xi\sin(\zeta_1 x_2) \end{Bmatrix} e^{i(\xi x_3 - \omega t)}
\end{aligned} \tag{3.122}
$$

$$
\begin{aligned}
\boldsymbol{u}_S = \nabla\times\boldsymbol{H} &= \begin{Bmatrix} \partial/\partial x_1 \\ \partial/\partial x_2 \\ \partial/\partial x_3 \end{Bmatrix} \times \begin{Bmatrix} 0 \\ H_3 \\ 0 \end{Bmatrix} \\
&= A_{S1}\begin{Bmatrix} -i\xi\cos(\zeta_2 x_2) \\ 0 \\ -\zeta_2\sin(\zeta_2 x_2) \end{Bmatrix} e^{i(\xi x_3 - \omega t)} + A_{S2}\begin{Bmatrix} -i\xi\sin(\zeta_2 x_2) \\ 0 \\ \zeta_2\cos(\zeta_2 x_2) \end{Bmatrix} e^{i(\xi x_3 - \omega t)}
\end{aligned} \tag{3.123}
$$

여기서 모든 입자운동이 평면 x_1x_3내에서 발생할 수 있도록 벡터 포텐셜은 x_2방향을 갖는다.

식 (3.43)에서 정의한 바와 같이 수직 압축응력과 접선 전단응력을 다음과 같이 표현할 수 있다.

$$
\begin{aligned}
\sigma_{11} &= \lambda\Delta + 2\mu\epsilon_{11} \\
\sigma_{13} &= \mu\epsilon_{13}
\end{aligned} \tag{3.124}
$$

여기서

$$
\begin{aligned}
&\epsilon_{11} = \frac{\partial u_1}{\partial x_1} \qquad \epsilon_{22} = \frac{\partial u_2}{\partial x_2} \qquad \epsilon_{33} = \frac{\partial u_3}{\partial x_3} \\
&\epsilon_{13} = \frac{\partial u_1}{\partial x_3} + \frac{\partial u_3}{\partial x_1} \qquad \Delta = \epsilon_{11} + \epsilon_{22} + \epsilon_{33}
\end{aligned} \tag{3.125}
$$

이고 λ와 μ는 Lamé 상수이고 Δ는 요소의 체적변화(팽창)를 나타낸다. 변위에 대한 식을 이 방정식들에 대입하면 수직, 전단응력에 대한 표현식을 구할 수 있다.

$$\begin{array}{ll} \text{압축} & \text{회전} \\ \sigma_{11+} = -\mu(\zeta_2^2 - \xi^2)\cos(\zeta_1 x_1) & \sigma_{11+} = 2\mu\xi\zeta_2 \sin(\zeta_2 x_1) \\ \sigma_{11-} = -\mu(\zeta_2^2 - \xi^2)\sin(\zeta_1 x_1) & \sigma_{11-} = 2\mu\xi\zeta_2 \cos(\zeta_2 x_1) \\ \sigma_{13+} = -2i\mu\zeta_1\xi\sin(\zeta_1 x_1) & \sigma_{13+} = -\mu(\zeta_2^2 - \xi^2)\cos(\zeta_2 x_1) \\ \sigma_{13-} = 2i\mu\zeta_1\xi\cos(\zeta_1 x_1) & \sigma_{13-} = -\mu(\zeta_2^2 - \xi^2)\sin(\zeta_2 x_1) \end{array} \tag{3.126}$$

여기서 수식을 간결하게 표현하기 위해 모든 식에서 $e^{i(\xi x_2 - \omega t)}$항을 생략하였다. 수직응력 σ_{11}을 계산할 때는 $\lambda(\zeta_1^2 + \xi^2) + 2\mu\zeta_1^2$ 대신 $\mu(\zeta_2^2 - \xi^2)$를 대입하였다.

주변의 비압축성 유체는 전단응력을 지지할 수 없으므로 단일 스칼라 포텐셜을 이용하여 모델링할 수 있다. 상부, 하부 반공간에 대한 두 개의 포텐셜은 다음과 같이 주어진다.

$$\begin{array}{ll} \Phi_{L1} = [A_{liq1} e^{-i(\gamma x_1)}] e^{i(\xi z - \omega t)} & \text{for} \quad x_1 \le -d/2 \\ \Phi_{L2} = [A_{liq2} e^{i(\gamma x_1)}] e^{i(\xi z - \omega t)} & \text{for} \quad x_1 \ge d/2 \end{array} \tag{3.127}$$

여기서 $\gamma = \sqrt{\omega^2 / c_L^2 - \xi^2}$ 이고 c_L은 주변 유체의 입체파 속도이다.

상부 표면$(-d/2)$과 하부 표면$(d/2)$에서의 수직변위, 수직 압축응력과 접선 전단응력을 구하고, 고체 평판에 대한 값들과 유체 하중에 의한 값들을 서로 일치시키면 특성방정식을 구성하는 행렬 $\boldsymbol{A}$를 구할 수 있다.

$$[\boldsymbol{A}]\begin{Bmatrix} A_{L+} \\ A_{L-} \\ A_{S+} \\ A_{S-} \\ A_{liq1} \\ A_{liq2} \end{Bmatrix} = \begin{Bmatrix} u_1|_{x_1 = d/2} \\ u_1|_{x_1 = -d/2} \\ \sigma_{11}|_{x_1 = d/2} \\ \sigma_{11}|_{x_1 = -d/2} \\ \sigma_{13}|_{x_1 = d/2} \\ \sigma_{13}|_{x_1 = -d/2} \end{Bmatrix} \tag{3.128}$$

여기서 $\boldsymbol{A}$의 요소는 다음과 같이 주어진다.

$$
\begin{matrix}
-\zeta_1\sin(\zeta_1 d/2) & \zeta_1\cos(\zeta_1 d/2) & -i\xi\cos(\zeta_2 d/2) & -i\xi\sin(\zeta_2 d/2) & 0 & -i\gamma e^{i\gamma d/2} \\
-A_{11} & A_{12} & A_{13} & -A_{14} & i\gamma e^{i\gamma d/2} & 0 \\
-\mu(\zeta_2^2-\xi^2)\cos(\zeta_1 d/2) & -\mu(\zeta_2^2-\xi^2)\sin(\zeta_1 d/2) & 2i\mu\xi\zeta_2\sin(\zeta_2 d/2) & -2i\mu\xi\zeta_2\cos(\zeta_2 d/2) & 0 & \omega^2\rho_L e^{i\gamma d/2} \\
A_{31} & -A_{32} & -A_{33} & A_{34} & \omega^2\rho_L e^{i\gamma d/2} & 0 \\
-2i\mu\xi\zeta_1\sin(\zeta_1 d/2) & 2i\mu\xi\zeta_1\cos(\zeta_1 d/2) & -\mu(\zeta_2^2-\xi^2)\cos(\zeta_2 d/2) & -\mu(\zeta_2^2-\xi^2)\sin(\zeta_2 d/2) & 0 & 0 \\
-A_{51} & A_{52} & A_{53} & -A_{54} & 0 & 0
\end{matrix}
\tag{3.129}
$$

식 (3.128)은 행렬 $\boldsymbol{A}$의 행렬식(determinant)이 0이 될 때 만족되는 식이다. 행렬식을 구하기 전에 계산의 편의를 위해 행렬 $\boldsymbol{A}$를 두 개의 부분행렬로 분리할 수 있다. 여러 행과 열들을 더하거나 빼고 유체 반공간의 부분파 크기를 공통인자 $e^{i\gamma d/2}$로 나누면 다음과 같은 부분행렬들을 얻을 수 있다.

$$
\begin{vmatrix}
\zeta_1\sin(\zeta_1 d/2) & i\xi\sin(\zeta_2 d/2) & i\gamma \\
\mu(\zeta_2^2-\xi^2)\cos(\zeta_1 d/2) & 2i\mu\xi\zeta_2\cos(\zeta_2 d/2) & -\omega^2\rho_L \\
2i\mu\xi\zeta_1\sin(\zeta_1 d/2) & \mu(\zeta_2^2-\xi^2)\sin(\zeta_2 d/2) & 0
\end{vmatrix} = 0 \tag{3.130}
$$

$$
\begin{vmatrix}
\zeta_1\cos(\zeta_1 d/2) & i\xi\cos(\zeta_2 d/2) & -i\gamma \\
\mu(\zeta_2^2-\xi^2)\sin(\zeta_1 d/2) & 2i\mu\xi\zeta_2\sin(\zeta_2 d/2) & -\omega^2\rho_L \\
2i\mu\xi\zeta_1\cos(\zeta_1 d/2) & \mu(\zeta_2^2-\xi^2)\cos(\zeta_2 d/2) & 0
\end{vmatrix} = 0 \tag{3.131}
$$

식 (3.130)와 (3.131)을 풀면 특성방정식의 대칭모드, 비대칭모드에 대한 해를 구할 수 있다. 대칭모드에 대한 해는

$$
(\zeta_2^2-\xi^2)^2\cos(\zeta_1 d/2)\sin(\zeta_2 d/2)+4\xi^2\zeta_1\zeta_2\sin(\zeta_1 d/2)\cos(\zeta_2 d/2)-i\frac{\rho_L\zeta_1 k_S^4}{\rho_S k_{liq}}\sin(\zeta_1 d/2)\sin(\zeta_2 d/2) \tag{3.132}
$$

이고 비대칭모드에 대한 해는 다음과 같다.

$$
(\zeta_2^2-\xi^2)^2\sin(\zeta_1 d/2)\cos(\zeta_2 d/2)+4\xi^2\zeta_1\zeta_2\cos(\zeta_1 d/2)\sin(\zeta_2 d/2)+i\frac{\rho_L\zeta_1\omega^4}{\rho_S\gamma c_2^4}\cos(\zeta_1 d/2)\cos(\zeta_2 d/2) \tag{3.133}
$$

이상의 표현식을 이용하여 유체나 공기로 둘러싸인 단일 층 평판의 분산선도를 계산할 때 일반적으로 사용되는 전역행렬을 대체할 수 있다. 대칭, 비대칭모드는 서로 비연성되어 있으므로 일반적인 방법에 비해 해가 더 안정되고 계산시간도 단축되는 효과가

발생한다. 이 방법에 의해 특성방정식에 대한 해석적 해를 구할 수 있지만 주파수-파동수-감쇠의 조합으로 구성되는 분산선도를 구하기 위해서는, 전역행렬에서 특성방정식의 해를 구하기 위해 사용된 반복계산 루틴을 다시 사용해야 한다.

3.8 근의 탐색

분산선도를 구성하는 점을 찾기 위해서는 특성방정식(식 (3.108))의 근을 찾아야 한다. 그리고 그 근은 대부분의 경우 전역행렬의 행렬식(복소수)이 0이 되는 점에 해당된다. 전역행렬의 계수는 시스템의 형상, 재료특성, 주파수, 실파동수 그리고 감쇠에 따라 달라진다. 시스템이 주어져 있을 경우 마지막 세 특성 즉 주파수, 실파동수, 감쇠를 변화시켜 가며 유효한 해를 찾는다. 주파수는 모드의 시간변화 조화성분의 특성을 나타내고, 실파동수는 공간변화 조화성분을 그리고 감쇠는 공간 또는 시간상에서 파동의 감소를 표시한다. 근을 찾기 위한 첫 번째 단계에서는 두 개의 변수를 고정하고 나머지 한 개를 변화시켜가며 스위핑(sweeping)을 실시한다. 그 다음으로 행렬식의 절대값이 최소가 되는 점을 찾고 이 점을 좀더 정밀한 스위핑을 위한 출발점으로 설정한다. 행렬식의 절대값을 사용하는 이유는 그 값이 최소가 되는 점에서 국부 최소점을 찾을 수 있기 때문이다. 함수의 제로는 모든 탐색변수(주파수, 실파동수, 감쇠)가 적절한 값을 가질 때만 발생한다. 변수 중 두 개만 정확한 값을 가지면 제로는 행렬식의 국부 최소값이 된다. 특성방정식의 최소값을 찾았으면 좀 더 정밀한 탐색을 시작하여 유효한 근에 수렴하는지를 조사한다.

모든 재료가 탄성이고 반공간이 모두 공기이면 에너지가 시스템으로부터 방출될 가능성이 없기 때문에 감쇠가 존재하지 않는다. 이 경우 정밀한 탐색과정은 상대적으로 쉽게 이루어질 수 있다. 즉 전파되는 모드의 감쇠는 항상 0이기 때문에 단일 일차원 최소점 탐색루틴만으로도 충분히 근을 찾을 수 있다. 그러나 감쇠가 존재하면 탐색과정은 좀더 복잡해지고 2차원 탐색루틴이 필요하게 된다. 감쇠는 유도파 모드가 재료감쇠나 누설에 의해 감소되는 비율을 나타내는 시스템의 중요한 특성 중의 하나이다. 이 값은 미지의 값으로 탐색과정을 통해 찾아야 하는 변수들 중 하나이다.

그림 3.4에는 시스템에 감쇠가 존재할 때 특성방정식의 근을 찾는 과정이 나타나 있다. 그림에서 곡선표면은 물에 잠겨있는 1㎜ 두께 평판의 실파동수를 4rad/㎜로 고정하였을 때 전역행렬 행렬식의 절대값의 대수 값(log)에 해당된다. 근을 찾기 위해 감쇠를

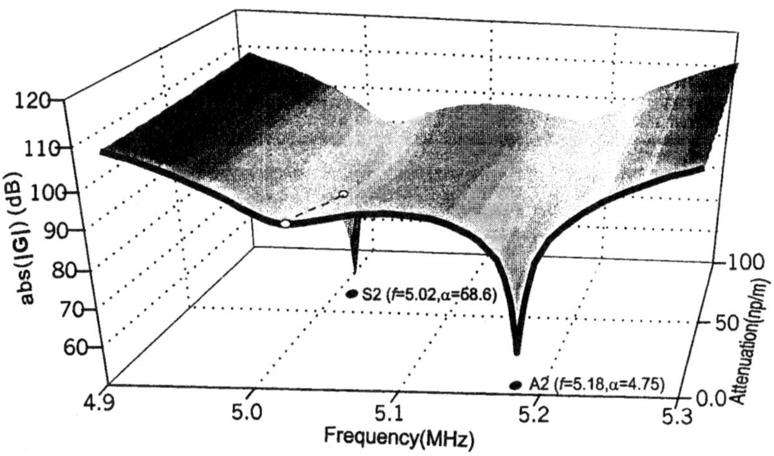

그림 3.4 근 탐색과정의 예시

0으로 가정하고 거친(coarse) 주파수 스위핑을 실시한다(그림에서 표면 전면부의 굵은 실선으로 표시). 근이 될 수 있는 두 개의 최소점을 찾고 이 점들을 보다 정밀한 탐색을 위한 출발점으로 사용한다. 왼쪽의 최소점은 오른쪽의 최소점보다 잘 정의되지 못한 것을 알 수 있는데 그 이유는 스위핑에 의한 감쇠 값이 근의 실제 감쇠 값과 매우 다른 양상을 보이기 때문이다.

다음으로 거친 스위핑에 의해 구한 최소점에서 시작하여 정밀한 탐색을 실시하는데 이때 근(그림에서 안이 색칠된 점)에 수렴하기 위하여 2차원 반복 이분할 루틴(안이 빈 점을 갖는 점선)을 사용한다. 이 루틴은 좀더 엄밀한 최소점(안이 빈 점)을 찾을 때까지 주파수의 스텝 크기를 작게 하면서(점선) 탐색을 수행한다. 최소점을 포함하는 구간을 각각 둘로 나누어 각 점에서 함수값을 계산하고 중간의 세 점들 중 가장 최소가 되는 한 점을 새로운 출발점으로 선택한다. 요구되는 허용오차를 만족할 때까지 이 작업을 반복한다. 다음에 감쇠에 대해서도 동일한 작업을 수행하여 유효한 근을 최종적으로 찾을 수 있다. 이 루틴에 대한 자세한 내용은 참고문헌 [45]를 참조하기 바란다.

3.9 분산선도의 추적

분산방정식의 근들을 찾고 그 근들을 선으로 연결하여 분산선도를 구성할 수 있지만, 분산선도를 추적할 수 있는 좀 더 효과적이고 강건한 방법이 필요하다. 이러한 추

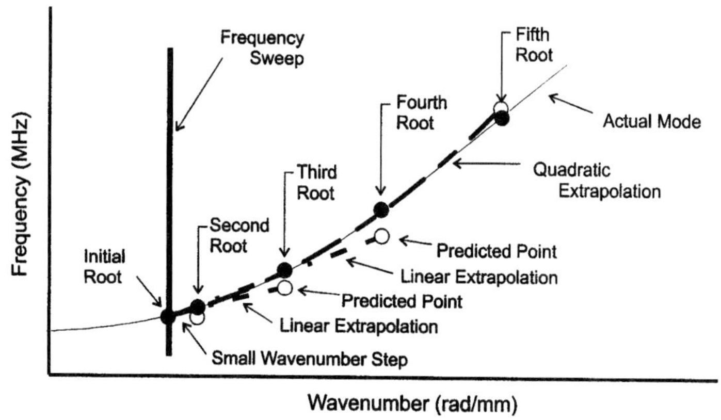

그림 3.5 모드 추적을 위한 외삽법

적루틴으로는 분산선도 상의 점들이 존재할 수 있는 위치를 외삽법(extrapolation)으로 예측하는 방법이 유용하다고 할 수 있다. 즉 일단 모드 상의 한 점을 찾으면 나머지 점들을 보다 빨리 추적할 수 있는 루틴이 필요하다고 할 수 있다.

그림 3.5에 보인 바와 같이 추적루틴은 거친 스위핑으로부터 찾은 근(그림에는 초기 근으로 표시)에서 추적을 시작한다. 다음에 세 개의 독립변수들 중 하나(그림에서는 파동수)의 스텝 크기를 매우 작게 설정하여 두 번째 근에 수렴한다. 이 두 점(초기 근과 두 번째 근)에 선형 외삽법을 적용하여 세 번째 근에 수렴한다. 그리고 세 번째 근에 외삽법을 적용하여 네 번째 근을 찾는다. 네 번째 근을 찾으면 이전의 세 점(초기 근을 제외한 세 점)에 2차 외삽법을 적용하여 다음 근을 예측한다. 일곱 번째 근까지 찾은 이후에는 모든 다른 근에 2차 외삽법을 적용한다. 그 이유는 두 모드가 서로 가까이 지나갈 때 다른 곡선으로 '점핑'하는 현상을 방지하기 위해서이다[43]. 그림 3.5에 제시한 경우는 파동수를 변화시켜 가면서 주파수와 감쇠를 외삽법으로 찾는 경우를 나타낸다. 다른 변수를 변화시킬 변수로 선택하는 것도 가능하다. 예를 들어 주파수를 변화시켜 가면서 파동수와 감쇠를 반복계산으로 찾을 수도 있다. 또한 주파수와 파동수가 조합된 변수(frequency-wavenumber combo)를 기본 반복변수로 사용할 수도 있다. 이 방법에서는 스텝이 주파수-실파동수 분산선도의 접선방향으로 진행하도록 주파수와 파동수의 조합을 변화시킨다.

한 모드를 완벽하게 추적하였으면 다른 출발점을 이용하여 다음 모드를 추적하고 전체 분산선도가 완성될 때까지 이 과정을 반복한다.

3.10 모드형상

분산방정식의 해를 조사하는 하나의 방법으로 모드 상의 각 점에서 모드형상을 살펴보는 방법이 있다. 모드형상은 변위, 응력 또는 에너지가 시스템의 두께를 따라 어떻게 변하는지 나타내준다. 파동 진행방향으로의 변화는 항상 정현파 형상을 가지므로 관심 대상이 아니다.

모드형상을 계산하기 위해 하나의 입체파의 크기를 임의로 가정한다. 이러한 가정을 이용하여 특성방정식(식 (3.108))의 수정된 형태의 해를 구하여 다른 입체파의 크기를 구할 수 있다. 모든 입체파의 크기가 알려지면 층의 임의의 점에서의 응력과 변위는 그 층에 대한 파동크기 벡터에 층 행렬(식 (3.86))을 곱하여 계산할 수 있다.

응력과 변위 외에 다른 물리량들도 계산할 수 있는데 계산결과는 구조물의 두께에 따라 표시된다. 계산할 수 있는 물리량들의 예는 다음과 같다[5].

변형률에너지 밀도(Strain energy density)

이 밀도는 다음과 같은 응력-변형률 곱의 합으로 주어진다. 아래 식에서는 물리량의 복소수 값이 사용되었음을 주목해야 한다[5]. 실수 값이 사용되면 아래 식에 2를 곱해야 한다.

(a) 평판 시스템

$$\mathrm{SED}=\frac{1}{4}\left[\sigma_{xx}\left(\frac{\partial u_x}{\partial x}\right)+\sigma_{yy}\left(\frac{\partial u_y}{\partial y}\right)+\sigma_{zz}\left(\frac{\partial u_z}{\partial z}\right)\right]$$
$$+\frac{1}{8}\left[\sigma_{xy}\left(\frac{\partial u_x}{\partial y}+\frac{\partial u_y}{\partial x}\right)+\sigma_{yz}\left(\frac{\partial u_y}{\partial z}+\frac{\partial u_z}{\partial y}\right)+\sigma_{xz}\left(\frac{\partial u_x}{\partial z}+\frac{\partial u_z}{\partial x}\right)\right] \tag{3.134}$$

(b) 원통형 시스템

$$\mathrm{SED}=\frac{1}{4}\left[\sigma_{rr}\frac{\partial/\partial u_r}{\partial/\partial r}+\sigma_{\theta\theta}\left(\frac{1}{r}\frac{\partial u_\theta}{\partial\theta}+\frac{u_r}{r}\right)+\sigma_{zz}\left(\frac{\partial u_z}{\partial z}\right)\right]$$
$$+\frac{1}{8}\left[\sigma_{rz}\left(\frac{\partial u_r}{\partial z}+\frac{\partial u_z}{\partial r}\right)+\sigma_{r\theta}\left(r\frac{\partial}{\partial r}\left(\frac{u_\theta}{r}\right)+\frac{1}{r}\frac{\partial u_r}{\partial\theta}\right)+\sigma_{\theta z}\left(\frac{\partial/\partial u_\theta}{\partial/\partial z}+\frac{1}{r}\frac{\partial/\partial u_z}{\partial/\partial\theta}\right)\right] \tag{3.135}$$

운동에너지 밀도(Kinetic energy density)

이 밀도는 질량에 속도의 제곱을 곱한 값들의 합의 1/4로 주어진다.

$$\mathrm{KED}=\frac{\rho}{4}\left[\left(\frac{\partial u_1}{\partial t}\right)^2+\left(\frac{\partial u_2}{\partial t}\right)^2+\left(\frac{\partial u_3}{\partial t}\right)^2\right] \tag{3.136}$$

여기서 1, 2, 3은 원통좌표계의 r, θ, z에 해당된다.

총에너지 밀도(Total energy density)

이 밀도(**NRG**)는 변형률에너지 밀도와 운동에너지 밀도를 합한 값으로 정의된다.

파워흐름 밀도(Power flow density)

이 물리량은 속도벡터와 응력벡터를 곱한 결과로부터 구할 수 있는데 그 자신이 다시 벡터(Poynting vector)가 된다.

$$\mathrm{PWR}=-\frac{1}{2}\begin{Bmatrix}\sigma_{11}\left(\frac{\partial u_1}{\partial t}\right)^*+\sigma_{12}\left(\frac{\partial u_2}{\partial t}\right)^*+\sigma_{13}\left(\frac{\partial u_3}{\partial t}\right)^* \\ \sigma_{12}\left(\frac{\partial u_1}{\partial t}\right)^*+\sigma_{22}\left(\frac{\partial u_2}{\partial t}\right)^*+\sigma_{23}\left(\frac{\partial u_3}{\partial t}\right)^* \\ \sigma_{13}\left(\frac{\partial u_1}{\partial t}\right)^*+\sigma_{23}\left(\frac{\partial u_2}{\partial t}\right)^*+\sigma_{33}\left(\frac{\partial u_3}{\partial t}\right)^*\end{Bmatrix} \tag{3.137}$$

여기서 *는 공액복소수를 나타낸다. **PWR**을 표시하기 위해 Lines 옵션을 선택하면 이 벡터의 축방향(z) 또는 단면에 수직한 방향(r)으로의 변화를 두께에 따라 나타내준다. Power 옵션을 선택하면 벡터 자체를 나타내주기 때문에 파워흐름의 방향이 그림에 표시된다. 파워흐름 밀도는 에너지가 시스템에서 흘러가는 양상을 보여주는 매우 유용한 도구이다.

모드형상과 관련된 마지막 주제는 모드의 파워흐름이다. 이 물리량은 구조물의 특정 위치가 아닌 전체 구조물에 관련된 양으로 원통구조물의 파동 진행방향을 따라 파워흐름 밀도를 적분하여 구할 수 있다. 모드의 파워흐름은 에너지가 구조물을 따라 전달되는 비율을 나타내주는 물리량으로 단위는 Joule/second이다. 한 모드의 파워흐름은 다음과 같은 적분식으로 주어진다.

$$\text{Pm} = -\frac{1}{2}\int_S \left[\sigma_{13}\left(\frac{\partial u_1}{\partial t}\right)^* + \sigma_{23}\left(\frac{\partial u_2}{\partial t}\right)^* + \sigma_{33}\left(\frac{\partial u_3}{\partial t}\right)^*\right] dS \tag{3.138}$$

여기서 적분은 원통의 단면 S에 대해 수행된다.

계산된 모드형상의 크기는 임의의 크기를 가지므로 모드형상을 그림으로 나타낼 때 어떤 축척이 필요하다. 이 축척으로 파워 정규화 축척을 사용할 수 있다. 이때 표시되는 모드형상은 단위 파워흐름에 해당하는 크기를 갖고 있다. 예를 들어 변위성분의 모드형상을 그림으로 나타낼 때 곡선 상의 임의의 점의 변위 값은 모드가 단위 파워흐름을 가질 때 나타날 수 있는 값에 해당된다. 이를 위해 구조물의 모든 유한 층에 대해 적분을 수행한다. 파워흐름에 의한 정규화는 탄성 재료나 손실이 있는 재료 모두에 대해 적용할 수 있다. 그러나 구조물이 매립되어 있거나 유체에 잠겨있을 경우 파워 정규화는 엄밀한 의미에서 올바른 방법이라고 할 수 없는데 그 이유는 반공간에서의 파워흐름의 성분이 무시되어 있기 때문이다. 파이프 구조물에 대한 계산을 수행할 때 원주방향 1 라디안 당 1 파워흐름이 존재한다고 가정한다. 따라서 전체 파이프에 대한 파워흐름은 2π가 된다.

에너지속도(Energy velocity)

에너지속도는 **PWR**과 **NRG**를 전체 사이클과 전체 단면에 대해 적분한 결과로부터 계산할 수 있다.

$$\text{Ve} = \frac{\int_S \int_T (PWR_Z)\, dT dS}{\int_S \int_T (NRG)\, dT dS} \tag{3.139}$$

여기서 S는 원통의 단면을 나타내고 T는 파동의 시간주기를 나타낸다. PWR_Z는 파워흐름 밀도의 파동 진행방향 성분(Poynting 벡터)이고 NRG는 총에너지 밀도이다. 에너지속도는 파동속이 진행하는 속도이다. 모드가 감쇠를 갖고 있지 않으면 이 속도는 군속도와 동일하다. 모드가 누설이나 재료감쇠에 의해 에너지를 잃게 되면 군속도의 값은 정확해지지 않는 반면 에너지속도는 정확한 값을 계속 유지하고 있다[8]. 손실이

적으면 군속도의 값도 상당히 정확하다. 군속도를 계산하는데 소요되는 시간이 짧기 때문에 손실이 적은 경우에는 군속도를 이용하는 것이 유리한다. 그러나 손실이 커지게 되면 군속도대신 에너지속도를 사용할 것을 권장한다. 모드형상 표시방법에 대한 예제는 4, 5장을 참조하기 바란다.

제4장 평판 구조물의 파동해석

본 장에서는 몇 가지 간단한 평판 구조물에 대한 분산선도를 추적하고 그 결과를 해석하는 방법에 대해 기술하고자 한다. 이러한 예제를 통해 광범위한 구조물을 모델링할 수 있음을 보이고 간단한 시스템에서 획득 가능한 분산선도의 종류를 예시하고자 한다. 예제는 간단하면서 널리 사용되는 경우부터 좀 더 복잡한 경우로 점차 진행하고자 한다.

4.1 Lamb파

본 절에서 Lamb파는 공기로 둘러싸인 단일 등방성 탄성 층에서 전파되는 유도파로 정의한다. 이러한 조건은 Horace Lamb이 1917년에 처음 연구하였던 시스템과 일치한다 [38].

이는 가장 일반적인 경우에 해당되는 조건으로 해를 구하기 위해 일반적인 전역행렬 방법이 아닌 3.7절에서 전개하였던 특성방정식의 해석적 해를 이용하는 방법을 채택하고자 한다. 즉, 해석적 함수에 의해 대칭, 비대칭 해를 독립적으로 계산하므로 해가 안정되는 효과를 기대할 수 있다. 또한 단일 구조물해석에 적합한 루틴을 사용하면 전역행렬 방법보다 계산속도가 빨라지는 장점도 있다.

Lamb파에 대한 분산선도를 구하는 과정은 간단하다. 시스템이 탄성이고 주변매질로 에너지가 누설되지 않으므로 감쇠가 존재하지 않는다. 따라서 유효한 근을 찾기 위해서는 파동수와 주파수만을 정의하면 되고, 이에 의해 3차원 상에서 근을 찾는 경우보다 계산 루틴이 더욱 효과적으로 수행되는 장점이 있다. 또한 해의 안정성이 향상되는 효과도 기대할 수 있다.

두께 1㎜의 강철 평판에 대한 주파수-위상속도 분산선도를 그림 4.1에 나타내었다.

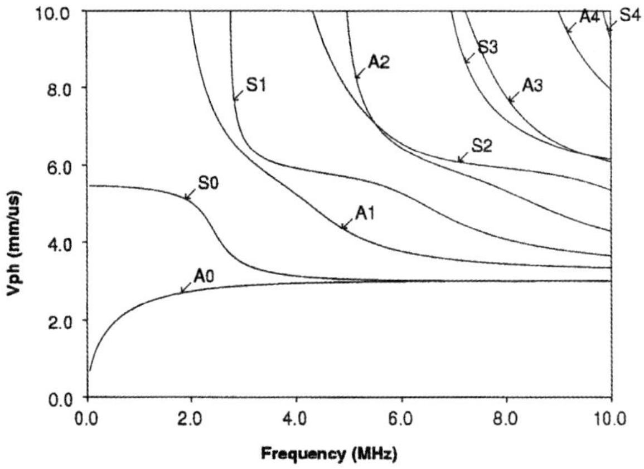

(a) 위상속도

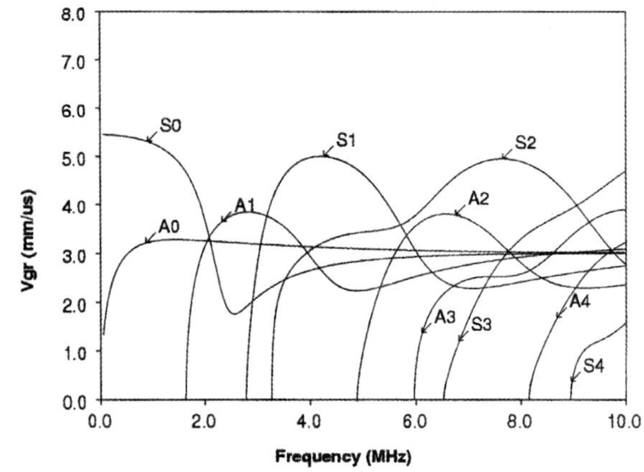

(b) 군속도

그림 4.1 전형적인 Lamb파의 분산선도(공기 중에 놓여있는 두께 1㎜ 강 평판)

파동수, 군속도, 입사각에 대한 분산선도는 그림 4.1, 4.2에 제시되어 있다. 그림 4.1에 나타난 곡선에서 대칭모드는 S로, 비대칭모드는 A로 표시하였다.

여러 주파수에서 나타나는 모드형상을 중첩하여 나타낸 위상속도 선도가 그림 4.3에 제시되어 있는데 이로부터 Lamb파 분산선도의 몇 가지 특징을 살펴볼 수 있다. 두 개의 기본 모드인 A0와 S0는 주파수 0에서부터 전파한다. 주파수 0에서 기본 대칭모드 S0의 위상속도와 군속도는 Young속도($\sqrt{E/(\rho(1-\nu^2))}$)와 동일하다. 이 경우 모드는 순수 확장모드가 되어 입자의 운동은 파동 진행방향과 평행하고 에너지는 평판의 전 두께에 걸쳐 고르게 분포한다. 주파수가 증가하면 S0모드는 좀 더 복잡한 형태를 갖게

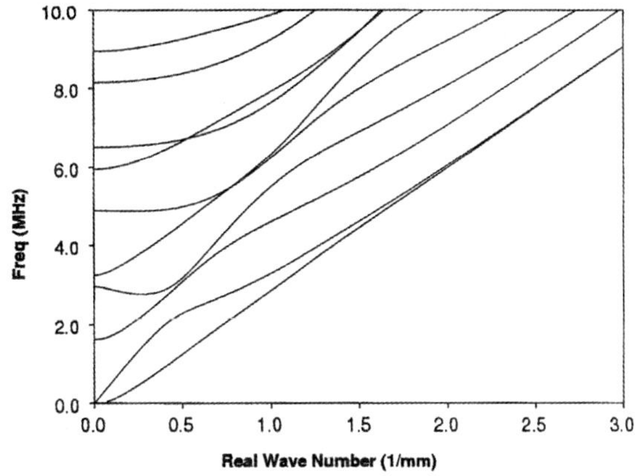

(a) 파동수

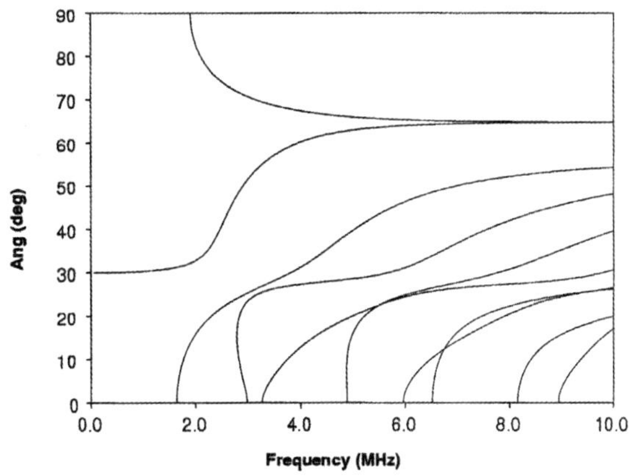

(b) 입사각

그림 4.2 전형적인 Lamb파의 분산선도(공기 중에 놓여있는 두께 1㎜ 강 평판)

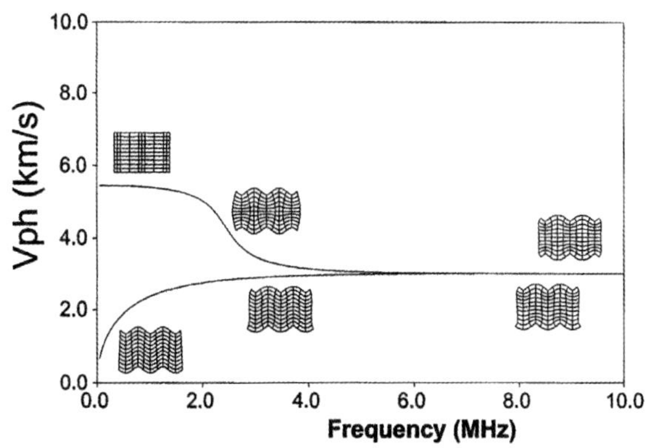

그림 4.3 위상속도 선도 상에 나타낸 두 개의 기본 Lamb파 모드형상

된다. 즉, 파동의 진행방향과 평행한 평면내 변위 외에 평판에 수직한(파동 진행방향에 수직한) 수직변위가 많이 나타나게 된다. 주파수가 계속해서 증가하면 S0모드는 평판의 상, 하부 표면에서 발생하는 한 쌍의 Rayleigh파의 거동과 더욱 더 유사해진다. Rayleigh모드의 에너지와 변위는 평판의 외부 표면, 특히 표면에서 한 파장 내의 두께 부분에 집중된다. Rayleigh파는 4.3절에서 좀 더 자세히 다루기로 한다.

이제 비대칭모드 A0의 운동특성을 살펴보기로 하자. 이 모드는 주파수 0에서 시작하고 이때의 위상속도는 0이며 순수한 휨모드의 특성을 나타낸다. 그러나 주파수가 증가하면 위상속도와 군속도는 빠르게 증가한다. 저주파수에서 군속도가 급격하게 변하기 때문에 이 주파수영역에서 심한 분산성을 갖게 되고, 이로부터 서로 다른 주파수성분들이 서로 다른 속도로 진행하게 되면 파동속은 넓게 퍼지려는 특성을 갖게 된다는 것을 알 수 있다. 대칭모드 S0와 마찬가지로 A0모드의 위상속도는 주파수가 증가함에 따라 Rayleigh속도에 수렴한다는 것을 알 수 있다.

고차수의 모드는 주파수 0에서는 전파되지 않는다. 각 모드들은 두 개의 부류, 대칭(S로 표시), 비대칭(A로 표시)으로 나눌 수 있는데 그 기준은 모드의 평면내 변위특성에 의해 정해진다. 기호 S나 A 뒤에 따라오는 숫자는 모드의 차수를 나타내는 것으로 차단주파수(cut-off frequency)가 높을수록 고차의 모드가 된다. 여기서 차단주파수는 위상속도가 무한대가 되는 저주파수 한계를 나타내는 물리량으로 평판의 두께관통(through-thickness) 공진주파수와 관련이 있다. 모드의 차수가 높을수록 더 많은 최소, 최대점이 모드의 변위형상(모드형상)에 나타나게 된다. 사실 해석적 해를 조사해보면 차단주파수를 입체파 속도로 표현할 수 있는 관계식을 얻을 수 있다. 대칭모드의 차단주파수는 다음과 같이 주어진다.

$$f_{cut} = mv_2, \qquad m = 1, 2, 3 \cdots$$

$$\text{또는 } \frac{2n-1}{2}v_1, \qquad n = 1, 2, 3 \cdots \tag{4.1}$$

비대칭모드의 차단주파수는 다음과 같다.

$$f_{cut} = mv_1, \qquad m = 1, 2, 3 \cdots$$

$$\text{또는 } \frac{2n-1}{2}v_2, \qquad n = 1, 2, 3 \cdots \tag{4.2}$$

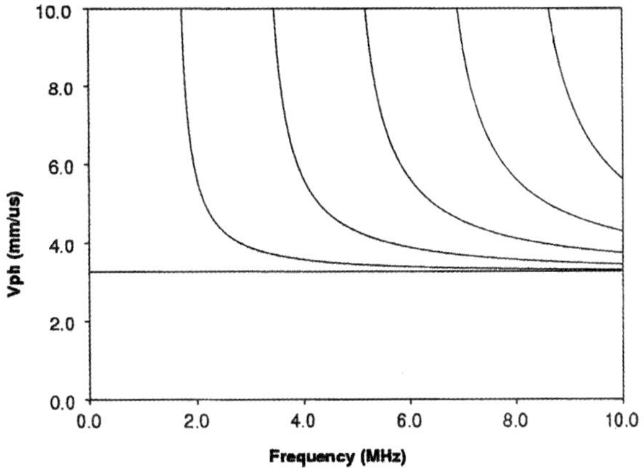

그림 4.4 SH모드의 위상속도 분산선도(공기 중에 놓여있는 두께 1㎜ 강 평판)

여기서 차단주파수 f_{cut}의 단위는 ㎒-㎜, 입체파 속도 v_1, v_2의 단위는 ㎜/㎲이고 m, n은 정수이다.

수평전단파(SH) 모드는 그림 4.1의 분산선도에 포함되지 않았다. 수평전단파 모드는 Lamb파 모드와 비연성되어 있고 모든 변위가 파동의 진행방향과 두께 방향에 수직한 방향으로 발생한다. 공기 중에 놓여있는 단일 층, 등방성 매질의 SH모드에 대한 분산선도는 참고문헌 [5]에 보인 바와 같이 명확하게 구할 수 있다. SH모드의 분산선도에 대한 예가 그림 4.4에 나타나 있다.

기본 SH모드는 재료의 입체 전단파 속도와 동일한 위상으로 일정하게 전파된다. 고차의 SH모드는 약간의 분산성을 갖는다. 고차 모드들 사이의 주파수 간격은 일정한데 그 간격은 입체 전단파 속도의 절반에 해당된다. 주파수가 증가하면 고차 SH모드들의 위상속도는 그 층의 입체 전단파 속도로 수렴하게 된다.

4.2 누설 Lamb파

본 절에서 누설 Lamb파는 주변 유체에 잠겨있는 단일 탄성 등방성 층에 존재하는 유도파를 의미한다. 이에 대한 예로는 물에 잠겨있는 강철 평판에서 나타나는 누설파를 들 수 있다. 앞의 3.7절에서 설명하였듯이 누설 Lamb파의 경우 일반 Lamb파와 동일한 해석함수를 사용한다. 다만 평판의 표면에 부과되는 유체하중을 고려하기 위해 특성방정식에 부가적인 항이 나타나는 점이 다를 뿐이다. 파동이 등방성 층을 따라 전파되면 주변 유체 층에 입체파가 생성된다. 이 입체파는 시스템으로부터 에너지를 빼앗기 때문에 감쇠가 발생하게 된다. 따라서 유효한 파동전파 해를 구하기 위해서는 주파수와 실파동수 외에 감쇠도 반드시 고려해야 하기 때문에 분산선도의 근을 탐색하기 위한 변수는 세 개가 된다. 이로부터 두 개의 변수를 사용하는 일반 Lamb파의 경우보다 계산시간이 많이 소요될 것이라는 것을 예측할 수 있다.

물에 잠겨있는 강철 평판의 위상속도 선도가 그림 4.5(a)에 제시되어 있다. 일반적으로 이 선도들은 그림 4.1에 나타낸 공기 중에 놓여있는 강철 평판(일반 Lamb파)의 위상속도와 매우 유사하다. 강철과 같이 음향 임피던스(acoustic impedance)가 큰 재료의 경우 유체에 의한 하중(훨씬 작은 음향 임피던스를 가짐)은 모드의 위상속도에 미치는 영향이 매우 적다. 그러나 물에 잠겨있는 그라파이트(graphite)로 보강된 에폭시 평판은 유체하중에 의한 영향을 크게 받는데 그 이유는 두 재료의 임피던스가 비슷한 값을 갖기 때문이다.

유체하중이 강철 평판에 미치는 영향은 작지만 하나의 차이점은 쉽게 구별할 수 있다. 즉, 유체하중이 존재하는 경우 Lamb파에서는 나타나지 않았던 저주파수의 두 번째 비대칭모드가 나타나게 된다. 이 모드를 Sholte모드라 하는데 강철과 물 사이의 계면을 따라 진행하는 파동이다. 이 모드의 위상속도는 항상 유체의 입체파 속도보다 작고 감쇠를 갖지 않는다. 주파수가 증가하면 위상속도는 유체의 입체파 속도에 근접한다. 위상속도가 유체의 속도에 매우 가까워지면 지동추적 루틴에 의해 계산이 중간에 종료될 수도 있다. 이 모드와 A0모드의 격자 모드형상을 비교해보면 누설모드의 물리적 특성을 쉽게 파악할 수 있다.

공기와 물속에 놓여있는 강철 평판의 위상속도 선도는 매우 유사하지만 물로 누설되는 에너지에 의해 발생하는 감쇠를 살펴보면 두 경우의 차이점을 쉽게 구별할 수 있다. 감쇠(dB/m)는 그림 4.5(b)에 제시되어 있다. 두 기본 모드의 감쇠특성을 살펴보면 누설파의 거동에 대한 다양한 정보를 얻을 수 있다. 기본 대칭모드인 S0는 주파수 0에서 순수한 확장모드 거동을 나타낸다. 이때 모든 변위는 강철과 물의 계면을 따라 발생하고 이러한 접선운동은 두 재료 사이에서 서로 연성되지 않으므로, 평판의 파동은 유체하중의 영향을 받지 않게 되어 감쇠가 거의 0인 상태로 남게 된다. 그러나 주파수가 증가하여 모드에 횡방향 운동이 나타나게 되면 감쇠는 급격하게 증가한다. 고주파수에서 기본 모드의 감쇠는 누설Rayleigh파의 감쇠 값에 점근적으로 접근한다. 누설Rayleigh파의 감쇠를 단위진행거리 당 감쇠로 표현하면 주파수에 선형으로 비례하고, 단위파장

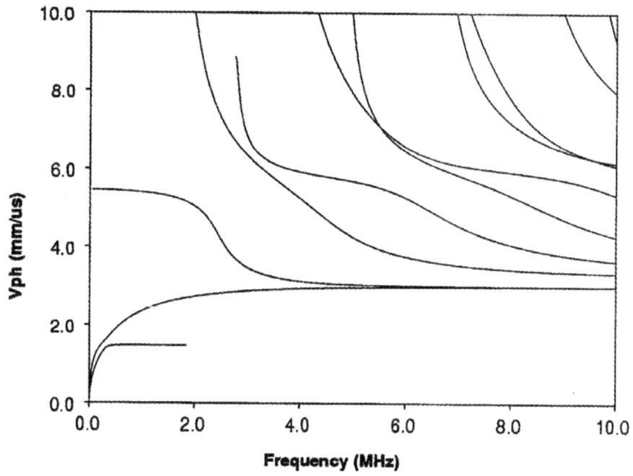

(a) 위상속도

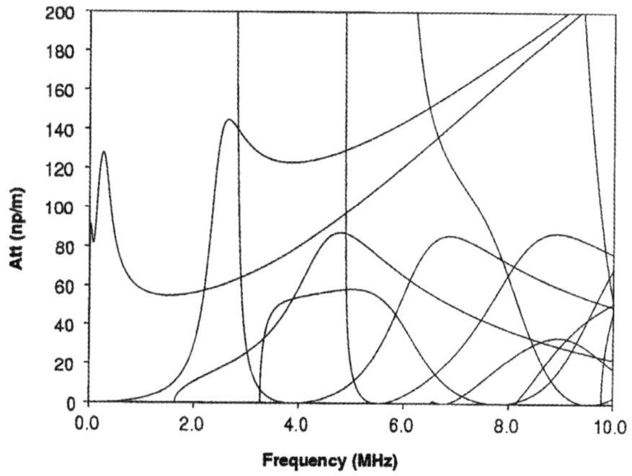

(b) 감쇠

그림 4.5 전형적인 Lamb파의 분산선도(물 속에 잠겨있는 두께 1㎜ 강 평판)

당 감쇠로 표현하면 일정한 상수 값을 갖는다. 기본 비대칭모드인 A0의 거동은 다른 양상을 보인다. 이 모드는 전 주파수에 걸쳐 어느 정도의 휨운동을 나타내기 때문에 항상 횡방향 운동이 존재하게 되어 대부분의 주파수영역에서 주변 유체로 항상 에너지를 전달한다는 것을 알 수 있다. 그러나 저주파수에서 나타나는 양상은 다르다는 사실을 명심할 필요가 있다. 모드 A0의 위상속도가 주변 유체의 입체파 속도보다 낮아지면 감쇠는 0으로 감소한다. 이러한 현상은 두 재료의 계면에서 파동수가 일치하기 때문에 발생한다. 이 현상에 대한 좀 더 자세한 설명은 5.2.2절에 제시되어 있는 유체에 잠겨있는 강철봉의 유도파 누설에서 다루기로 한다.

4.3 표면파와 계면파

Rayleigh파는 반무한 반공간의 표면에 존재하는 유도파이다. 이러한 형태의 유도파는 19세기말 Rayleigh경에 의해 처음으로 다루어졌고[73], 현대의 비파괴검사에 널리 사용되고 있다. 전파되는 파동의 에너지는 재료의 표면에서 한 파장 내의 두께에 집중되어 있고 표면에서 멀어질수록 변위와 에너지는 지수적으로 감소한다. 또한 파동은 반공간으로 진행하는 파동성분을 갖고 있지 않기 때문에 파동이 전파되면서 에너지를 잃지도 않는다. 파동이 표면에서만 전파되고 에너지손실이 적은 이와 같은 특성을 이용하여 표면의 결함검출에 효과적으로 이용하고 있다. 파동이 전파될 수 있는 깊이는 파동이 생성되는 주파수를 조절하여 제어할 수 있다.

4.3.1 Rayleigh파

먼저 공기로 구성된 반무한 반공간에 시스템이 놓여있는 경우를 고려해보자. 이 경우 Rayleigh파는 주파수와 상관없이 항상 똑같은 속도로 진행한다. 이러한 특성은 위상속도와 군속도 모두에 해당되고 다음과 같은 3차 방정식의 근으로부터 찾을 수 있다.

$$T^3 - 8T^2 + (24 - 16R)T - 16(1 - R) = 0 \tag{4.3}$$

여기서 $T = (c_r/c_2)^2$, $R = (c_2/c_1)^2$이고 c_1은 입체 종파속도, c_2는 입체 전단파속도, c_r은 Rayleigh파 속도이다. Rayleigh파의 속도는 다음과 같은 근사식으로 표현할 수 있다.

$$c_r \approx c_2\left(\frac{0.87 + 1.12\nu}{1 + \nu}\right) \tag{4.4}$$

여기서 ν는 포와송비이다.

알루미늄 반공간에 존재하는 Rayleigh파의 모드형상을 그림 4.6에 나타내었다. 그림에서 Rayleigh파의 속도는 2.9244 ㎞/s이다.

4.3.2 누설 Rayleigh파

누설 Rayleigh파는 반무한 반공간이 공기가 아닌 유체에 의해 하중을 받는다는 것만 다를 뿐 일반적인 Rayleigh파와 매우 유사한 거동을 보인다. 유체하중에 의해 Rayleigh파의 속도는 약간 증가한다. 또한 입체 종파의 에너지가 유체로 방사(또는 누설)되기 때문에 감쇠가 발생한다. 감쇠(단위거리 당)는 주파수에 따라 선형적으로 증가한다.

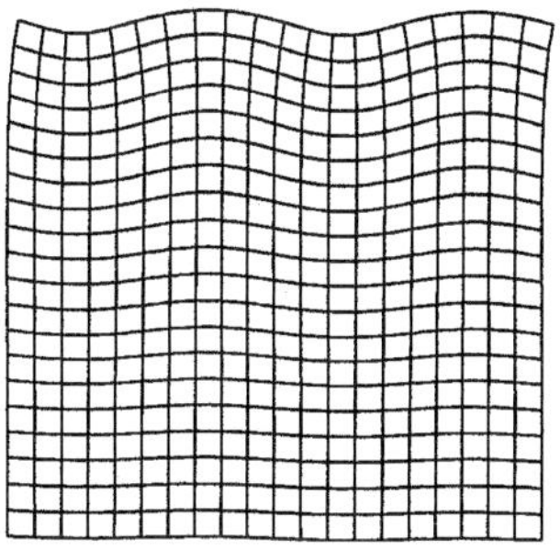

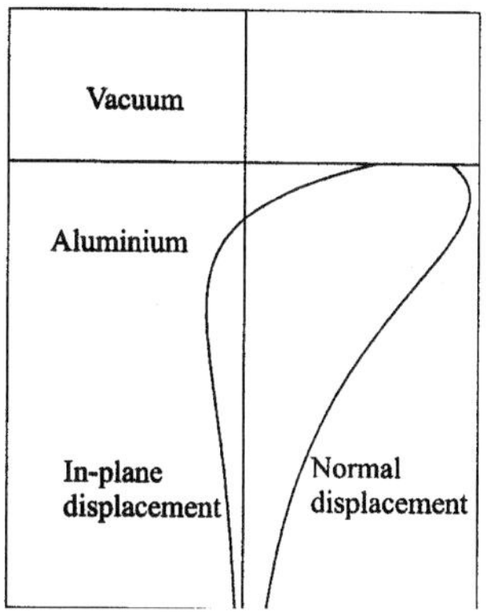

(a) 변형격자 표시 (b) 변위 표시

그림 4.6 알루미늄 반공간에서 진행하는 Rayleigh파의 모드형상

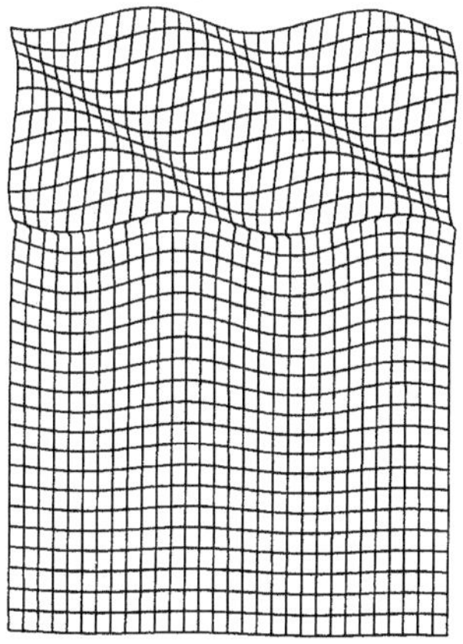

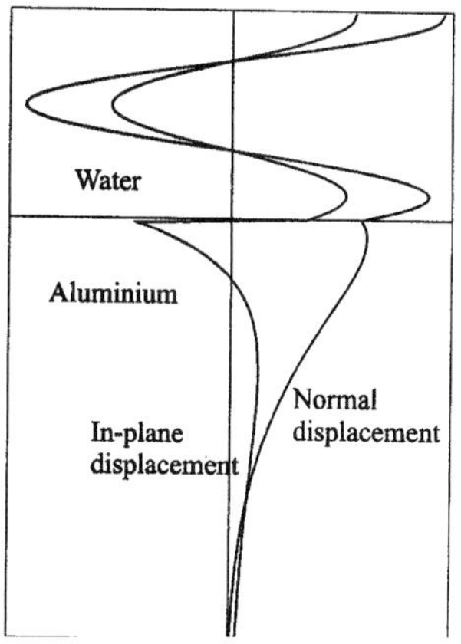

(a) 변형격자 표시 (b) 변위 표시

그림 4.7 알루미늄 반공간에서 진행하는 누설Rayleigh파의 모드형상

첫 번째 층의 공기 반공간을 유체 재료로 대체하는 것만 다를 뿐 시스템을 정의하고 분산선도를 추적하는 방법은 일반 Rayleigh파와 동일하다. 모드형상에 대한 제한조건도 동일하다. 이 시스템의 모드형상을 살펴보면 고체 내에 존재하는 Rayleigh파의 거동과 유체 내에 존재하는 입체파의 거동이 매우 다르다는 것을 알 수 있다. 고체 내의 Rayleigh파는 계면에서 멀어지면서 소멸되지만 유체 내의 입체파는 계면에서 멀어지면서 입체파 형태로 전파된다. 물에 의해 하중을 받는 알루미늄 반공간에서 전파되는 누설Rayleigh파의 모드형상을 그림 4.7에 나타내었다. 그림에서 누설Rayleigh파의 속도는 2.937 ㎞/s이고 감쇠는 주파수에 선형으로 비례한다.

4.3.3 Stoneley파

Stoneley파는 두 개의 고체, 반무한 반공간의 계면에서 존재하는 파동이다. 이 파동은 특정 재료들끼리 결합할 때만 존재하는데[88], 그 좋은 예가 알루미늄-강철이다. Stoneley파에 대한 시스템은 Rayleigh시스템과 동일한 방법으로 정의할 수 있다. 다만 Rayleigh시스템의 경우 첫 번째 층이 공기나 유체로 구성되는 반면 Stoneley시스템에서는 상부 반무한 반공간을 구성하는 재료로 첫 번째 층을 설정해야 한다. 진짜 Stoneley파의 감쇠는 0이고 주파수와 상관없이 일정한 속도로 전파되어야 하며 그 속도는 전단파와 Rayleigh파 속도의 중간 값을 갖는다.

그림 4.8에 알루미늄과 강철로 구성된 반무한 반공간의 계면에서 나타나는 Stoneley파의 평면내 변위와 수직변위를 나타내었다. 이때 알루미늄의 밀도는 2700 ㎏/㎥이고 v_1=6348 ㎧, v_2=3185 ㎧이며, 강철의 밀도는 7932 ㎏/㎥이고 v_1=5960 ㎧, v_2=3172 ㎧이다. 알루미늄의 전단속도보다 큰 전단속도를 갖는 강철을 사용하면 Stoneley파는 존재하지 않게 된다. 이 시스템에 대한 Stoneley파의 위상속도와 군속도는 일정하고 그 값은 3.1299 ㎞/s이며 감쇠는 없다. 그림 4.8에 나타난 변위특성으로부터 파동은 두 금속 사이의 계면에 잡혀있고(trapped) 계면을 따라 진행하며 계면에서 멀어질수록 변위와 응력이 급격하게 감소한다는 것을 알 수 있다.

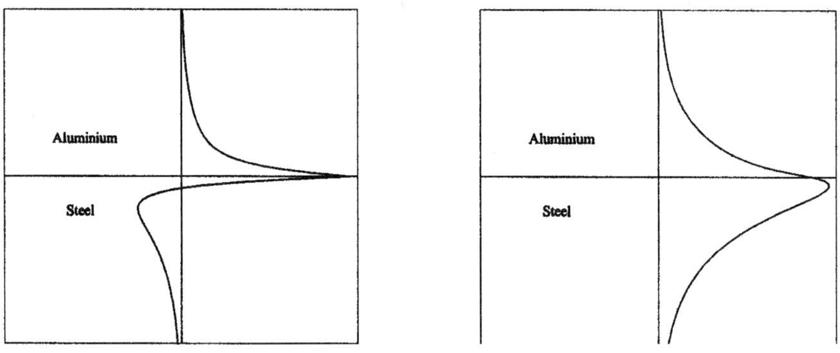

(a) 평면내 변위 (b) 수직변위

그림 4.8 알루미늄과 강철의 계면에서 진행하는 Stoneley파의 변위

4.3.4 반공간 위의 박막 층

구조 상 Rayleigh파와 유사한 경우로 반무한 반공간 위에 놓여있는 얇은 고체 층을 들 수 있다. 이에 대한 예로는 반무한 알루미늄 기판 위에 놓여있는 얇은 에폭시 층이

있다. 주파수가 낮아질수록 Rayleigh파는 재료 깊숙이 침투할 수 있으므로 이와 같은 다중 층 시스템에 존재하는 유도파의 거동은 주파수에 따라 달라진다. 저주파수(파장이 에폭시 층의 두께에 비해 클 경우)에서 파동은 알루미늄 기판 깊숙이 침투하게 되어 알루미늄이 전체 응답을 지배하게 된다. 그러나 주파수가 증가하면 박막 에폭시 층의 영향은 그에 따라 점점 더 강해진다. 주파수가 커짐에 따라 유도파의 위상속도는 에폭시 층의 Rayleigh속도에 점근적으로 근접하게 된다. 또한 이 시스템의 적층 특성에 따라 하나 이상의 모드가 존재할 수 있다.

이 시스템에 대한 분산선도는 그림 4.9에 나타나 있다. 그림 4.10에는 기본 모드만을

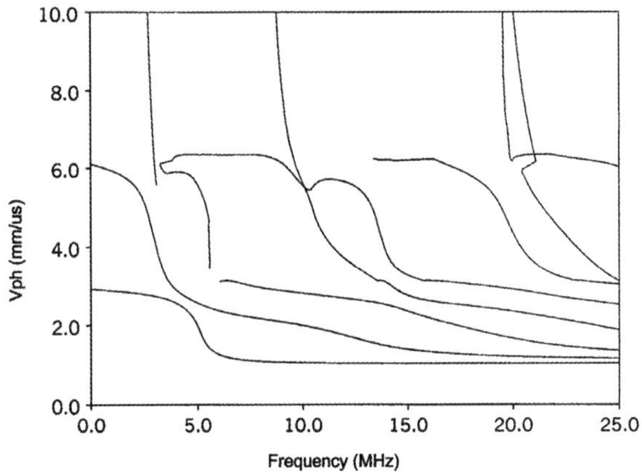

그림 4.9 알루미늄 반공간에 놓여있는 두께 0.1㎜ 에폭시 층의 위상속도

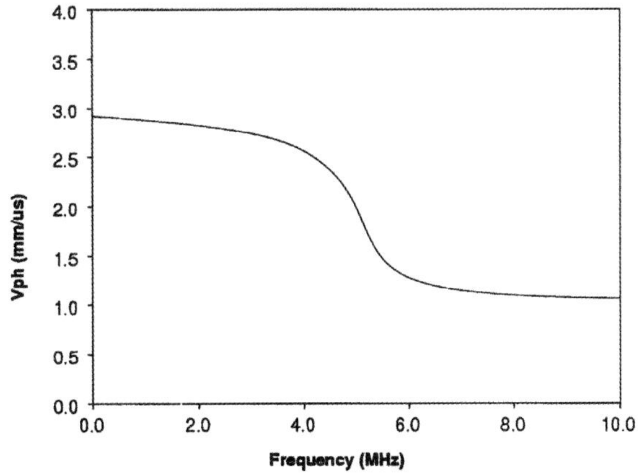

그림 4.10 알루미늄 반공간에 놓여있는 두께 0.1㎜ 에폭시 층의 기본 모드에 대한 위상속도

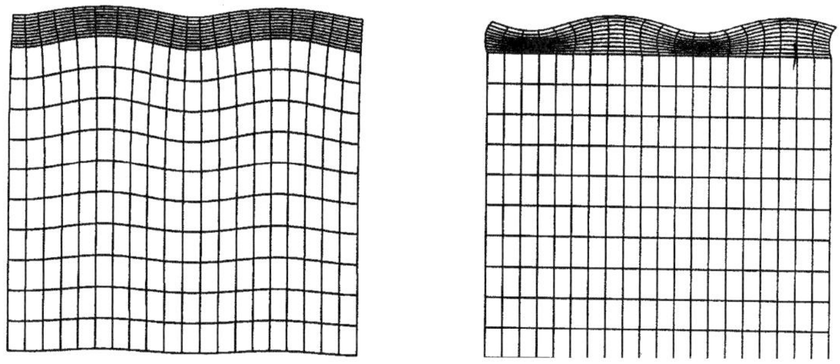

그림 4.11 알루미늄 반공간에 놓여있는 두께 0.1mm 에폭시 층의 기본 모드에 대한 모드형상

나타내었는데 이 모드는 저주파수에서는 알루미늄 반공간 위에 존재하는 Rayleigh파 처럼 거동하고 점차 그 특성이 변하여 고주파수에서는 에폭시 반공간 위에 존재하는 Rayleigh파 처럼 거동한다. 각각의 경우에 대한 모드형상은 그림 4.11에 제시되어 있다.

4.4 점탄성 층

본 절에서는 단일 층으로 구성된 점탄성 등방성 재료에서 나타나는 유도파의 전파에 대해 다루고자 한다. 점탄성 층을 정의하는 기법은 탄성 층을 정의하는 기법과 동일하다. 그러나 재료를 정의할 때 전단감쇠와 종방향 감쇠를 모두 규정해야 하는 점이 다르다. 감쇠의 단위는 neper/wavelength로 정의되는데 이는 감쇠 α가 neper로 표시될 때 한 파장을 진행한 후의 파동의 크기는 $e^{-\alpha}$로 감소된다는 것을 의미한다. 이러한 감쇠 값을 구하는 하나의 방법으로 서로 다른 두께를 갖는 재료에서 발생하는 입체파의 연속적인 반사를 살펴보는 방법이 있다. 서로 다른 두께를 갖는 두 재료블록의 경계조건이 동일하다고 가정하면, 연속적인 반사의 진폭이 감소되는 크기의 차이가 감쇠와 관련이 있다고 생각할 수 있다.

상대적으로 간단한 이러한 방법은 종방향 감쇠를 예측하는 데는 효과적이지만 전단감쇠를 정확하게 예측하지 못하는 단점을 갖고 있다. 전단감쇠는 종방향 감쇠보다 훨씬 크기 때문에 연속적인 반사가 발생하지 않는다. 따라서 첫 번째 반사만으로 전단감쇠를 예측해야 한다. 전단감쇠 값을 구하기 위한 좀 더 복잡한 방법으로는 전단파를 생성시키기 위해 임계각(critical angle)을 이용한다거나, 여러 가지 반사 진폭을 미리 예측하는 방법 등이 사용되고 있다.

점탄성 층의 분산선도를 추적하는 과정은 탄성 층의 경우와 매우 유사하다. 특히 금속과 같이 감쇠가 적은 재료의 경우 더욱 그러하다. 다만 점탄성 층에 대한 분산선도는 각 점에서 감쇠 값을 갖는다는 점만이 다를 뿐이다. 더불어 S1모드는 두 개의 독립 모드로 분리되는데 한 모드는 위상속도와 군속도가 동일한 방향을 갖는 S1모드를, 다른 모드는 두 속도가 서로 다른 방향을 갖는 S1모드를 나타낸다. 반면에 탄성 층의 경우 이 두 모드는 동일한 모드로 합쳐지게 된다.

감쇠가 더욱 커지게 되면(예를 들면 0.1 neper/wavelength 이상이 되면), 재료를 탄성으로 취급할 것인지, 점탄성으로 취급할 것인지에 따라 분산선도의 형상은 급격히 달라지게 된다. 예를 들어 상대적으로 높은 손실을 갖는 플라스틱 재료인 고성능 폴리에틸렌(high performance polyethylene, HPPE)의 분산선도는 급격히 달라지는데 이는 그림 4.12에서 확인할 수 있다. 종방향 입체파와 전단방향 입체파에 대한 감쇠 값이 크게 차이가 남에 따라 새로운 모드의 거동이 발생하게 된다. 즉, 저감쇠 모드라는 모드들이 나타나게 되는데 이 모드들은 종방향 파동성분에 의해 지배되고, 주파수가 증가함에 따라 입체전단파 속도가 아닌 입체종파 속도에 접근하는 양상을 보인다. 이 모드들에 대한 자세한 검토는 참고문헌 [14]를 참조하기 바라고 실험결과는 참고문헌 [8]을 참조하기 바란다.

감쇠가 더욱 커지면 차단주파수에서의 모드의 거동이 달라진다. 탄성 층의 경우 모든 고차 모드는 차단주파수에서 실파동수가 0인 점에서 시작한다. 즉, 차단주파수 이하에서는 주어진 모드에 대해 전파되는 근은 존재하지 않고 다만 몇 개의 비전파 근(실

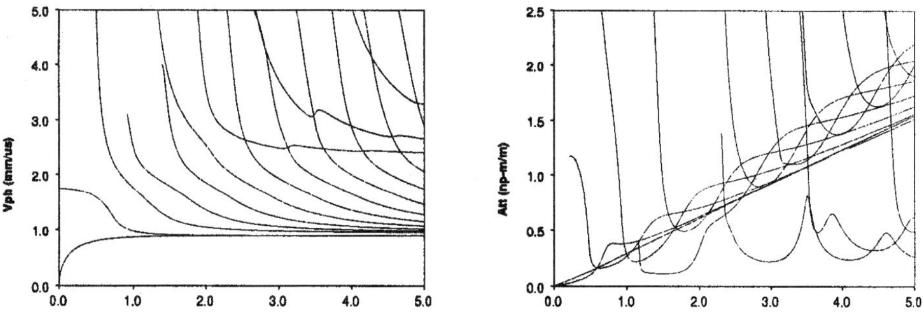

(a) 위상속도 (b) 감쇠

그림 4.12 고성능 폴리에틸렌 층의 분산선도

파동수는 0이지만 허수 파동수가 0이 아닌 근[5])만이 존재한다. 그러나 시스템에 감쇠가 첨가되면 기존의 비전파 근이 실파동수 성분을 갖게 된다(그 크기는 허수 파동수에 비해 작다).

4.5 다중 층 구조

지금까지 본 장에서 다룬 예제는 층이 하나인 시스템에 대한 것이었다. 본 절에서는 층이 여러 개인 시스템에 대해 다루고자 한다.

점착조인트(adhesive joint)는 비파괴검사에서 자주 다루어지는 다중 층 구조의 전형적인 예이다. 본 절에서는 이 중에서 비교적 간단한 구조를 갖는 알루미늄-에폭시-알루미늄 조인트가 네 개의 조건 즉, 공기 중에 놓여있는 경우, 물 속에 놓여있는 경우, 에폭시 접착력이 약해진 경우, 에폭시 접착력이 매우 약해진 경우에 대해 해석하고자 한다. 그리고 다음 절에서 이와 관련된 문제와 두 개의 알루미늄 반무한 반공간 사이에 매립된 에폭시 층에서 존재하는 유도파에 대해 다루고자 한다.

공기 중에 놓여있는 점착조인트에 대한 분산선도가 그림 4.13에 제시되어 있다. 그림의 결과는 알루미늄 단일 층에 대한 결과와 유사하다. 가장 주요한 차이점은 모드가 쌍으로 응집한다는 점이다. 에폭시 층이 더 두꺼워지고 접착력이 약해지면 응집현상은 더욱 두드러지게 나타난다. 모드가 서로 근접하는 특성 때문에 약하게 결합된 구조물

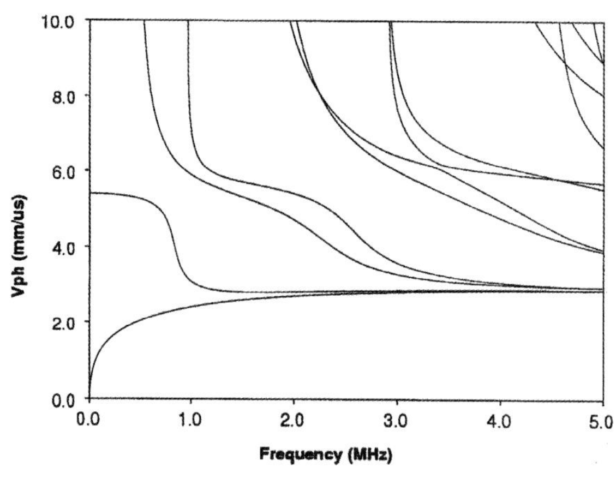

그림 4.13 알루미늄-에폭시-알루미늄 점착조인트의 위상속도
(에폭시 두께: 0.1㎜, 강성: 4GPa, 평판 두께: 1㎜)

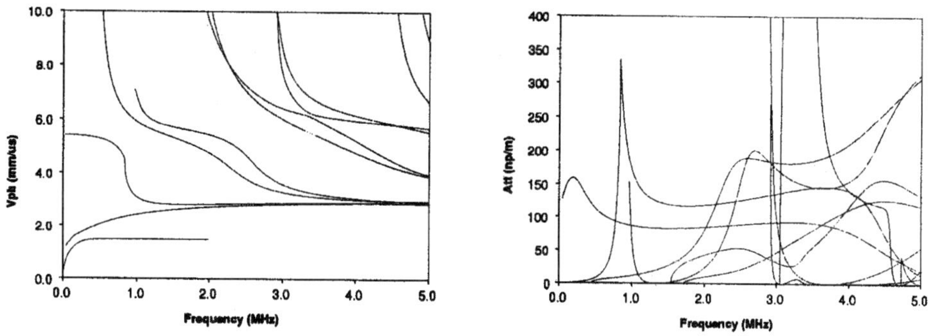

(a) 위상속도 (b) 감쇠

그림 4.14 유체하중을 받는 알루미늄-에폭시-알루미늄 점착조인트의 분산선도
(에폭시 두께: 0.1㎜, 평판 두께: 1㎜)

에 대한 분산선도를 추적하기가 강하게 결합된 경우보다 더 어렵다. 유체하중을 받는 점착조인트에 대한 분산선도는 그림 4.14에 나타나 있는데 유체하중을 받는 단일 층 평판과 결과가 유사한 것을 확인할 수 있다.

많은 비파괴검사의 관심은 점착조인트 접착 층의 강도에 집중되어 있다. 따라서 에폭시의 특성을 변경시켰을 때 전체 시스템에 미치는 영향을 조사해 볼 필요가 있다. 이에 대한 예를 그림 4.15 (a), (b)에 제시하였는데 그림에서 (a)는 에폭시강성을 25% 감소시켰을 때의 분산선도이고 (b)는 밀도를 50% 감소시키고 에폭시강성도 75% 감소시켰을 때의 결과이다.

4.6 매립된 층

본 절에서 매립된 층이라 하면 어떤 재료의 층이 무한한 크기의 다른 재료 속에 매립되어 있는 경우를 의미한다. 이에 대한 예로는 상대적으로 두꺼운 고체 속에 얇은 두께를 갖는 층이 매립된 경우를 들 수 있는데 앞 절에서 살펴보았던 알루미늄-에폭시-알루미늄도 매립된 층으로 구성된 시스템이라 할 수 있다. 이 모델을 이용하여 에폭시 층 내에서만 전파되는 파동의 전파 가능성을 살펴볼 수 있다. 보다 자세한 내용은 참고문헌 [46]을 참조하기 바란다.

알루미늄-에폭시-알루미늄 시스템에서 발생하는 파동의 형태는 크게 세 부류로 나눌 수 있다. 즉, 에폭시 층에 완전히 갇혀있는 파동, 주변 알루미늄으로 전단파를 누설하

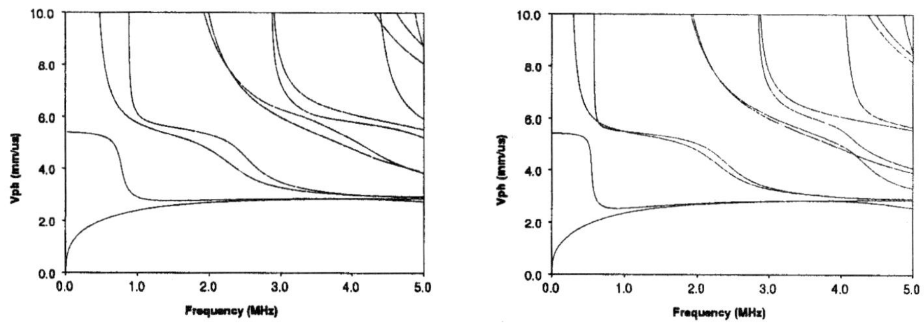

(a) 에폭시 강성=3GPa (b) 에폭시 강성=1GPa

그림 4.15 에폭시 강성이 감소된 알루미늄-에폭시-알루미늄 점착조인트의 위상속도 (에폭시 두께: 0.1mm, 평판 두께: 1mm)

는 파동 그리고 주변매질로 전단파와 종파를 누설하는 파동으로 나눌 수 있다. 감쇠가 0인 비누설 모드를 추적하기는 상대적으로 쉽다. 또 전단파만을 누설하는 파동도 비교적 추적이 쉽다. 그러나 전단파와 종파를 모두 누설하는 파동은 감쇠가 크기 때문에 일반적으로 모드추적이 상당히 어렵다.

주변매질로 전단파만을 누설하는 모드는 주변매질의 입체 전단파 속도와 입체 종파 속도 사이에서 찾을 수 있다. 이 모드의 감쇠는 급격하게 변하기 때문에 근의 추적이 어렵다. 이 모드에 해당되는 많은 수의 근들을 찾는 한 가지 방법으로 주변매질(알루미늄)의 입체 전단파 속도와 입체 종파 속도 사이의 중간 값을 갖는 위상속도와 감쇠 0에서 주파수 스위핑을 수행하는 방법이 있다. 일단 근들을 추적하였으면 더 높은 감쇠 값에서 두 번째 주파수 스위핑을 실행하여 더 많은 근들을 찾을 수 있는지 살펴본다. 서로 다른 형태의 누설 사이에서 모드가 천이(transition)되기 때문에 모드들이 주변 알루미늄의 입체 전단파, 종파 속도에 도달하게 되면 많은 영역에서 곡선이 멈추게 된다. 또한 추적루틴이 다른 모드로 건너뛰어 가려는 양상을 보일 수도 있다.

주변매질로 전단파와 종파를 모두 누설하는 모드를 추적하는 것은 매우 어렵다. 감쇠가 크고 추적루틴이 다른 모드로 건너뛰어 가려고 하기 때문이다. 이러한 종류의 모드에 대한 분산선도를 추적하기 위해서는 시작점을 찾기 위한 또 다른 주파수 스위핑을 수행할 필요가 있는데 이때 스위핑은 입체 종파 속도보다 높은 위상속도에서 수행해야 한다. 감쇠가 음(-)이 되는 근들도 존재하는데 이러한 근들은 음(-)의 군속도를 갖는 모드영역에 해당된다. 본 예제에서 이 영역은 고차 모드의 차단주파수 한계로부터 주파수 0까지에 걸쳐 분포되어 있다.

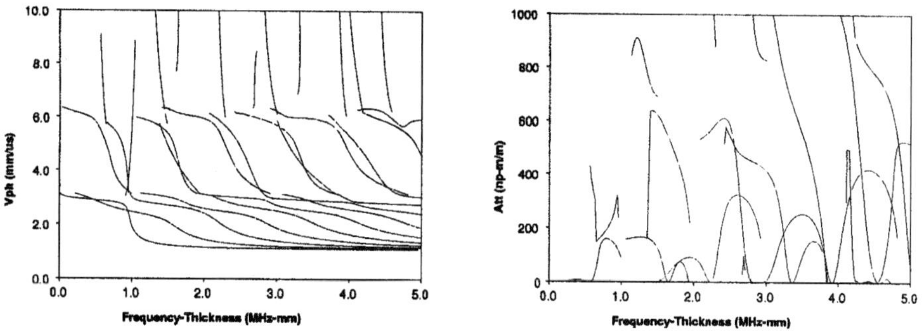

(a) 위상속도 (b) 감쇠

그림 4.16 알루미늄 반공간에 매립된 에폭시 층의 분산선도

4.7 이방성 층

이전까지는 등방성 재료에 대해서만 다루었다. 이제 이방성 재료에 대해 고려해 보기로 하자. 이방성 층에 대한 해를 구하는 과정은 등방성 층의 해를 구하는 과정보다 계산시간이 많이 소요되지만 다양한 종류의 시스템 및 다중 층에 대한 분산선도를 추적할 수 있는 가능성은 충분하다. 다중 층 구조물은 전역행렬을 이용하여 표시하기 때문에 층을 하나 더 첨가할 때마다 계산시간이 상당히 증가하게 된다. 따라서 반복 층(repeated layer)이나 대칭(symmetric) 개념을 이용하는 것이 계산시간을 단축시키는데 효과적이라 할 수 있다.

이방성 구조물에서 나타나는 파동전파 문제는 크게 두 가지로 분류할 수 있다. 재료가 정방성을 갖고 파동이 주축을 따라 전파되면 해를 구하는 과정은 등방성 재료의 경우와 개념적으로 동일하다고 할 수 있다. 즉 Lamb파 형태의 모드는 층에 존재하는 두 개의 입체 종파와 두 개의 입체 전단파를 중첩하여 묘사할 수 있다. 그러나 파동이 주축이 아닌 축을 따라 전파되면 부분파들이 연성되기 때문에 해를 구하기 위해서는 층에 존재하는 여섯 개의 부분파 즉, 두 개의 준종파(quasi-longitudinal wave)와 네 개의 준전단파(quasi-shear wave)가 필요하다. 부분파들을 찾기 위해서는 고유치 문제(eigenvalue problem)를 풀어야하기 때문에 계산과정이 복잡해지고 계산시간도 많이 소요된다. 재료의 층이 정의되면 전파각(angle of propagation)을 미리 결정할 수 있다. 즉 파동의 전파방향에 대한 층의 정렬방향을 미리 규정할 수 있다. 그러나 여기서 명심해야할 점은 파동의 전파방향은 파동 위상의 방향이라는 점이다. 일반적으로 파동속(에너지)은 위상과 동일한 방향으로 진행하지는 않는다.

본 절에서는 이방성 평판에 대한 세 가지 예제를 다루고자 한다. 세 가지 예제는 (1) 파동 전파방향이 섬유 배열방향과 일치하는 일방향 복합재료 (2) 파동이 섬유 배열방향과 45° 각도를 이루며 진행되는 일방향 복합재료 (3) 다중 층 복합재료 평판으로 구성된다.

4.7.1 파동 전파방향이 섬유 배열방향과 일치하는 일방향 복합재료

이 재료는 일반적인 이방성 시스템 중 간단한 섬유배열을 갖는 재료로 횡방향 등방성(transversely isotropic) 재료로도 불린다. 즉 섬유 배열방향과 평행한 축에 대해 회전대칭성을 보이는 재료이다. 이는 재료를 다섯 개의 독립적인 상수만을 이용하여 완벽하게 정의할 수 있다는 것을 의미한다. 본 예제에서 재료는 감쇠를 갖지 않으며 균일하다고 가정한다. 이러한 가정은 저주파 초음파영역(수 MHz)에서 타당성을 갖는다.

여기에서 고려하는 예제는 T300/914로 표시되는 그라파이트-에폭시 복합재료로 구성된 단일 층 일방향 라미네이트(laminate)이다[87]. 먼저 섬유축을 따라 진행하는 모드에 대한 분산선도를 추적하고자 한다. 라미네이트는 914에폭시 기반(matrix)에 묻혀있는 32장의 T300 탄소섬유 플라이(ply)로 구성되어 있다. 따라서 단일 층 구조물로 생각할 수 있다. 이 재료에 대한 특성은 다양한 방법을 사용하여 측정할 수 있는데 여기서는 Simon[87]의 논문에 제시되어 있는 값들을 사용하기로 한다. Simon의 논문에서 제시하는 T300/914의 특성은 다음과 같다.

$$C_{11} = 143.8\,\text{GPa} \qquad C_{12} = C_{13} = 6.2\,\text{GPa} \qquad C_{22} = C_{33} = 13.3\,\text{GPa}$$
$$C_{23} = 6.5\,\text{GPa} \qquad C_{44} = 3.6\,\text{GPa} \qquad C_{55} = C_{66} = 5.7\,\text{GPa}$$
$$\rho = 1560\,\text{kg/m}^3 \tag{4.5}$$

이때 기준좌표계는 다음과 같이 설정되어 있다. 즉 섬유축은 1방향과 평행하고 3방향은 라미네이트 중심평면에 수직하다. 대상 구조물에 대한 위상속도와 군속도를 그림 4.17에 나타내었다.

이방성 층 문제 중 가장 간단한 구조를 갖는 본 예제에서 분산선도 추적 시 발생하는 문제점은 거의 없다. 이는 재료감쇠가 없는 이상적인 경우를 고려하였기 때문이다. 섬유가 차지하는 체적비(volume fraction)가 큰 이와 같은 재료의 경우 섬유 배열방향으로 진행하는 모드의 위상속도는 섬유축을 따라 전파되는 입체파의 속도에 의해 좌우되

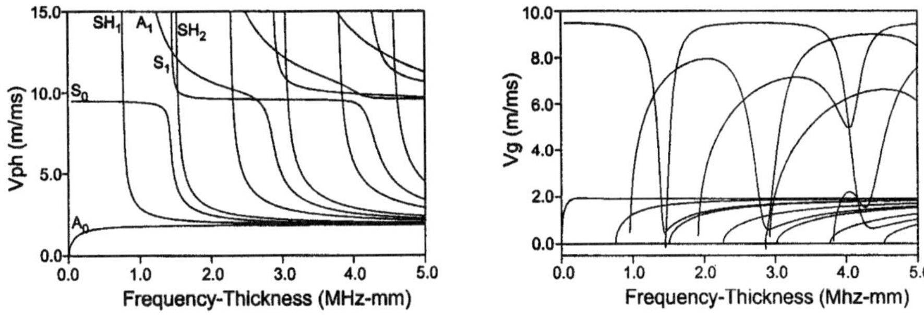

(a) 위상속도 (b) 군속도

그림 4.17 일방향 라미네이트에서 섬유 배열방향으로 전파하는 모드의 분산선도

고 광범위한 주파수영역에서 분산성이 거의 존재하지 않는다. 평면내 변위가 전체 모드형상을 지배하는 저주파수영역에서 모드는 섬유의 종방향 입체파 속도를 따르는 경향을 보이고, 주파수가 증가하여 평면외 변위가 지배적으로 나타나게 되면 위상속도가 급격히 감소하여 Rayleigh파 속도에 수렴하는 것을 볼 수 있다. 그림 4.17에는 수직방향으로 분극된(vertically polarized) 모드와 수평방향으로 분극된 모드를 모두 추적한 결과를 나타내었다. 주축을 따라 파동이 전파되는 경우 수직방향으로 분극된 부분파와 수평방향으로 분극된 부분파는 서로 연성되지 않으므로 y방향으로의 변위는 발생하지 않게 된다. 이 경우 두 모드 사이의 모드변환은 발생할 수 없으며 따라서 수직 분극파가 수평 분극파(SH파)를 생성시킬 수는 없다. 모드가 주축을 따라 진행되지 않을 경우 이러한 제한조건은 더 이상 적용할 수 없다. 자세한 내용은 참고문헌 [5, 55]를 참조하기 바란다.

앞 절에서 살펴보았던 다중 층 복합재료와 달리, 일방향 라미네이트에서 섬유 배열방향으로 전파하는 모드의 형상은 매우 부드러우며 등방성 재료의 모드와 유사하다. 그림 4.18에 주파수 1㎒에서 나타나는 S0모드의 변위와 응력에 대한 모드형상을 나타내었다. 그림에서 수직방향 변위 y와 xy방향의 전단응력은 모두 0이다.

4.7.2 파동이 섬유배열방향과 45°를 이루며 진행되는 일방향 복합재료

파동 진행방향이 변경되면 모드는 더 이상 섬유축에 평행한 방향으로 전파되지 않는데 그 영향을 살펴보기 위해 라미네이트의 중심평면에 평행한 방향으로 파동이 전파되지만 섬유축에 대해서는 45°를 이루며 모드가 형성되는 경우를 고려해 보자. 비주축을

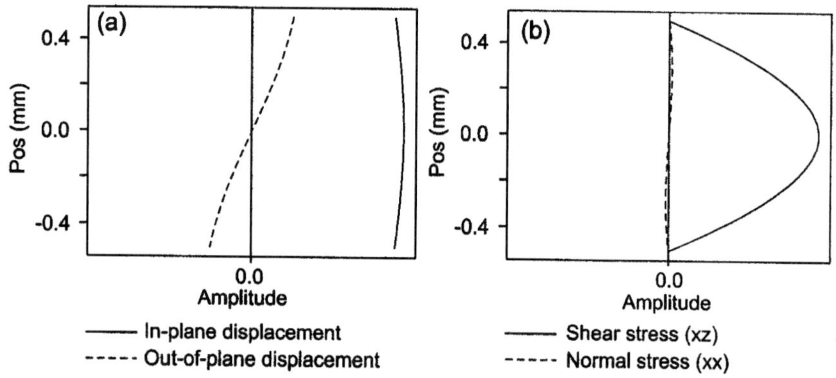

(a) 변위 (b) 응력

그림 4.18 일방향 복합재료에서 섬유축에 평행한 모드(1㎒)

따라 진행하는 파동을 추적하는 과정은 매우 복잡하며 따라서 계산시간도 많이 소요된다. 그리고 위상속도 선도에서 비슷한 형태의 모드들이 서로 가까이 접근하게 되면 한 모드에서 다른 모드로 건너뛰려는 현상이 발생할 수도 있다.

본 예제에 대한 위상속도와 군속도 분산선도를 그림 4.19에 제시하였다. 파동이 섬유축을 따라 진행되는 경우에 대한 결과(그림 4.17)와 비교하면 매우 다른 양상을 보인다는 것을 알 수 있다. 섬유축에 대한 전파각이 증가할수록 평면내 변위가 우세하게 나타나는 모드의 위상속도는 감소하고 따라서 이 모드의 비분산 주파수영역이 보다 낮은 위상속도에서 나타나는 것을 확인할 수 있다. 일반적으로 모드의 위상속도 변화폭은 작다고 할 수 있다. 군속도는 통상적으로 사용하는 ω-k 미분표현식을 이용하여 간단하게 계산하였다. 실제로 이방성 재료의 파동속 에너지전파는 매우 복잡한 양상을 보이고 위상속도 방향과 평행하지도 않다.

비주축을 따라 파동이 전파된다는 것은 수직방향, 수평방향으로 분극화된 전단파가 서로 연성된다는 것을 의미하고 결과적으로 분산선도에는 항상 SH모드가 포함되게 된다. 그림 4.19에서 대칭 SH모드는 S'n으로, 비대칭 SH모드는 A'n으로 표시하였다. 그러나 방향 변위벡터는 주파수에 따라 변하기 때문에 특정한 한 곡선을 수직 분극모드, 수평 분극모드에 해당하는 곡선이라고 말할 수는 없다. 예를 들어 수직방향으로 분극된 S1모드는 약 2㎒-㎜에서 수평방향으로 분극된 모드로 변한다는 것을 그림에서 확인할 수 있다. 그럼에도 불구하고 모드형상은 섬유축 방향으로 파동이 전파되는 경우와 유사하다. 그림 4.20에 S0모드에 대한 변위, 응력 모드형상을 나타내었는데 파동

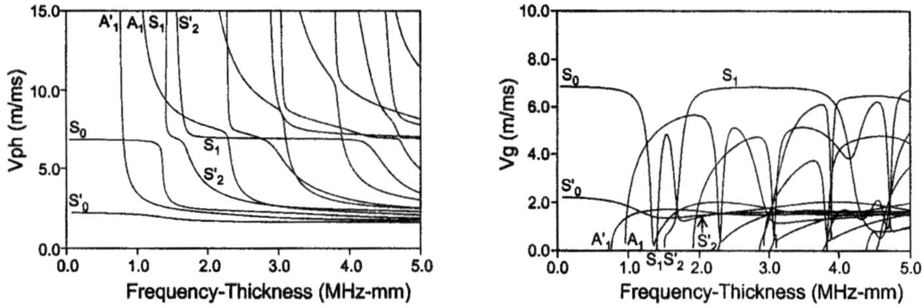

(a) 위상속도　　　　(b) 군속도

그림 4.19 일방향 라미네이트에서 섬유 배열방향과 45°를 이루며 전파하는 모드의 분산선도

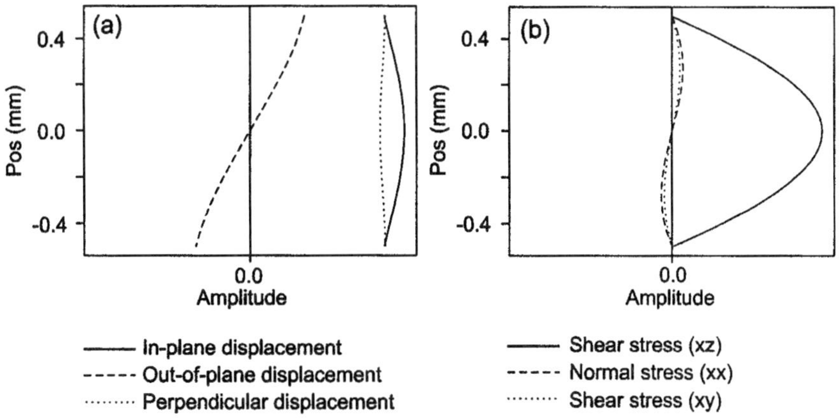

(a) 변위　　　　(b) 응력

그림 4.20 일방향 복합재료에서 섬유축과 45°를 이루며 전파되는 S0 모드(1MHz)

전파방향이 변함에 따라 수직변위(y)와 전단응력(xy)도 주요하게 나타나는 것을 알 수 있다.

4.7.3 일방향 라미네이트로 구성된 다중 층 복합재료

구조물에서 자주 사용되는 다중 라미네이트 복합재료를 모델링하는 방법과 그러한 재료에서 나타나는 유도파의 특성을 살펴보기 위해 총 8장의 일방향 플라이로 구성된 준-등방성 복합재를 고려해 보자. 이 재료의 명칭은 graphite-epoxy T800/924로 Percival과 Birt[63]에 의해 주로 연구가 이루어졌는데 단일 층의 탄성 파라미터는 다음과 같다.

$$E_{11} = 161\,\text{GPa} \qquad E_{33} = 9.25\,\text{GPa} \qquad G_{13} = 13.3\,\text{GPa}$$

$$\nu_{13} = 0.34 \qquad \nu_{23} = 0.41 \qquad \rho = 1.5\text{g/cm}^3 \tag{4.6}$$

앞의 두 경우와 마찬가지로 단일 플라이의 재료는 3방향이 라미네이트 평면에 수직하고 1방향은 섬유축과 평행하다. 라미네이트가 구성될 때 사용된 8장 플라이의 배열방향은 표 4.1에 보인 바와 같다. 이 재료를 종종 [+,-,0,90]4S 또는 [+45,-45,0,90]S로도 표시하는데 여기서 S는 중심평면에 대해 라미네이트 방향이 대칭이라는 것을 의미한다.

복잡한 계산과정을 통해 구한 위상속도 분산선도를 그림 4.21(a)에 나타내었고, 같은 재료이지만 파동 진행방향이 섬유 배열방향과 45°를 이루는 경우(모든 층의 Psi를 45° 증가시킨 경우)에 대한 분산선도는 그림 4.21(b)에 제시하였다.

그림 4.21의 분산선도와 일방향 복합재료에 대한 분산선도인 그림 4.17을 비교해보면

표 4.1 총 8장의 플라이로 구성된 복합재료의 배열방향

+45°
-45°
0°
90°
90°
0°
-45°
+45°

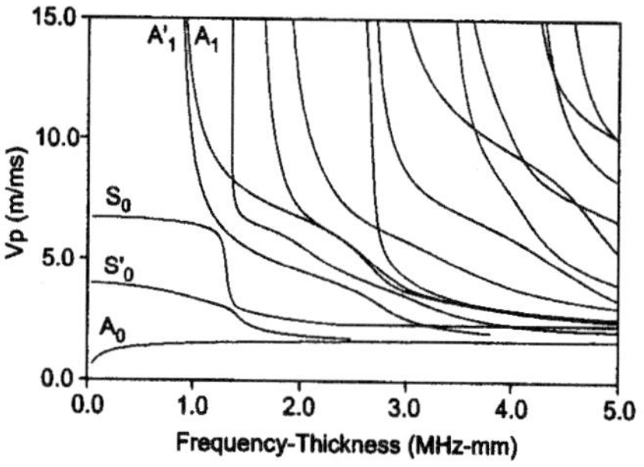

(a) Psi = 0°

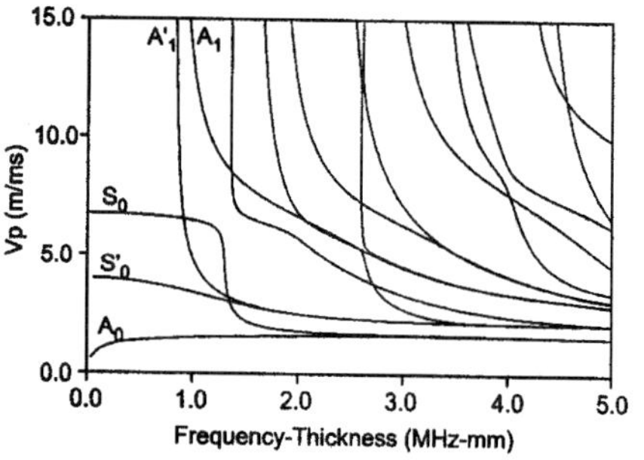

(b) Psi = 45°

그림 4.21 총 8장의 플라이로 구성된 준-등방성 라미네이트 복합재의 위상속도

대칭 SH모드인 S'0모드가 저주파수영역에서 분산성이 더 강하게 나타나는 것을 알 수 있다. 층의 섬유 배열방향이 45°를 이루고 있으므로 SH파는 항상 연성되어 있고 약 1.1 ㎒ 이상에서는 그 곡선이 SH모드인지 Lamb모드인지 구분하기 어렵다. 이는 변위벡터의 방향이 주파수에 따라 변하기 때문이다.

그림 4.22에 S0, A0모드의 변위, 응력 모드형상을 나타내었다. 평면내 변위에서 불연속이 약간 나타나지만(특히 A0모드), 평면외 변위는 훨씬 더 부드럽고 단일 층 등방성 평판과 비슷한 양상을 보이는 것을 알 수 있다. 사실 다중 층 평판의 층의 수와 방위각이 증가하면 입자의 분포는 등방성 평판과 비슷해진다.

일반적으로 박판 복합재료의 모드형상은 등방성 재료의 등가 모드형상과는 매우 다른데 그 이유는 각 층의 경계에서 입자변위와 응력의 갑작스런 변화가 발생하기 때문이다. 그림 4.23에는 8플라이 0/90(cross-ply) 복합재료의 S0모드 전단응력 분포를 나타내었는데 이로부터 흥미로운 사실을 몇 가지 살펴볼 수 있다[28]. 그림에서 보듯이 어

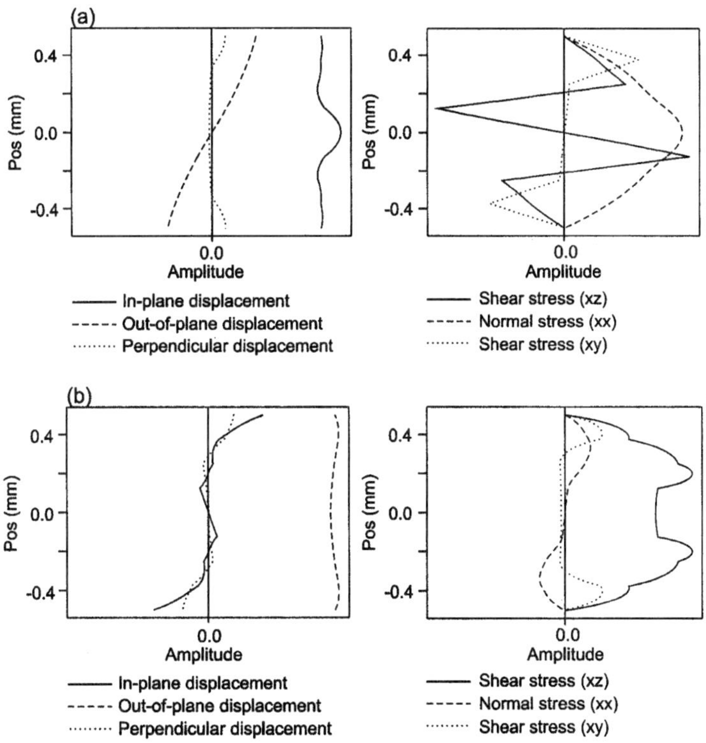

그림 4.22 총 8장의 플라이로 구성된 준-등방성 복합재료 평판의 변위와 응력
(a) S0모드 (b) A0모드

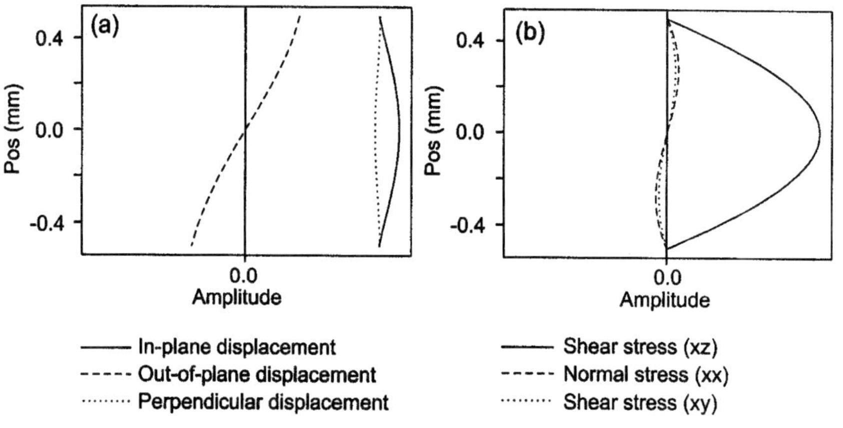

그림 4.23 복합재료 8플라이 0/90에서 섬유축에 평행하게 진행하는 S0모드(1MHz)의 (a) 변위와 (b) 응력

떤 층에서의 전단응력은 층의 중심에서 최대가 되고 양쪽 경계에서 0의 값을 갖는 형태를 나타낸다. 복합재료의 NDE에서 자주 검사하는 내부 층 분리(delamination) 검사에는 이 모드를 사용할 수 없는데 그 이유는 전단응력이 0일 때 층 사이의 분리가 발생하기 때문이다. 준-등방성 재료를 포함한 모든 대칭 박판 복합재료에서 대칭모드는 중심평면에서 전단응력이 0이다. 층의 경계에서 전단응력이 불연속이 되는 이유는 갑작스런 강성의 변화 때문이다. 좀 더 일반적으로 이야기하면 박판 복합재료의 응력분포는 대개 특정 영역이 높은 응력을 집중적으로 받는 형태로 나타나는데, 이러한 현상은 층의 수와 배열각의 변화가 증가하면 점점 사라지게 되어 결국 복합재료 평판은 등방성 재료 평판의 거동에 점점 더 근접하게 된다.

제5장 파이프의 파동해석

본 장에서는 제 3장에서 전개하였던 파동전파 모델을 이용하여 파이프 구조물의 파동을 해석하고 이에 대한 몇 가지 예제를 다루고자 한다. 이러한 예제들을 통해 파이프 구조물의 일반적인 파동전파에 대한 보다 상세한 이론을 보충설명하고 특히 누설시스템의 해석방법에 대해 자세히 설명하고자 한다. 또한 수립된 모델을 검증하기 위한 예제들도 본 장에 포함되어 있다.

보다 복잡한 예제를 다루기 전에 먼저 Gazis가 1959년에 다루었던 간단한 예제(단일 층, 탄성 등방성 원통)를 살펴보고자 한다. 이 예제를 통해 분산선도의 몇 가지 법칙들을 자세히 조사해 볼 수 있다. 이 예제에 대한 설명은 5.1절에 자세히 제시되어 있는데 5.1절의 전반부에서는 파동전파에 대한 해를 표시하기 위해 사용되는 분산선도의 여러 가지 표현방법과 곡선에 명칭을 부여하는 방법에 대해 기술한다. 후반부에서는 원통형 시스템의 몇 가지 모드들의 특성에 대해 논의한다. 마지막 부분에서는 계산시간을 단축하기 위해 속이 빈 원통을 평판으로 모델링할 수 있는 조건들에 대해 살펴본다.

제 5.2절 이후에 제시되어 있는 예제들은 유체나 고체와 같은 주변매질로 시스템이 둘러싸여 있는 경우나 층을 구성하는 재료가 점탄성 특성을 갖는 경우가 포함되어 해의 형태가 복잡해지는 양상을 보인다. 이에 대한 첫 번째 예제로 누설파의 특성을 살펴보기 위해 내부에 물이 차있고 외부도 물로 둘러싸인 파이프를 고려한다. 주변유체로 파동이 누설되기 위한 조건뿐만 아니라 유체가 차있는 중심부를 다루는 방법에 대해서도 살펴본다. 다음 예제로 유체로 둘러싸인 파이프의 해석결과를 확장하여 고체매질 속에 매립되어 있는 원통의 파동전파를 해석한다. 마지막 예제로 훨씬 더 복잡한 시스템인 다중 층, 점탄성 원통이 고체 속에 매립되어 있는 경우에 대해 해석을 수행한다. 마지막 예제에 대한 분산선도를 추적하는 것은 매우 어려운 작업이지만 낮은 감쇠를 갖는 대부분의 모드를 성공적으로 규명할 수 있음을 알게 될 것이다. 모델에 사용되는 모든 재료의 재료상수는 본 장의 마지막에 있는 표 5.1에 자세히 정리하였다.

5.1 공기 중에 놓여있는 원통

본 절에서는 원통 파동전파에 대한 일반적인 법칙들을 논의하기 위해 공기 중에 놓여있는 원통의 두 가지 예제를 살펴본다. 본 절의 전반부에서는 분산선도를 표시하기 위해 사용되는 몇 가지 다른 표현방법과 각 모드의 명칭을 부여하는 방법을 설명하기 위해 직경 2㎜인 강철봉의 분산선도를 조사한다. 후반부에서는 이 강철봉과 속이 빈 원통을 이용하여 몇 가지 자주 사용되는 모드의 거동을 살펴보고자 한다. 또 속이 빈 원통 즉, 파이프를 이용하여 원통 구조물의 모델을 보다 간단한 평판모델로 대체할 수 있는 조건들에 대해서도 조사하고자 한다.

5.1.1 분산선도의 표시

분산선도는 주파수-실파동수-감쇠 공간에서 추적이 수행된다. 그러나 분산선도를 표시할 수 있는 방법들은 다양하다. 여기에는 위상속도, 군속도, 입사각 등이 포함된다. 그림 5.1에는 감쇠를 갖지 않는 시스템에 자주 사용되는 네 가지 표시방법이 제시되어 있다. 그 외에 자주 사용하는 표시방법 중의 하나인 감쇠 표시방법에 대해서는 5.2절에서 자세히 설명하기로 한다.

5.1.2 모드의 명칭

원통형 시스템의 여러 모드들을 일관되게 구별하기 위해 Silk와 Bainton[85]이 사용하였던 명칭부여 방법을 수정하여 사용한다. 모드는 모드의 형식과 원주방향 차수 그리고 일련번호로 구별한다. 각 모드에는 아래의 세 가지 명칭 중 하나가 부여된다.

종방향 모드(L)

이 명칭은 축대칭 종방향 모드를 나타내기 위해 사용된다. 기본 종방향 모드는 주파수 0에서 순수한 확장모드(extensional mode)이다.

비틀림 모드(T)

이 명칭은 변위가 $\hat{\theta}$방향으로 발생하는 비틀림 모드를 나타내기 위해 사용한다. 이 모드는 평판의 수평전단(Shear horizontal)모드에 해당된다.

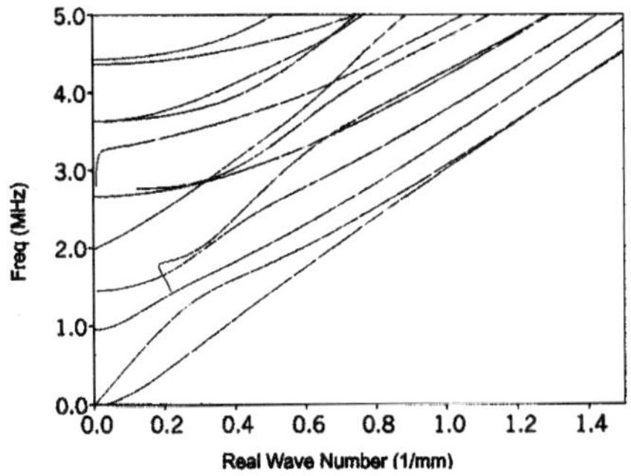

(a) 실파동수

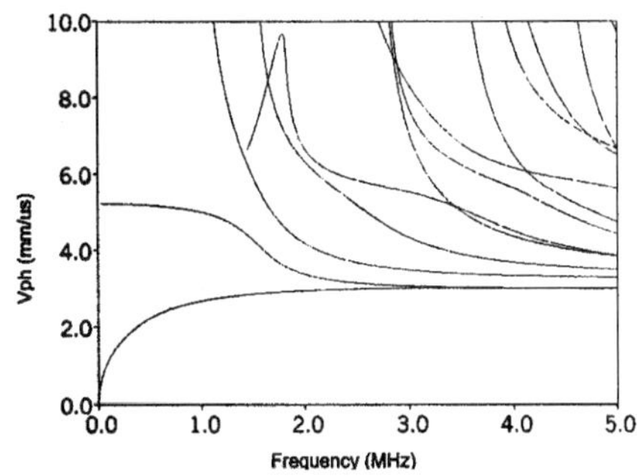

(b) 위상속도

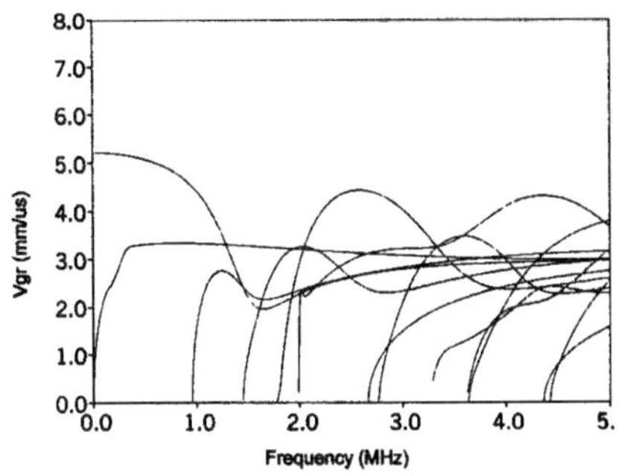

(c) 군속도

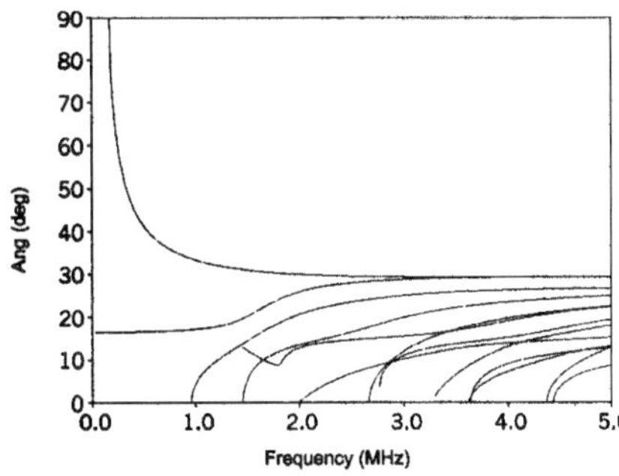

(d) 입사각

그림 5.1 물 속에 놓여있는 직경 2㎜ 강철봉의 분산선도

휨 모드(F)

이 명칭은 축방향으로 비대칭인 휨 모드를 표시하기 위해 사용한다. 기본 휨모드는 주파수 0에서 순수한 굽힘(bending) 모드이다.

모드의 명칭과 더불어 두 개의 지수를 사용하여 모드를 구별한다. 첫 번째 지수는 모드의 원주방향 차수를 나타내는 것으로 원통의 원주에 따른 정수 파장을 표시한다. 예를 들어 0차 모드의 변위는 각도와 상관없이 일정하지만 1차 모드의 변위는 원주를 따라 한 주기의 정현파 형태로 변화한다. 따라서 원통의 한 위치에서의 변위는 그 위치와 원주방향으로 180° 떨어진 위치에서의 변위와 180°의 위상차를 갖게 된다. 이로부터 모든 종방향 모드의 원주방향 차수는 0이고 모든 휨 모드의 원주방향 차수는 1 이상이 된다는 것을 알 수 있다.

두 번째 지수는 일련번호이다. 기본 모드(주파수 0에서 존재할 수 있는 모드)의 지수는 1이고 그 보다 차수가 높은 모드들에는 순차적으로 일련번호가 부여된다. 이 지수

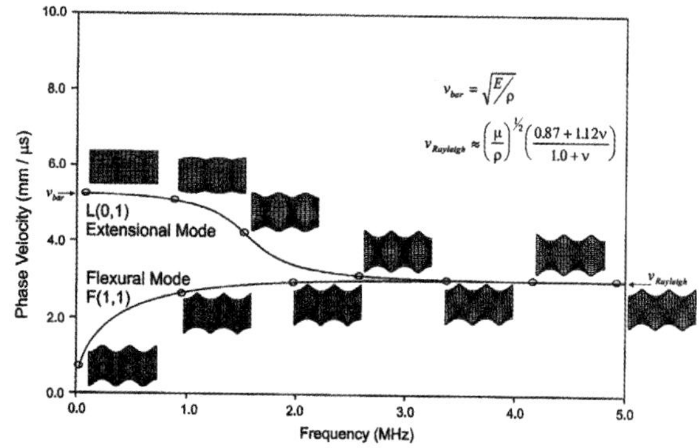

(a) 기본 모드

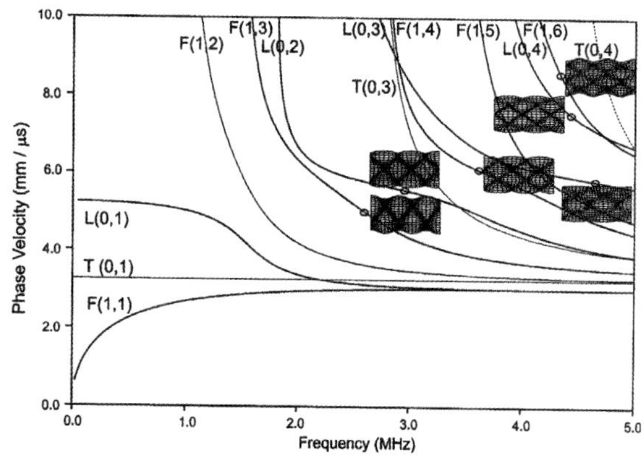

(b) 고차 모드

그림 5.2 공기 중에 놓여있는 직경 2㎜ 강철봉의 위상속도 분산선도

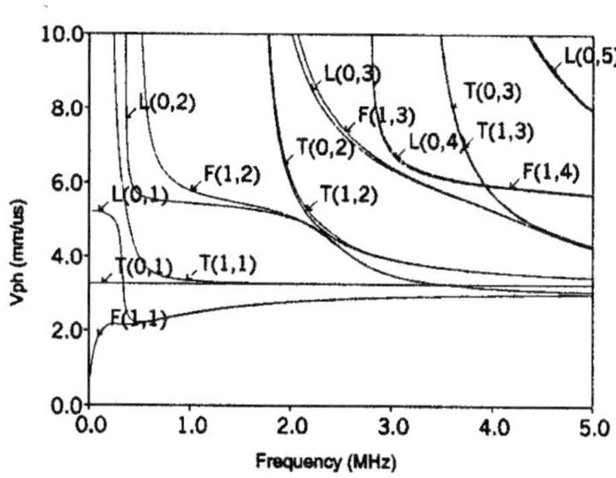

(a) 위상속도

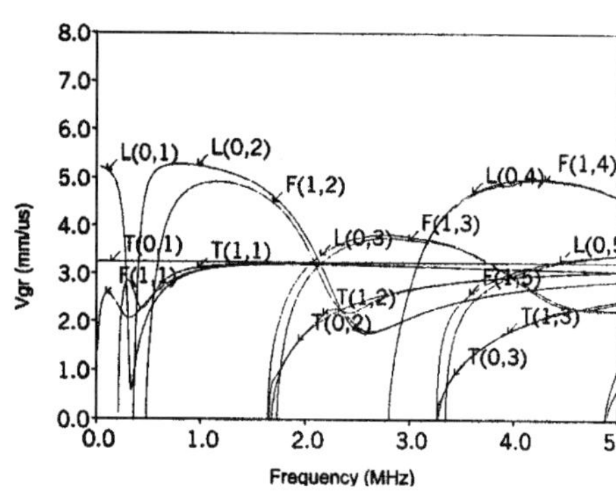

(b) 군속도

그림 5.3 속이 빈 두께 1㎜, 내경 2㎜ 파이프의 분산선도

는 대개 원통 벽에서 발생하는 진동모드의 차수와 일치한다. 이상의 방법을 이용하여 원주방향 차수가 1인 세 번째 휨 모드에 명칭을 부여하면 F(1,3)가 되는 것을 알 수 있다. 봉과 원통시스템에 일반적으로 사용되는 명칭에 대한 예는 그림 5.2와 5.3에 제시되어 있다.

5.1.3 중실봉 모드의 특성

분산선도에는 유도파의 속도, 파동수, 감쇠에 대한 다양한 정보가 표시되어 있다. 그러나 이 정보들만으로는 모드의 거동을 완벽하게 기술할 수 없다. 다양한 유도파 모드의 특성과 모드에 부여된 명칭을 보다 잘 이해하기 위해 그림 5.2에 직경 2㎜ 강철 중실봉의 여러 가지 모드들을 나타내었다. 그림 5.2(a)에는 주파수가 변함에 따라 나타나는 기본 종파와 휨 모드의 거동을 나타내었고 (b)에는 다른 고차 모드들의 모드형상을 표시하였다.

첫 번째 종파 모드인 L(0,1)모드는 주파수 0에서 순수한 확장모드의 거동을 나타낸다. 입자의 운동은 완벽하게 축방향으로만 발생하고 봉의 모든 단면에서 균일한 값을 갖는다. 주파수 0에서 위상속도는 봉의 속도인 $\sqrt{E/\rho}$와 동일한데 여기서 E는 영계수, ρ는 밀도이다. 봉의 속도는 재료역학의 평면응력해석으로부터 쉽게 유도할 수 있다. 본 예제에서 사용하는 강철봉의 속도는 5229㎧로 그림에 나타낸 바와 같이 분산선도의 결과와 소수점 여섯째 자리까지 일치하는 것을 확인할 수 있다. 주파수가 증가하면 입자의 운동은 보다 복잡해진다. 즉 반경방향 운동성분이 커지게 되어 변위는 더 이상 봉의 단면을 따라 일정하지 않게 된다. 주파수가 매우 커지게 되면 모드는 봉 표면에서의 Rayleigh파처럼 움직이기 시작한다. 이때 모드는 봉 표면에서 수 파장 내의 깊이까지만 영향을 미치고 그 아래에서는 반무한 반공간처럼 운동을 하게 된다.

기본 휨 모드인 F(1,1)모드는 주파수 0에서 순수 굽힘 모드의 형상을 나타낸다. 그러나 주파수가 증가하면 모드형상은 보다 복잡해진다. 주파수가 충분히 커지게 되면 굽힘 모드도 봉의 표면에서 Rayleigh파처럼 운동을 하기 시작한다. 그러나 L(0,1)모드에서 나타나는 Rayleigh파는 봉의 원주방향으로 동일한 위상을 갖지만 F(1,1)모드에서 나타나는 Rayleigh파는 봉의 상부의 거동이 하부의 거동과 180° 위상차를 갖게 되고 봉의 양쪽 측면에서는 거동이 나타나지 않는 양상을 보인다.

비틀림 모드의 모드형상은 여기에 나타내지 않았다. 비틀림 모드의 변위는 주로 $\hat{\theta}$방향으로 발생한다. 기본 비틀림 모드에서는 전체 봉이 균일하게 비틀려지고 파동은 강철의 입체 전단속도와 동일한 속도로 일정하게 전파된다.

그림 5.2(b)에는 고차 종파 모드와 휨 모드를 나타내었다. 그림으로부터 두 번째 지수가 증가하면 봉의 직경을 따라 더 많은 형상의 최소, 최대가 나타나는 것을 알 수 있다. 형상의 최소는 봉의 고차 반경방향 공진 또는 노드직경(nodal diameter)에 해당된다. 짝수의 원주방향 차수를 갖는 봉의 모드는 평판의 대칭모드와 유사한데 이때 봉 상부의 변위와 하부의 변위는 동일한 위상을 갖는다. 반면에 홀수의 원주방향 차수를 갖는 봉의 모드는 평판의 비대칭모드와 유사하고 이때 봉 상부와 하부의 변위는 동일한 180° 의 위상차를 갖는다.

5.1.4 파이프의 모드특성

그림 5.3에 나타낸 바와 같이 파이프 모드는 봉의 모드와 다른 거동을 나타낸다. 그림에는 공기 중에 놓여있는 내경 2㎜, 두께 1㎜의 강철파이프에 대한 위상속도와 군속도가 나타나있다. 이 예제는 Gazis가 1959년에 사용하였던 시스템과 동일한 구조를 갖는다. 그림 5.3의 모든 모드에는 5.1.2절에서 기술하였던 방법에 따라 명칭이 부여되었다.

파이프의 기본 종방향 모드 L(0,1)는 주파수 0에서 봉의 속도와 동일한 $\sqrt{E/\rho}$의 위상속도를 갖고 시작된다. 그러나 주파수가 증가하면 위상속도는 급격히 감소하고 평판의 A0모드와 유사한 거동을 나타낸다. 이는 앞에서 다루었던 봉의 L(0,1)모드가 평판의 대칭모드인 S0모드와 비슷한 양상을 보이는 것과 대조를 이룬다. 두 번째 종방향 모드인 L(0,2)모드는 0이 아닌 주파수에서 시작되고 이때 무한대의 위상속도를 갖는다. 이 모드도 주파수에 따라 급격히 감소하여 위상속도가 Young속도($\sqrt{E/\rho(1-\nu^2)}$)가 되고 평판의 S0모드처럼 거동한다. 평판의 A0, S0모드와 마찬가지로 L(0,1), L(0,2)모드도 고주파수가 되면 결국 Rayleigh속도로 접근한다.

기본 휨 모드인 F(1,1)모드는 주파수 0에서 시작하고 이때의 위상속도, 파동수도 0이다. 매우 낮은 주파수에서 F(1,1)모드는 동일 반경을 갖는 중실봉의 F(1,1)모드와 마찬가지로 전체 파이프의 굽힘 모드를 나타낸다. 파이프의 F(1,1)모드는 주파수가 증가함에 따라 위상속도도 증가하게 되어 파이프의 L(0,1)모드나 평판의 A0모드의 궤적을 따라가게 된다. 파이프의 F(1,1)모드와 L(0,1)모드는 평판의 A0모드처럼 거동하지만 두 모드 사이에는 중요한 차이점이 존재한다. 즉 F(1,1)모드의 경우 파이프의 상부, 하부의 변위가 180° 위상차를 갖지만 L(0,1)모드는 동일 위상을 갖는다. 종방향 모드처럼 평판의 S0모드와 유사한 거동을 보이는 F(1,2)모드도 존재한다. 이 모드는 파이프의 상부, 하부에서의 변위가 180° 위상차를 갖기 때문에 L(0,2)모드와는 다른 특성을 갖는다.

파이프의 경우 원주방향 차수는 저주파수에서 기본 모드에 많은 영향을 미치지만 높은 차수의 모드에 미치는 영향은 적다. 그림 5.3에서 볼 수 있듯이 서로 다른 원주방향 차수를 갖는 고차 모드는 거의 서로 겹친다. 나중에 확인하겠지만 이러한 효과는 내경이 증가하게 되면 더욱 심각하게 나타난다. 서로 다른 원주방향 차수를 갖는 파이프 모드의 수는 무한개가 존재한다. 파이프 시스템이 점점 더 평판과 비슷해질수록(내경이 커질수록) 무한개의 파이프 모드가 모두 서로 겹치게 된다. 이러한 경향은 5.1.5절에서 자세히 다루기로 한다.

원주방향 차수가 0인 기본 비틀림 모드는 재료의 입체 전단파 속도와 동일한 위상속도로 일정하게 전파된다. 그러나 고차의 비틀림 모드는 분산성을 보인다. 고차의 비틀림 모드들이 시작하는(위상속도가 0인) 주파수의 위치는 일정한 간격을 갖는데 이 간격은 전단속도의 반 배수(half multiple)에 해당한다. 비틀림 모드의 거동은 종파, 휨파에 비해 간단하며 0차 비틀림 모드는 평판의 수평전단파 모드와 유사하게 이론적 수식으로 전개할 수 있다.

5.1.5 반경변화의 영향

단일 층 파이프 모드의 일반적인 거동을 이해하였으면 몇 가지 파라미터들의 변화가 미치는 영향을 살펴볼 필요가 있다. 그 중의 하나로 벽 두께에 대한 내경 비의 변화가 미치는 영향을 고려해 보자. 내경이 무한히 커지게 되면 원통은 동일 두께의 평판처럼 운동한다. 원통시스템 운동의 특성이 지배적으로 나타나는 범위에서 평판처럼 거동하는 범위로 운동의 특성이 바뀌는 중간에 천이영역(transition region)이 존재한다. 천이영역 해석으로부터 파동의 거동을 좀 더 자세히 살펴볼 수 있고, 원통을 해석이 간단한 평판으로 모델링할 수 있는 조건에 대해서도 규명할 수 있다.

파이프의 벽 두께에 대한 내경의 비가 커지게 되면 파이프는 좀 더 평판처럼 거동하기 시작한다. 그림 5.4에는 내경이 벽의 두께와 같을 때부터 두께의 20배에 달할 때까지 구한 0차, 1차 모드의 분산선도를 순차적으로 나타내었다. 대상구조물은 공기 중에 놓여있는 1㎜ 두께의 강 파이프이다. 비교를 위해 동일한 1㎜ 두께를 갖는 평판의 분산선도도 그림 (f)에 나타내었다. 평판은 무한대의 내경을 갖는 파이프로 생각할 수 있다. 파이프 곡률의 영향이 가장 두드러지게 나타나는 영역은 주주파수 영역 즉 파장이 긴 영역임을 알 수 있다. 주파수가 커지고 파장이 감소하면 파이프의 곡률(또는 반경)이 증가하여도, 나타나는 모드의 형태는 크게 달라지지 않는다는 것을 알 수 있다. 반경이 커지면 저주파수 영역에서의 거동도 평판과 비슷해지게 되고 반경이 두께의 10배가 되면 파이프와 평판의 분산선도 상의 차이점은 거의 없고 다만 0.5MHz-mm 주파수-두께 이하에서 약간의 차이를 보일 뿐이다. 즉 그 주파수-두께 이상에서는 파이프의 분산선도

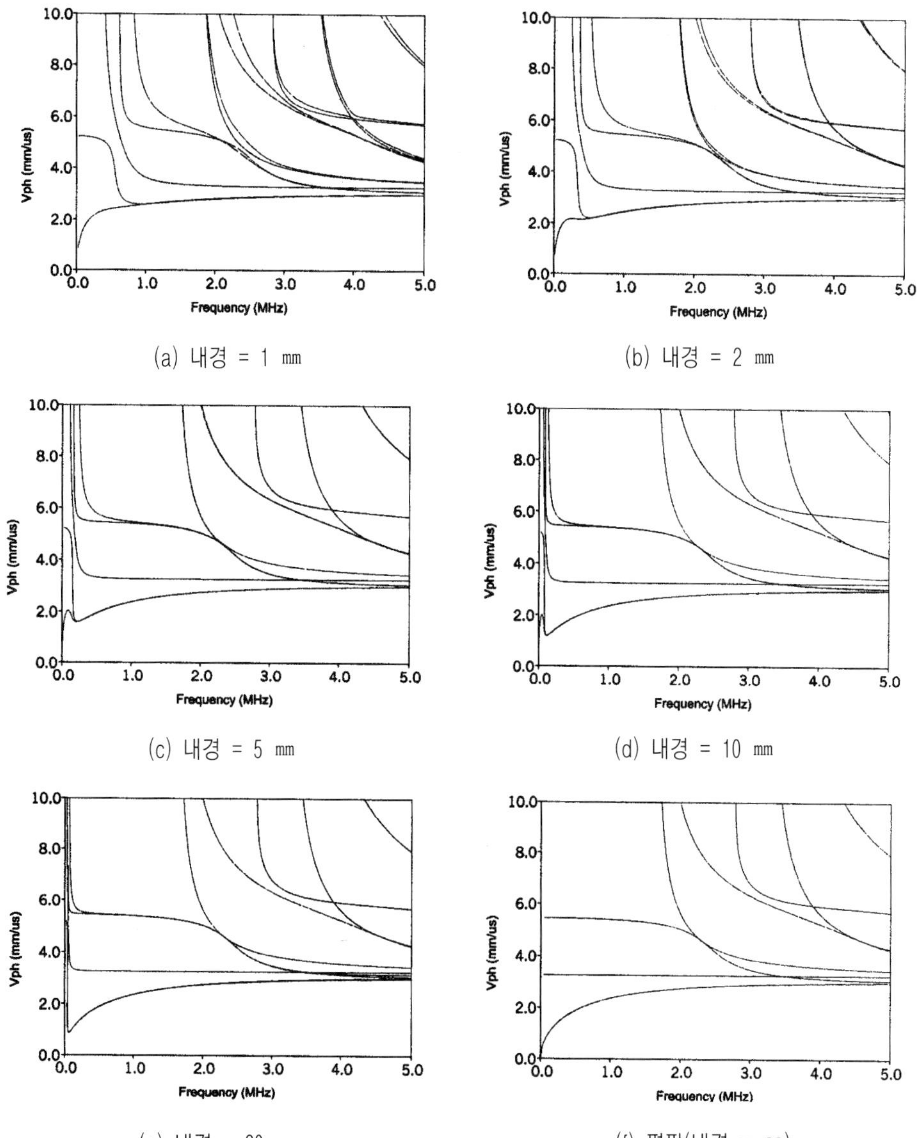

(a) 내경 = 1 mm (b) 내경 = 2 mm

(c) 내경 = 5 mm (d) 내경 = 10 mm

(e) 내경 = 20 mm (f) 평판(내경 = ∞)

그림 5.4 두께 1mm 강철파이프의 반경변화에 의한 영향

는 평판과 거의 일치하고 원주방향 차수에 상관없이 동일하다는 것을 알 수 있다.

이 예제로부터 파이프의 반경이 크고 고주파수 영역에서의 파동전파에 관심이 있을 경우, 계산속도와 해의 안정성을 위해 파이프의 분산선도 대신 평판의 분산선도를 사용하여도 크게 틀리지 않다는 것을 결론지을 수 있다. 분산선도의 추적에 대한 다양한 경험으로부터 파이프를 평판으로 대체할 수 있는 최소주파수는 다음과 같음을 알 수 있었다.

$$f_{\min} = \frac{v_{long}}{r_{inner}} \tag{5.1}$$

여기서 $f_{\min}$은 최소주파수(㎒), r_{inner}는 내경(㎜), v_{long}은 입체 종방향 속도(㎜/㎲)이다. 따라서 주파수-두께 0.25㎒-㎜ 이상인 파이프 모드를 해석할 경우 두께에 대한 반경의 비가 20이상이면 파이프를 평판으로 대체할 수 있음을 알 수 있다.

5.2 유체에 잠겨있는 파이프

앞에서 다룬 예제는 공기 중에 놓여있는 탄성 원통에 대한 것으로 상대적으로 쉬운 예제라 할 수 있다. 원통이 다른 물질에 묻혀 있으면 분산선도의 계산은 훨씬 더 복잡해진다. 탄성 시스템이 공기 중에 놓여있으면 에너지가 손실될 가능성이 없기 때문에 감쇠는 항상 0이다. 그러나 원통이 다른 물질로 둘러싸여 있으면 에너지가 구조물로부터 주변유체나 고체로 누설될 수 있고 또 무한대의 주변매질을 향해 전파되는 입체파의 형태로 방사될 수 있다. 따라서 이제 분산선도의 해는 세 가지 즉 주파수, 실파동수 그리고 감쇠가 된다는 것을 알 수 있다. 파라미터가 두 개일 때에 비해 파라미터가 세 개가 되면 탐색과정이 훨씬 더 어려워지고 복잡해진다.

5.2.1 파이프 내부의 유체모델

그림 5.5에 두께 1㎜, 내경 10㎜인 강철파이프의 내부에 물이 차있고 이 파이프가 다시 물로 둘러싸여 있을 때의 0차 모드의 분산선도를 나타내었다. 왼쪽 그림은 그림 5.4와 마찬가지로 위상속도 분산선도를 나타내고 오른쪽 그림은 감쇠에 관련된 분산선도를 나타낸다. 세 종류의 분산선도 (a), (b), (c)는 약간 다른 경우를 나타낸다. 처음 두 개는 동일한 파이프를 모델링하고 있다. 그러나 (b)의 경우 중심점으로 전파되는 모든 파

동을 흡수할 수 있는 싱크가 중심점에 놓여있는 것으로 설정하였기 때문에 파이프 내부의 파동형태가 변경된 것을 볼 수 있다. 이러한 변경의 중요성은 다음에서 논의하기로 한다. 세 번째 경우 (c)는 비교를 위해 파이프를 동일 두께의 평판으로 모델링한 경우이다.

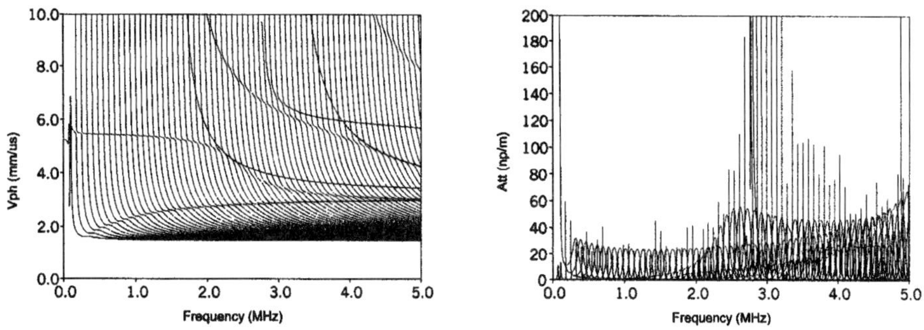

(a) 두께 1㎜, 반경 10㎜ 강철파이프(유체모드 포함)

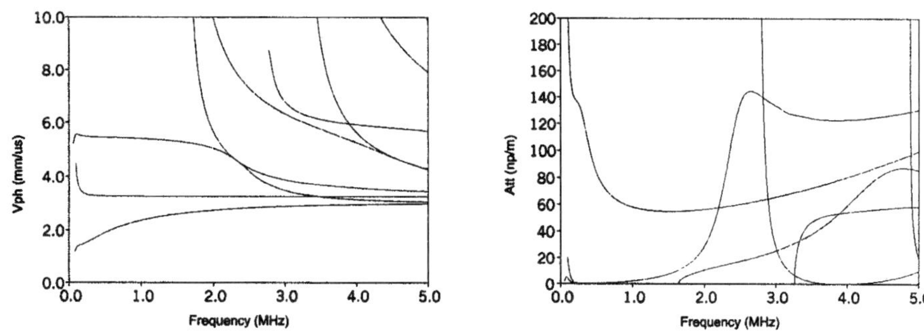

(b) 두께 1㎜, 반경 10㎜ 강철파이프(중심에 싱크 포함)

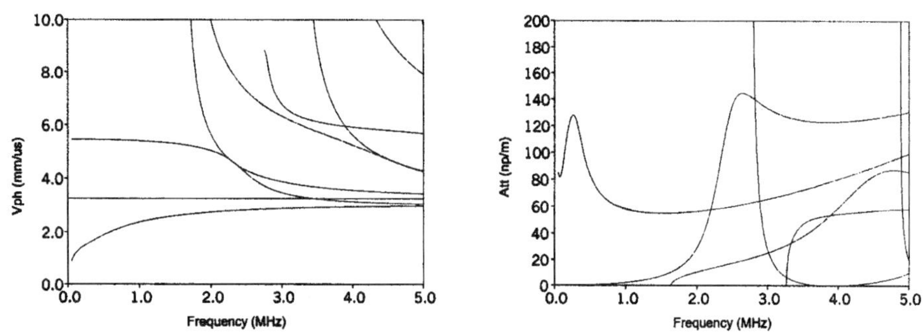

(c) 두께 1㎜의 평판

그림 5.5 위상속도와 감쇠 분산선도의 비교

그림 5.5의 (a)는 내부에 유체가 차있는 강철파이프의 분산선도를 있는 그대로 정확하게 나타낸 결과이다. 분산선도에는 에너지와 운동이 물에 집중되어 있는 유체모드도 포함되어 있다. 이 모드들은 촘촘하지만 일정한 간격을 갖는 곡선으로 나타난다. 이 모드들은 낮은 감쇠를 갖고 물의 입체속도보다 낮은 속도로 진행한다. 유체모드의 위상속도와 주파수가 자유상태의 강철파이프에 대한 분산선도 상의 한 점과 일치하게 되면 유체모드의 에너지가 강철파이프와 연성되어 빠른 파동이 전파된다. 그러나 이 점에서 심각한 감쇠도 나타나게 되는데 이는 주로 강철파이프 내에 머물러있던 파동의 에너지가 파이프 외부에 있는 주변의 물로 쉽게 누설되어 손실되기 때문이다. 그림 5.6에는 동일한 모드 상의 두 점에서의 축방향 변위를 나타내었다. 그림에서 (a)는 유체모드의 거동을 (b)는 파이프 모드의 거동을 나타낸다. 그림의 윗부분이 파이프의 중심부이다. 강철파이프에서 파이프의 중심부로 누설되는 파동에 초점을 맞추어 살펴보면 중심부로 갈수록 변위가 커지는 것을 알 수 있다. 그림의 중간 부분은 강철파이프의 벽을 나타낸다. 모드가 유체모드로 거동할 때는 벽에서의 변위가 거의 없지만 파이프 모드로 거동하면 상당한 크기의 축방향 변위가 발생하는 것을 볼 수 있다. 그림의 아래 부분은 주변유체의 처음 10㎜ 부분만을 표시한 것이다. 본 절에서 고려하고 있는 파동, 즉 그림 5.6(b)에 나타낸 파동은 감쇠를 유발하는 누설파동이다.

그림 5.5(b)의 분산선도들은 그림 5.5(a)와 동일한 구조물에 대한 것이지만 축의 중심선 상에 싱크가 놓여있다는 점이 다르다. 즉 내부 유체에서의 파동을 Bessel함수 대신 들어오는 Hankel함수로 표현한 점이 차이점이다. 이 싱크는 강철파이프에서 내부로 전파되는 에너지를 흡수하고 유체모드가 형성되는 것을 방지한다. 이때 싱크가 없는 경우에 비해 감쇠 값이 훨씬 커진 것을 볼 수 있는데 그 이유는 싱크와 외부유체에서 동시에 에너지가 손실되기 때문이다.

엄밀하게 이야기하면 완벽한 유체함입 파이프의 경우 싱크를 원점에 놓는 것은 실제 시스템을 대표하지도 않고 유효한 해를 제공하지도 않는다. 그러나 그림 5.5(a)에서는 발견할 수 없었던 유익한 정보들을 그림 (b)에서 쉽게 발견할 수 있다. 초음파검사방법 중 몇 가지는 파이프 내부의 유체에 에너지를 전파시키는 방법을 채택하고 있기 때문에 이를 적용하기 위해서는 그림 (a)의 분산선도를 이용해야 한다. 그러나 대부분의 초음파검사방법들은 파이프 벽을 통해 파동을 보내는 방법을 채택하고 있다. 이러한 방법을 선택하는 이유는 초음파검사의 주목적이 파이프 벽의 결함을 찾는 것이고 또 파이프 내부에 접근하기가 어렵기 때문이다. 이러한 검사방법들을 적용하기 위해서는 유

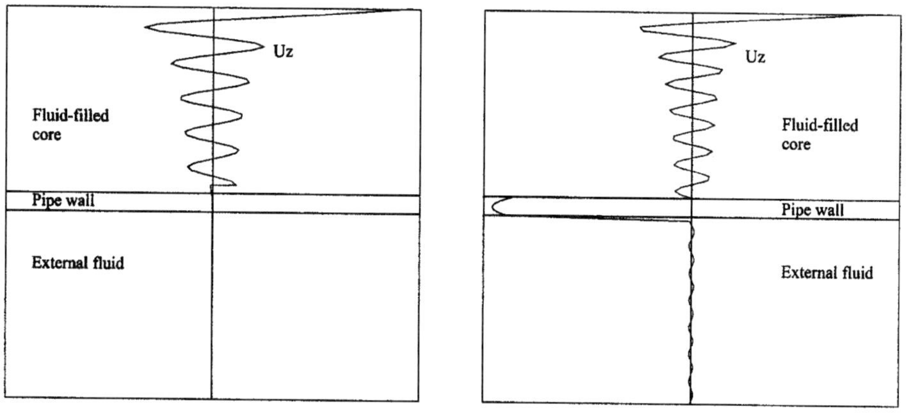

(a) 유체모드 (b) 파이프모드

그림 5.6 유체모드와 파이프모드의 축방향 변위

체모드가 나타나지 않는 파이프 분산선도를 계산하는 것이 유용하다고 할 수 있다. 또한 실제 유체함입 파이프 중 흡수 또는 산란물질을 함유하고 있는 파이프들도 있고, 부분적으로만 유체가 차있어 방사된 파동이 반대편 벽에서 제대로 재흡수 되지 않는 경우도 자주 발생한다. 이 경우 싱크모델은 좀 더 현실적인 선택이 될 수 있을 것이다.

그림 5.5의 (c)는 물 속에 잠겨있는 1㎜ 두께의 강판에 대한 위상속도와 감쇠선도를 나타내고 있다. 앞의 4.1절에서 파이프의 반경이 크고 주파수가 고주파수가 되면 파이프의 거동이 평판과 매우 유사해진다는 사실을 알 수 있었다. 누설시스템의 경우에도 마찬가지로 이와 같은 유사성이 존재한다는 것을 그림 5.5(c)로부터 알 수 있다.

5.2.2 주변매질로의 누설

그림 5.5에서 나타나는 감쇠는 대부분 원통의 바깥쪽 표면에서의 반경방향 변위 때문에 발생한다. 반경방향 변위가 생기면 유도파의 에너지가 주변유체와 연성될 수 있다. 그림 5.7에는 물에 잠겨있는 반경 1㎜ 봉에 이러한 영향이 미치는 현상을 기본 종방향 모드와 휨 모드를 이용하여 나타내었다. 위쪽 그림에는 이 두 모드의 위상속도를 나타내었고 아래 그림에는 감쇠를 표시하였다. 아래 그림에서 작은 원으로 표시된 네 점에서의 모드형상을 격자 형태로 나타내었다. 격자 모드형상의 가운데 부분은 봉의 중심에 따른 단면을 나타내고, 양 바깥부분은 무한대의 크기를 갖는 주변유체 중 처음 2㎜ 부분만 표시한 것이다.

기본 종방향 모드인 L(0,1)모드는 저주파수에서 감쇠 값이 매우 작은데 그 이유는 대

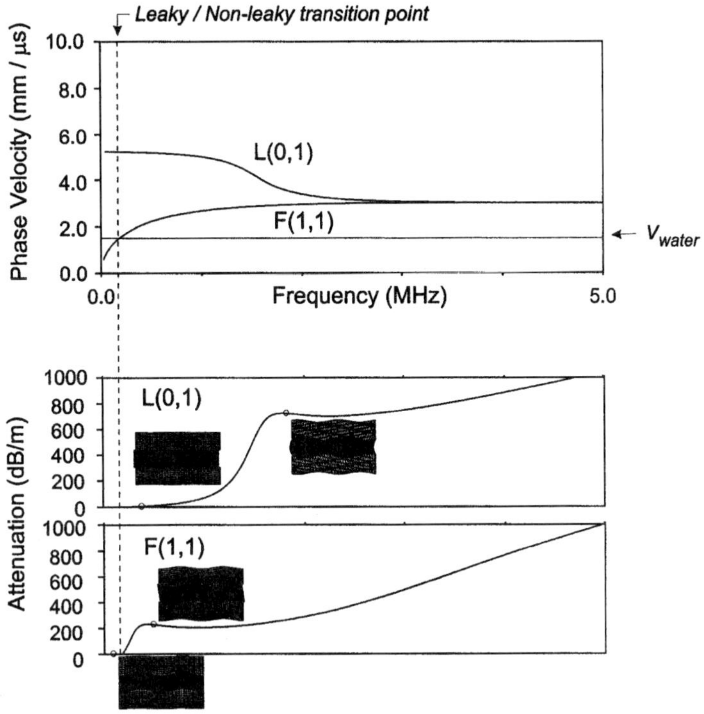

그림 5.7 물 속에 잠겨있는 직경 2㎜ 강철봉의 위상속도 및 감쇠 분산선도

부분의 운동이 반경방향이 아닌 축방향으로 발생하기 때문이다. 그러나 주파수가 증가하면 감쇠도 급격하게 증가하는데 이는 그림에서 볼 수 있듯이 표면에서의 반경방향 운동이 커졌기 때문이다. 주파수가 계속해서 증가하면 감쇠는 누설 Rayleigh파의 감쇠에 접근하는데 누설 Rayleigh파의 감쇠는 주파수에 선형으로 비례한다.

기본 휨 모드는 광범위한 주파수영역에서 봉의 표면에서의 반경방향 변위성분이 크게 나타난다. 결과적으로 감쇠 값이 상대적으로 크다. 그러나 F(1,1)모드의 위상속도가 물의 입체파 속도보다 낮아지게 되면 비록 반경방향 성분이 아직 존재한다 해도 감쇠는 0이 된다.

비누설 모드는 그림 5.8을 이용하여 설명할 수 있다. 유도파가 봉을 따라 전파되면 봉의 표면에서의 반경방향 변위에 의해 봉의 에너지가 주변유체와 연성된다. 이 때문에 유체 내에서 입체파가 발생하고 따라서 에너지가 시스템으로부터 유체로 누설된다. 입체파는 한 속도로만 진행하고 주파수는 알고 있으므로 유체 내에서의 입체파의 파장을 알 수 있다. 유도파의 파장은 분산선도로부터 계산할 수 있다. 계면에 따른 파동의

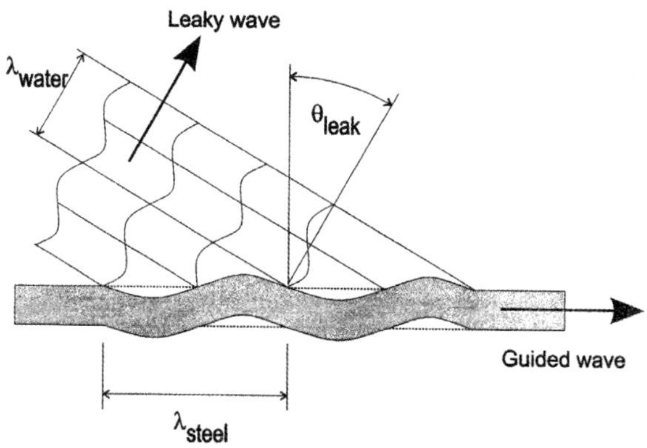

그림 5.8 누설각과 주변유체로의 에너지 누설

투영은 유도파와 입체파가 일치해야 하므로 누설각 θ_{leak}은 다음과 같이 구할 수 있다.

$$\begin{aligned}\theta_{leak} &= \sin^{-1}\frac{\lambda_{water}}{\lambda_{steel}} \\ &= \sin^{-1}\frac{v_{water}/f}{v_{ph}/f} \\ &= \sin^{-1}\frac{v_{water}}{v_{ph}}\end{aligned} \tag{5.2}$$

여기서 λ는 파장, v_{water}는 물의 입체속도, v_{ph}는 유도파의 위상속도, f는 주파수이다. 위상속도 v_{ph}가 주변매질의 입체속도보다 낮으면 식 (5.2)로부터 누설각 θ_{leak}이 허수가 된다는 것을 알 수 있다. 물리적으로 허수의 각이 의미하는 바는 봉에서 멀어지면서 전파되는 파동을 생성하는 대신 변위가 지수적으로 감소하고 에너지가 봉과 가까운 유체의 영역 내에 갇혀있는 파동을 만들어 낸다는 것이다. 따라서 일반적으로 어떤 모드의 위상속도가 주변유체 내에 존재할 수 있는 어떤 파동의 입체속도보다 낮으면 그 모드는 누설되지 않는다고 말할 수 있다.

5.3 고체 속에 매립된 파이프

시스템이 유체로 둘러싸여 있을 때 에너지는 입체 압축파를 통해 누설된다. 그러나 시스템이 고체물질로 둘러싸여 있으면 전단, 압축(종방향) 입체파를 통해 에너지가 시스템으로부터 주변매질로 옮겨진다. 또 법선(수직)방향뿐만 아니라 접선방향 변위와 응력도 주변고체와 연성될 수 있으므로 감쇠 값이 훨씬 크게 증가하는 경향을 나타내고, 감쇠의 최소도 0이 되지 않는 경우가 대부분이다. 고체로 둘러싸인 시스템의 예가 그림 5.9에 제시되어 있다. 그림에서 대상시스템은 연석(soft stone, 이암(mudstone) 등)으로 둘러싸인 두께 1㎜, 내경 10㎜ 강철파이프이다.

그림 5.5에서 고려하였던 물에 잠겨있는 파이프의 감쇠선도와 비교하면 몇 가지 대단히 큰 차이점이 있다는 것을 알 수 있다. 먼저 전반적으로 감쇠 값이 훨씬 커서 세로축의 축척을 바꾸어야만 했다는 것을 알 수 있다. 다음으로 감쇠선도 상에 나타나는 모드의 수가 물에 잠겨있는 경우보다 고체에 매립된 경우가 훨씬 많은 것을 볼 수 있다. 물에 잠겨있는 파이프의 경우 파이프 표면에서의 원주방향 변위는 주변유체와 연성되지 않으므로 비틀림 모드의 감쇠는 존재하지 않았다. 그러나 파이프가 고체로 둘러싸이면 원주방향 변위가 주변매질과 연성되어 입체파가 방사되고 감쇠가 존재하게 된다. 또 고체에 매립된 경우 저주파수에서 한 쌍의 모드가 0차, 1차 해를 나타내지만 유체에 잠겨있는 파이프에서는 0차 해만 나타난다는 것도 알 수 있다.

마지막으로 고체로 둘러싸인 파이프에서 F(1,1), L(0,1)모드의 경우 주변매질의 입체 종방향 속도인 2.6㎜/㎲와 교차하게 되면 곡선이 불연속이 된다. 즉 이 점에서 감쇠와 주파수의 불연속이 발생한다. 이러한 불연속의 원인은 주변매질의 입체 종방향 속도보다 높은 위상속도에서 파이프는 전단파와 종파 모두를 누설하지만, 입체 종방향 속도보다 낮을 경우 파이프는 전단파만을 누설하기 때문이다. 곡선의 두 부분은 사실 수학적으로 연결시킬 수 있지만 연결부의 분산성이 매우 심하여 비파괴검사에 적합하지 못하기 때문에 굳이 연결하지 않았다. 또 주파수 3㎒ 근방에서 L(0,2)모드와 F(1,2)모드는

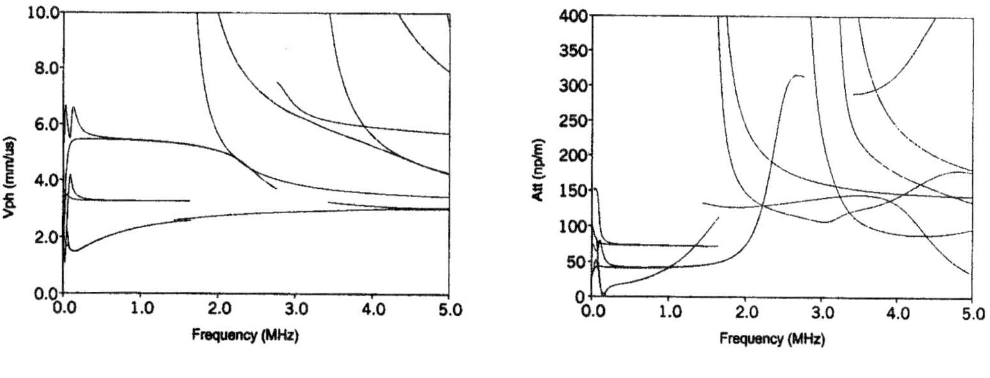

그림 5.9 연석으로 둘러싸여있는 두께 1㎜, 내경 10㎜ 파이프의 위상속도, 감쇠

더 이상 전진하지 못한다. 실제로 이 모드들은 계속해서 어떤 감쇠 값들을 가져야 하지만 강철의 입체 전단속도 부근에서의 수치적인 불안정성에 의해 해를 더 이상 추적할 수 없게 되어 중간에서 곡선이 멈추게 되었다.

5.3.1 다른 형태의 누설

고체로 둘러싸인 원통에 대한 다른 형태의 모드누설을 그림 5.10과 5.11에 나타내었다. 그림 5.10은 가볍지만 딱딱한 재료 속에 묻혀있는 반경 1㎜ 강철봉의 위상속도 분산선도를 나타낸다. 감쇠가 없는 비누설 영역이 존재한다는 것이 앞의 그림 5.9의 결과와 확연히 다른 점이라 할 수 있다. 위상속도 분산선도에 두 개의 직선을 표시하였는데 각각 주변 암석의 종방향, 전단방향 입체파 속도를 나타낸다. 이 두 직선에 의해 모드의 영역이 세 부분, 즉 비누설, 전단방향으로만 누설, 종방향, 전단방향 모두에 대해 누설, 으로 나뉘게 된다. 그림에 표시된 (a), (b), (c)점에서의 모드형상을 그린 결과가 그림 5.11에 제시되어 있다.

점 (a)는 비누설 영역으로 위상속도가 전단, 종방향 입체속도보다 낮다. 점 (b)는 전

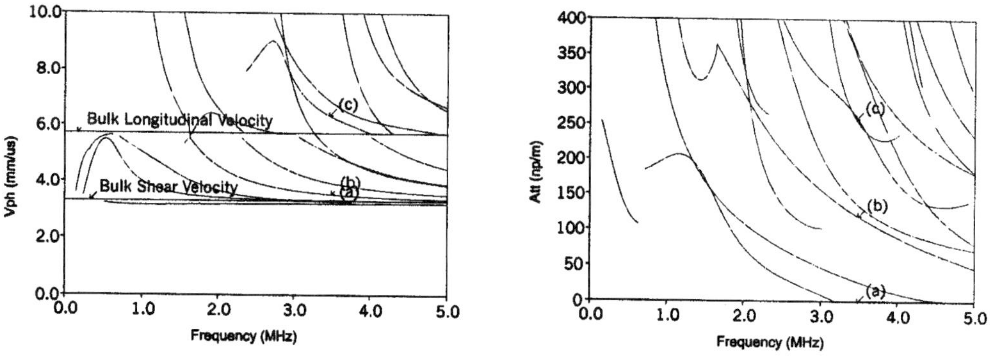

그림 5.10 딱딱한 고체로 둘러싸인 반경 1㎜ 강철봉의 위상속도, 감쇠

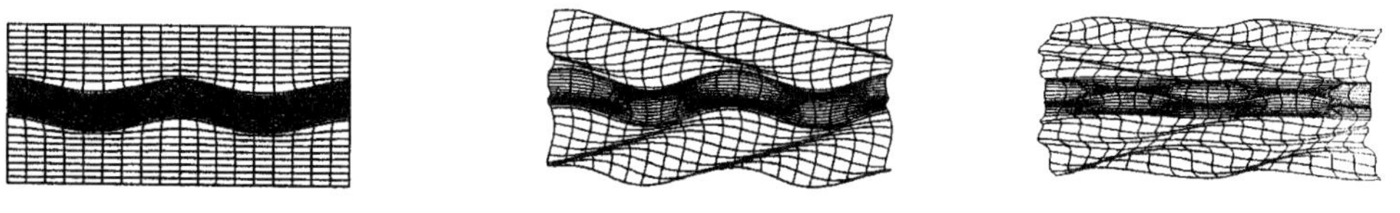

(a) 비누설 영역 (b) 전단파만 누설 (c) 종파, 전단파 모두 누설

그림 5.11 딱딱한 고체 속에 매립된 강철봉의 모드형상

단입체파만이 누설될 수 있는 영역이고 점 (c)는 종방향 입체파 속도보다 위쪽에 있는 영역으로 종방향, 전단방향 모드가 모두 주변매질로 누설된다. 그림 5.11에 나타낸 모드형상이 이를 잘 나타내주고 있다. 격자의 가운데 부분은 봉의 단면을 나타내고 격자 양쪽 바깥부분은 주변 암석의 처음 2㎜ 부분만을 나타낸 것이다. 비누설 영역의 모드 형상을 표시한 그림 5.11(a)로부터 주변고체에서의 변위는 급격하게 지수적으로 감소하여 사라진다는 것을 알 수 있다. 그림 5.11(b)는 전단파만이 누설되는 경우의 모드형상이다. 주변매질에서의 변위장이 단일 누설파를 나타내는 것을 볼 수 있다. 이러한 변위장은 그림 5.11(c)의 경우 더욱 복잡해지는데 이는 누설 전단파와 종파가 다른 누설각에서 겹치기 때문이다.

5.3.2 고체로 둘러싸인 다중 층, 점탄성 파이프

본 장의 마지막 예제로 점탄성, 다중 층 구조물의 파동전파 특성을 살펴볼 수 있는

표 5.1 원통형 시스템 예제에 사용된 재료의 재료상수

재 료	밀도 (g/㎤)	v_l (m/s)	v_s (m/s)	영계수 (GPa)	포와송비	α_l (np/λ)	α_s (np/λ)
Steel	7.932	5960	3260	217	0.29	0.0	0.0
Perspex	1.18	2730	1430	6.327	0.31	0.0	0.0
Water	1.0	1483	-	-	-	0.0	-
Mudstone	2.5	2592	1497	14	0.25	0.03	0.08
Grout	1.6	2810	1700	11.2	0.21	0.043	0.1
Stiff stone	2.2	5720	3300	60.0	0.25	0.0	0.0

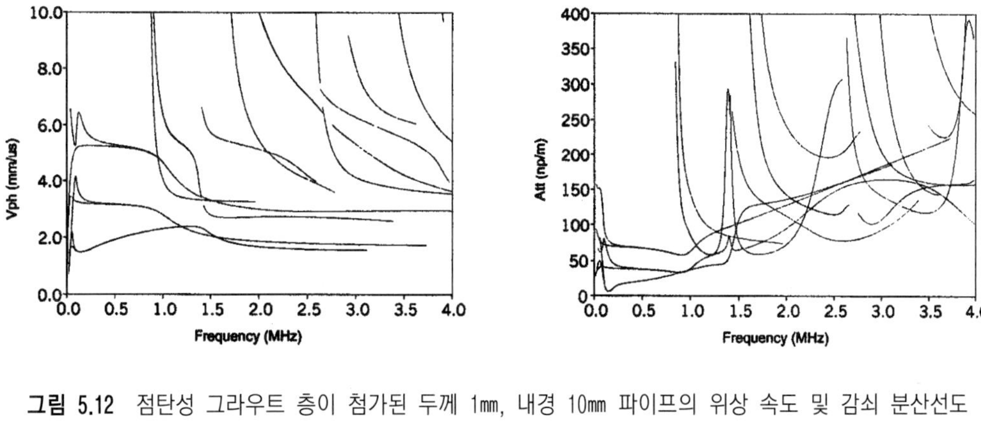

그림 5.12 점탄성 그라우트 층이 첨가된 두께 1㎜, 내경 10㎜ 파이프의 위상 속도 및 감쇠 분산선도

경우를 고려해 보자. 대상시스템은 그림 5.9에 나타낸 예제와 동일하지만 두께 0.5㎜의 그라우트(grout) 층이 파이프 내부에 첨가되어 있는 점이 다르다. 또 그라우트와 이암에 내재되어 있는 손실특성을 고려하기 위해 두 물질 모두 점탄성으로 가정하였다. 점탄성에 의한 감쇠는 누설에 의한 감쇠에 중첩되어 나타난다. 이에 대한 분산선도는 그림 5.12에 나타내었다.

그림 5.12에서 즉시 알 수 있는 사실은 모드들이 불완전하다는 것이다. 이는 시스템의 복잡성과 고도의 손실 때문에 많은 영역에서 해를 구할 수 없기 때문이다. 해의 불안정성은 방정식의 척도계수를 적절히 조절함으로써 많은 부분 개선시킬 수 있지만 불안정성을 모두 제거할 수는 없기 때문에 이 예제와 같은 문제들이 발생하게 된다. 그림 5.12에서 확실하게 알 수 있는 또 다른 현상으로 이전의 분산선도에 비해 모드들이 왼쪽으로 천이되었다는 점을 들 수 있다. 고려대상 시스템은 그라우트 층이 강철 층에 첨가되었기 때문에 이전의 시스템보다 벽이 두껍고 따라서 두께관통 공진의 발생주파수가 낮은 쪽에서 발생한다는 것을 알 수 있다.

모드 L(0,1)과 F(1,1)의 거동은 흥미로운 형태를 갖는다. 저주파수에서 이 모드들은 강철의 전단 입체파 속도와 유사한 위상속도를 갖고 전파된다. 그러나 주파수가 증가하면 위상속도가 그라우트의 입체파 속도보다 낮아지게 된다. 이는 저주파수의 긴 파장을 갖는 파동은 주로 강철 층에 의해 영향을 받고 반대로 고주파수의 짧은 파장을 갖는 파동은 주로 그라우트 층에 의해 영향을 받는다는 사실을 증명한다고 할 수 있다.

제6장 기본적인 파동전파 실험

본 장에서는 평판과 파이프의 초음파 파동전파에 대한 몇 가지 기본적인 실험방법들에 대해 간략하게 소개하고자 한다. 수 백 가지의 실험방법이 존재하지만 기본적인 장비와 초음파변환기 그리고 실험과정에 대한 학생들의 이해를 돕기 위해 가장 중요한 세 가지 실험방법에 대해서만 기술하고자 한다.

6.1 평판의 파동

6.1.1 개요

이 실험에서는

(1) 파동생성 방법(경사입사 또는 빗변환기)
(2) 모드선택 방법과 군속도 측정
(3) 장거리를 전파할 때 나타나는 파동분산
(4) 특정 모드 또는 누수파에 미치는 유체하중의 영향
(5) 가진원의 영향(위상속도 스펙트럼조절 및 모드분리)
(6) 파동구조 및 결함크기의 영향
(7) 유도파를 이용한 두께측정의 가능성

등을 연구하고자 한다. 이를 위해 필요한 장비는 다음과 같다.

(1) 초음파 펄서-수신기(충격파와 톤-버스트 장치)
(2) 디지털 오실로스코프
(3) 가변각, 광대역 경사빔변환기

(4) 커플란트, 케이블 및 기타 악세서리

(5) 적당한 알루미늄평판 시편

6.1.2 경사빔변환기를 이용한 유도파 생성

유도파를 이용한 응용분야를 다루기 전에 파동을 생성하고 수신하는 방법에 대해 이해할 필요가 있다. 유도파를 생성하기 위한 여러 가지 방법들이 개발되었는데 그 중 수직빔 음향초음파(acousto-ultrasound), 전자기 음향변환기(electro-magnetic acoustic transducers, EMATs), 빗변환기(comb transducer), 경사빔 종파 등이 유명하다. 그 중 경사빔 종파를 이용하여 유도파를 정확하고 효율적으로 생성할 수 있다. 그림 6.1은 플렉시유리 웨지 위에 장착한 종파변환기를 이용하여 유도파모드를 생성하는 장치를 나타내고 있다. 종파는 어떤 입사각과 속도를 갖고 입사된다. Snell의 법칙에 따라 계면에서 파동은 모드변환, 반사, 굴절을 겪는다. 변환기에서 조금 떨어진 곳에서 파동은 더 이상 개별적으로 존재하지 않고 하나의 파동패킷에 중첩되어 나타날 것이다. 그러면 구조적인 간섭이 발생하게 되고 유도파는 평판 내에서 전파될 것이다.

구조적인 간섭이 발생할 수 있는 조건은 두께, 입사각도, 재료특성 등에 따라 달라지는데 앞의 세 가지를 조합할 수 있는 방법은 매우 많으므로 따라서 수많은 모드가 존재할 수 있다. 재료상수를 상수로 설정하면 유도파 분산선도는 그림 6.2와 6.3과 같이 생성될 수 있다. 이 선도들은 유도파 검사방법을 개발하는데 유용하게 사용된다. 플렉시유리 웨지 위에 놓인 종파변환기를 이용하여 유도파를 생성하기 위해서는 위상속도 c_p는 Snell의 법칙에 의해 입사각과 다음의 관계를 가져야 한다.

$$\frac{\sin\theta_i}{c_{Plexi}} = \frac{\sin 90}{c_p} \tag{6.1}$$

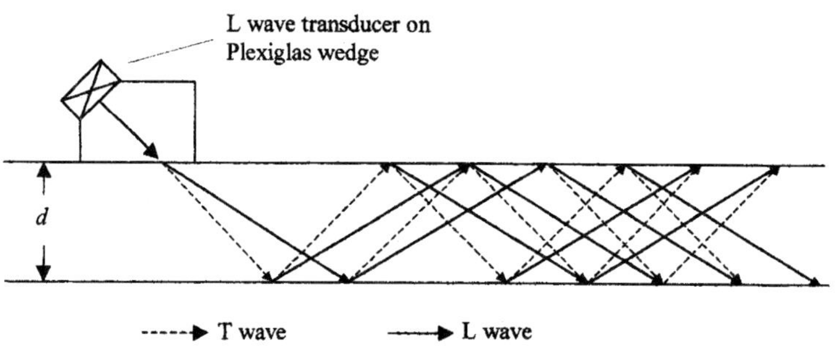

그림 6.1 유도파 생성을 위한 경사입사

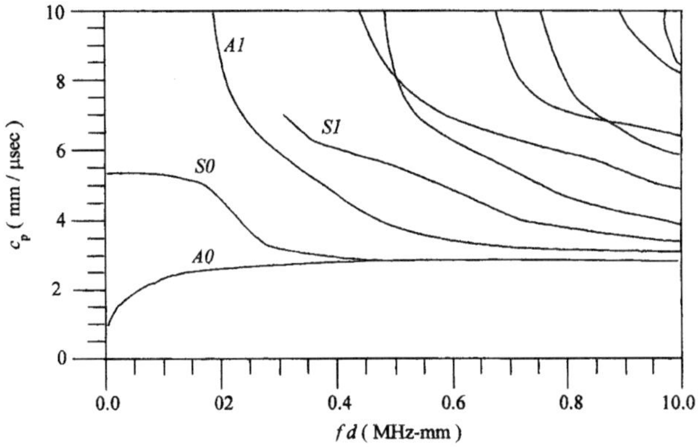

그림 6.2 알루미늄평판의 위상속도 분산선도

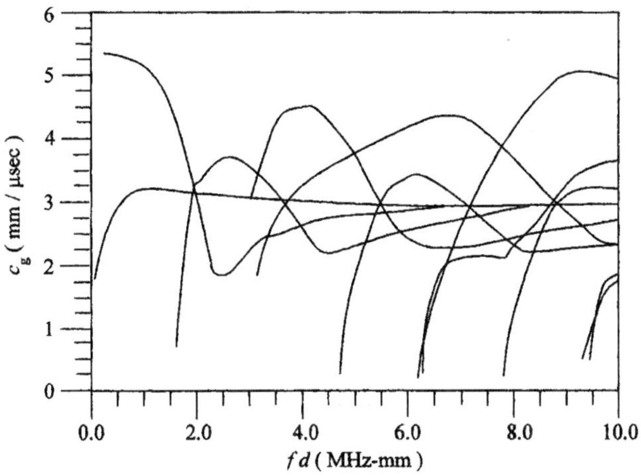

그림 6.3 알루미늄평판의 군속도 분산선도

따라서 각 웨지각에 대한 평판두께와 주파수를 알고 있으면 분산선도 상에서 그 점들을 구할 수 있다. 이제 몇 가지 특별한 실험방법들에 대해 살펴보자.

6.1.3 경사빔가진을 이용한 모드생성과 군속도 측정

유도파를 생성하고 수신하기 위한 실험장치는 그림 6.4와 같다. 실험장치는 플렉시 유리 웨지 위에 장착한 두 개의 변환기와, 두께를 알고 있는 알루미늄평판 그리고 파동생성을 위한 톤-버스트 가진원으로 구성되어 있다. 먼저 위상속도 분산선도로부터 생성할 파동의 모드 및 주파수를 선택해야 한다. 예를 들면 *fd*가 1.5 ㎒-mm일 때의 S0

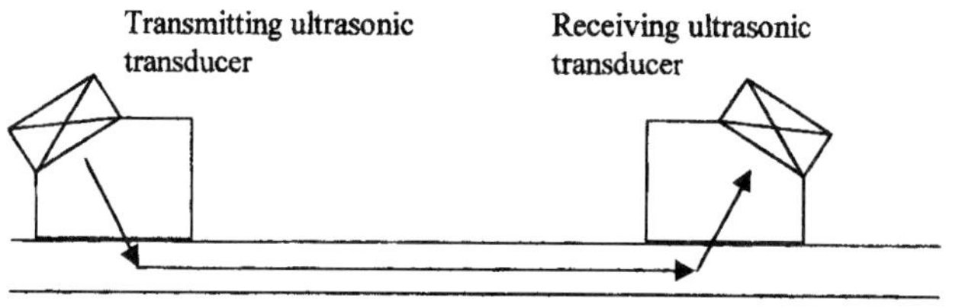

그림 6.4 유도파 생성 및 수신을 위한 실험장치

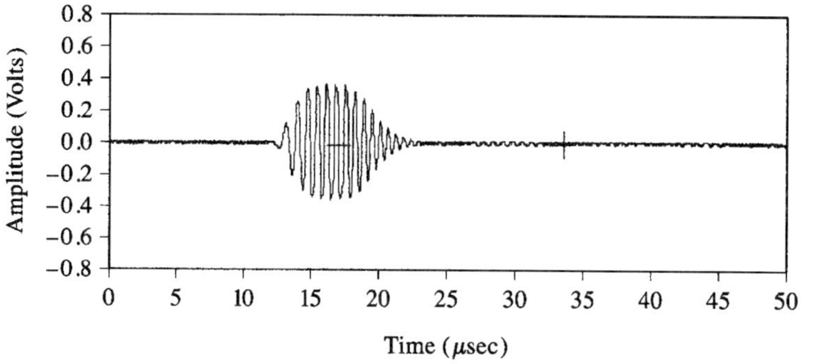

그림 6.5 주파수-두께 fd=1.434 ㎒-㎜에서 S0모드의 RF파형

모드를 선택하면 그 때의 위상속도는 대략 5.2 ㎜/㎲가 된다. 식 (6.1)로부터 선택한 위상속도에 대한 입사각은 32°가 됨을 알 수 있다. 따라서 이 입사각을 갖는 플렉시유리 웨지를 사용해야 한다. 1.5 ㎒ 근처의 주파수를 갖는 변환기를 웨지에 장착한다. 그리고 1.5 ㎒의 톤-버스트를 변환기에 입사시킨다. 그리고 최대 진폭을 갖는 신호를 수신하기 위해 주파수를 조절한다. 대상 시스템의 경우 그 주파수는 1.434 ㎒이다. 두께가 1 ㎜이기 때문에 수치적으로 주파수는 *fd*와 같다. 최후로 얻게 되는 파형은 그림 6.5에 나타내었다.

선택된 모드가 생성된 모드와 일치하는지 확인하기 위해 생성된 모드의 군속도를 측정하고 그 값을 이론적인 값과 비교한다. 그 과정을 소개하면 다음과 같다. 그림 6.6에 나타낸 장치를 이용하여 두 번째 위치에서 모드를 생성시키고 수신한다. 오실로스코프상에 그 파형의 위치를 표시한다. 수신변환기를 위치 3으로 이동하고 수신한 파형의 위치를 표시한다. 원래의 표시와 현재의 표시 사이의 시간차를 측정하고 이로부터 군속도($\triangle t/x$)를 계산한다.

위의 과정을 따라 측정한 *fd*=1.434 ㎒-㎜인 S0모드의 두 파형을 그림 6.7에 나타내었다. 거리 x는 76.2 ㎜이고 시간차는 15.875 ㎲이므로 군속도는 4.8 ㎜/㎲이다. 군속도 분

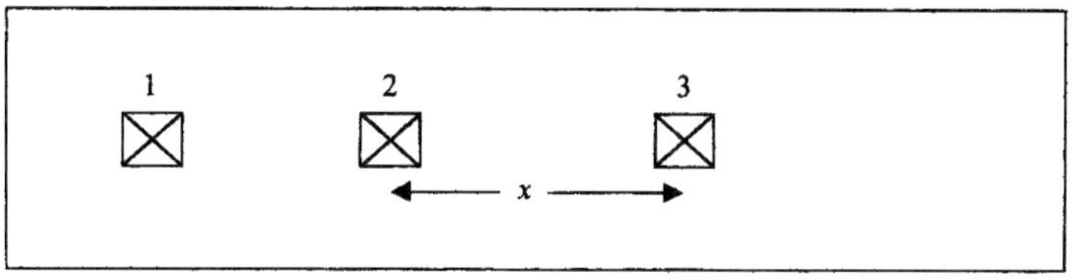

그림 6.6 군속도 측정방법

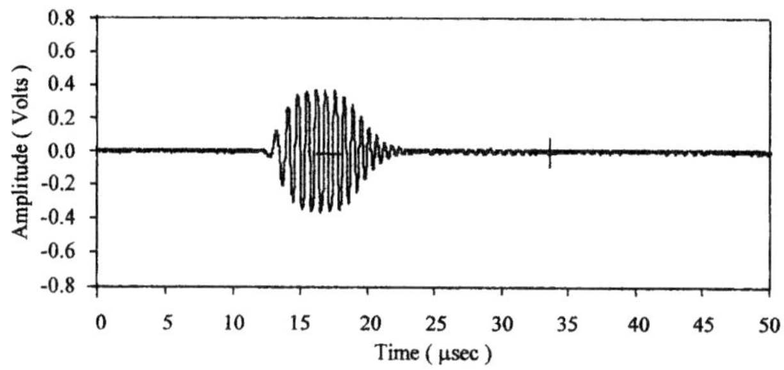

(a)

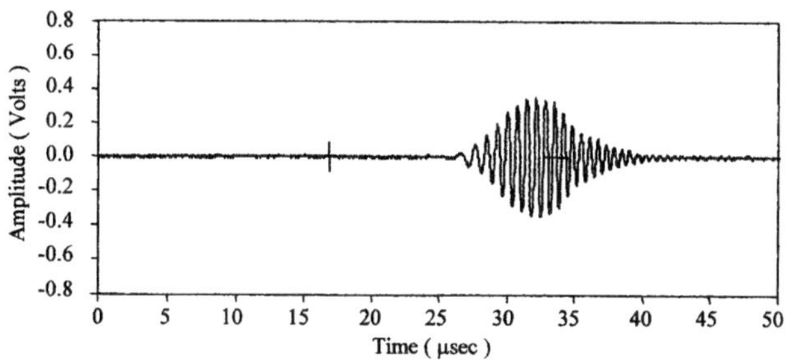

(b)

그림 6.7 주파수-두께 fd=1.434 ㎒-㎜에서 S0모드의 파형
((b)변환기는 (a)의 위치에서 76.2 ㎜ 떨어져 있음)

산선도로부터 이 값은 이론값에 매우 근접하다는 것을 알 수 있다. 파동패킷이 76.2 ㎜를 이동하는 동안 펄스의 지속시간이 증가한 것을 볼 수 있다. 이는 분산선도 상의 그 점이 본질적으로 분산특성을 갖기 때문이다. 위상속도가 주파수에 따라 크게 변하지 않는 점들은 76.2 ㎜를 이동하여도 펄스의 형태가 거의 변하지 않을 것이다. 군속도를 계산하는 가장 좋은 방법은 파형의 첨두치(peak-to-peak) 사이의 시간차를 측정하는 방법이 될 것이다.

6.1.4 빗변환기를 이용한 유도파생성

배열을 갖는 변환기들을 이용하여 유도파를 생성시키는 장치를 그림 6.8에 나타내었다. 변환기 요소의 크기와 사이 간격을 조절하여 가진할 모드의 종류와 주파수를 선택할 수 있다.

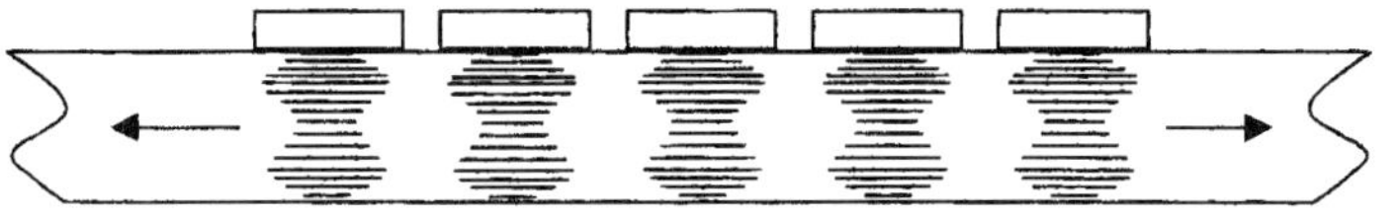

그림 6.8 유도파 생성을 위한 빗변환기의 구조

6.1.5 거리와 분산

유도관(waveguide)이 존재하는 경우 전파모드는 매우 긴 거리(20 m 이상)를 이동할 수 있다. 이러한 현상을 관찰하기 위해 알루미늄 평판에서 유도파를 가진하고 수신하

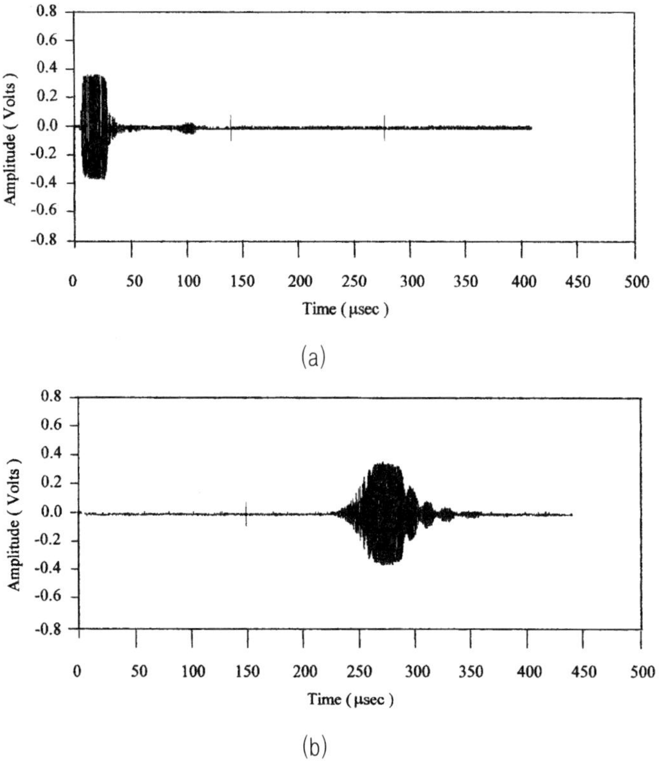

그림 6.9 S0모드 (a) 가진원에서 10 cm 떨어진 곳 (b) 가진원에서 120 cm 떨어진 곳

는 실험을 수행한다. 그림 6.9에 두 개의 파형을 나타내었는데 하나는 가진원에서 10 cm 떨어진 곳에서 측정한 경우이고 다른 하나는 120 cm 떨어진 곳에서 측정한 경우이다. 분산성에 의해 파형이 변한 것을 알 수 있다.

6.1.6 유도파에 미치는 유체하중의 영향

유도파전파에 관한 흥미로운 현상 중의 하나가 알루미늄평판에 미치는 유체하중의 영향이다. 각 모드의 파동구조와 파워분포가 다르기 때문에 유체하중에 대한 반응도 다를 것이다. 이와 관련하여 자주 듣는 용어가 "누설 Lamb파"인데 이 말은 에너지가 구조물로부터 누수되는 경향을 나타내는 용어이다. 어떤 유도파는 누설되지만 다른 파는 그렇지 않다. 그림 6.10, 6.11에 S0, A0모드를 나타내었다. 각 그림의 (a)는 유체가 없을 때 (b)는 유체하중을 받을 때의 모드이다.

이 현상은 평판의 두께를 따라 나타나는 파동구조와 관련이 있다. 평판의 바깥쪽 표면에 발생하는 평면내 변위에 의한 하중은 유체로 에너지를 누설시키지 않는다. 이는 전단하중의 영향 때문이다. 반면에 평면외 변위가 지배적으로 발생하면 에너지는 유체로 누설된다.

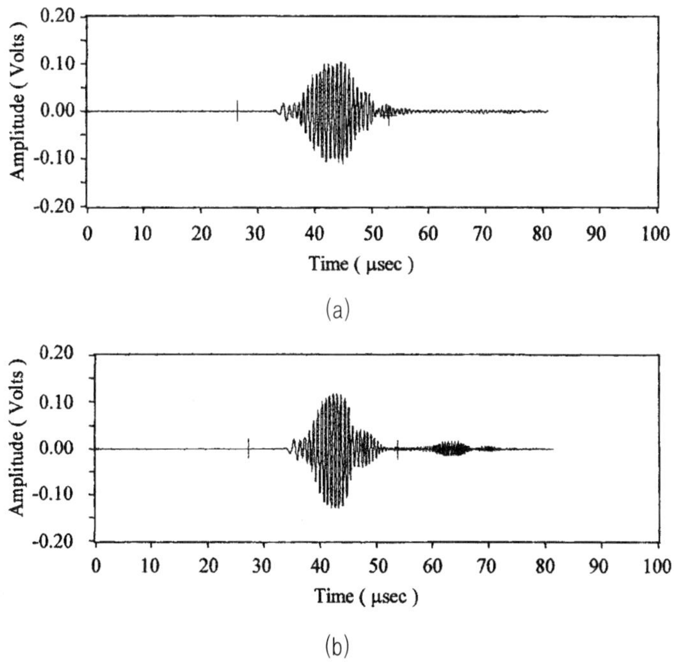

그림 6.10 1.434 MHz-mm에서 S0모드 (a)유체하중이 없는 경우 (b)유체하중이 있는 경우

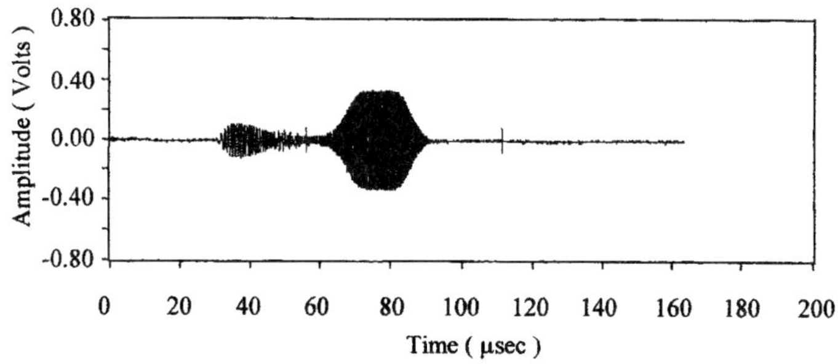

(a)

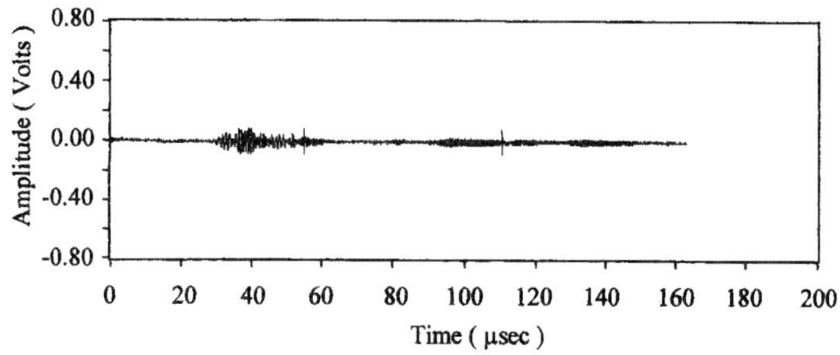

(b)

그림 6.11 3.66 ㎒-㎜에서 A0모드 (a) 유체하중이 없는 경우 (b) 유체하중이 있는 경우

6.1.7 가진원의 영향

분산선도에서 특정 점을 선택할 수 있는 가능성은 변환기 가진원의 주파수스펙트럼 그리고 위상속도 스펙트럼과 관련이 있다. 특정한 입사각에 대해 위상속도 스펙트럼을 발생시킬 수 있을지 몰라도 특정한 위상속도를 발생시킬 수는 없다. 일반적으로 변환기가 커지면 스펙트럼은 좁아진다. 이론적으로는 무한 평면파 경사빔을 이용하여 가진하면 단 하나의 위상속도 값을 발생시킬 수 있다(Rose, Ditri and Pilarski 1994b 참조).

이제 그림 6.12에 나타낸 장치를 고려해보자. Snell의 법칙에 따라 수직빔변환기를 이

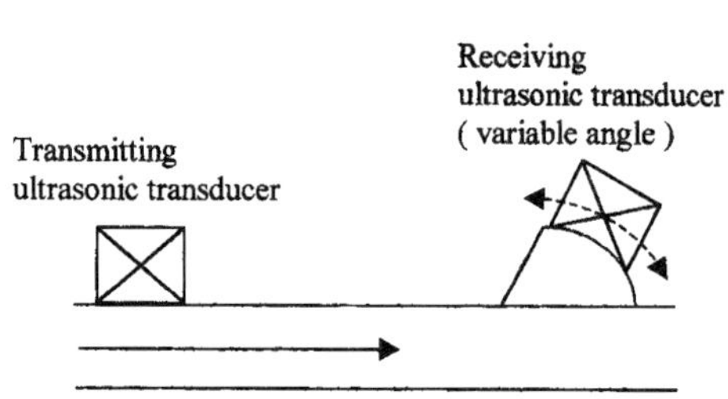

그림 6.12 가진원의 영향에 대한 실험

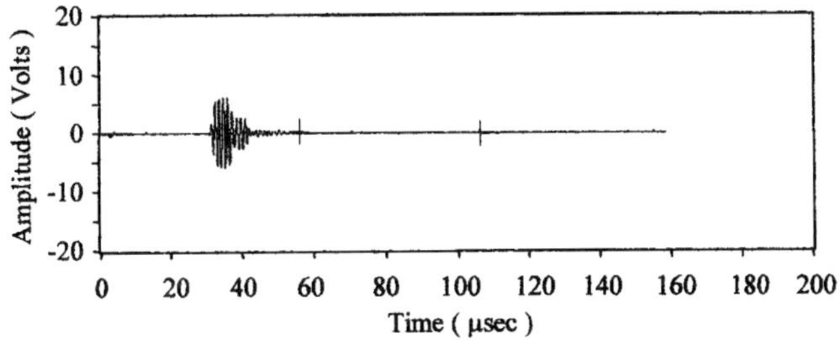

(a)

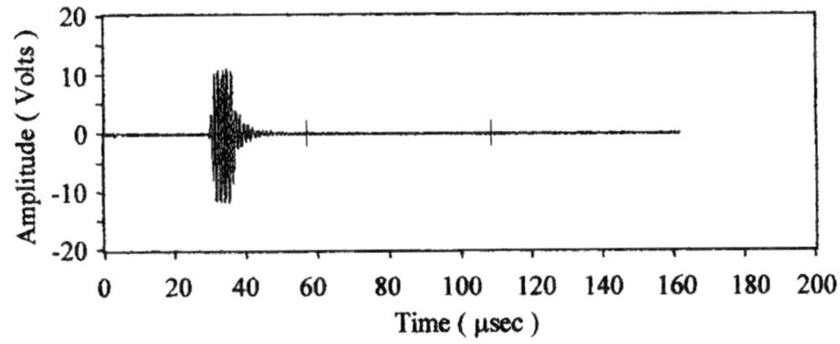

(b)

그림 6.13 31° 로 측정한 파형 (a) 1 "크기의 변환기 (b) 1/2" 크기의 변환기

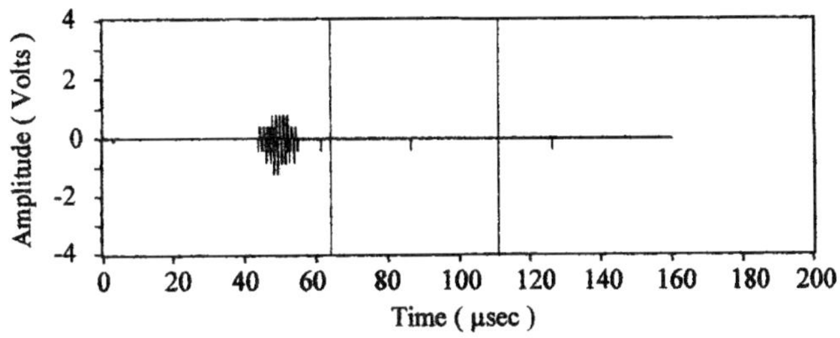

(a)

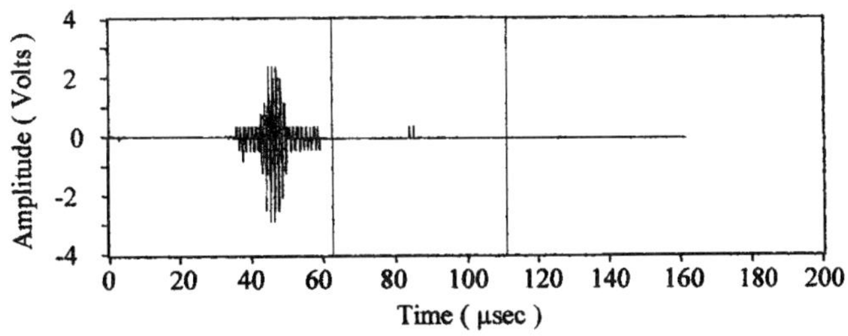

(b)

그림 6.14 75° 로 측정한 파형 (a) 1 "크기의 변환기 (b) 1/2" 크기의 변환기

용하여 무한대의 위상속도를 만들어낼 수 있다. 이는 특정 유도파모드를 생성하는데 그다지 유용하지 않다. 그러나 가진원의 영향에 의해 낮은 위상속도를 만들어낼 수 있다. 사실 매우 작은 변환기를 이용하여 매우 낮은 위상속도를 만들어낼 수 있다. 경사빔을 이용하여 신호를 수신하면 좀 더 좁은 위상속도 스펙트럼을 수용할 수 있다. 따라서 경사빔 수신기를 이용하여 생성된 모드들을 분리할 수 있고 이로부터 각 위상속도에서 모드들의 크기를 관찰할 수 있다.

두 개의 크기가 다른 변환기를 이용하여 신호를 보내고 생성된 특정 모드의 크기를 관찰할 수 있다. 그림 6.13에는 1인치, 1/2인치 크기의 변환기에서 31°로 측정한 파형을 나타내고 있다. 이때 fd=0.845 ㎒-mm이다. 그림 6.14에는 75°로 신호를 수신했을 때의 파형을 나타내고 있다. 크기가 작은 변환기가 낮은 위상속도의 모드를 효과적으로 발생시키는 것을 알 수 있는데 이는 가진원의 스펙트럼 때문이다.

6.1.8 결함크기와 파동구조의 영향

선택된 유도파모드의 산란특성을 이용하여 결함의 깊이를 측정할 수 있다. 파워의 분포와 파동구조를 분석하여 여러 가지 깊이에서 파워의 집중이 달라지고 민감도 및 산란특성이 달라지는 것을 알 수 있다. 실험장치는 그림 6.15에 보인 바와 같다.

두 개의 서로 다른 모드에 대한 파동구조를 그림 6.16에 나타내었다. 여러 가지 깊이의 균열에 파동이 부딪히면 나타나는 응답도 달라진다. 예를 들어 A1모드는 표면 균열에 민감하게 반응하고 S0모드는 재료의 중심부에 있는 결함에 좀 더 민감하다. 여러

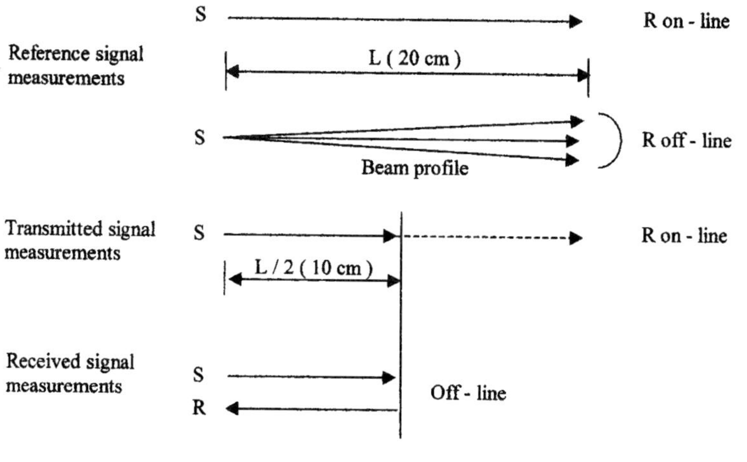

그림 6.15 기준, 투과, 반사된 신호를 측정하기 위한 송신(S), 수신(R)변환기 배열

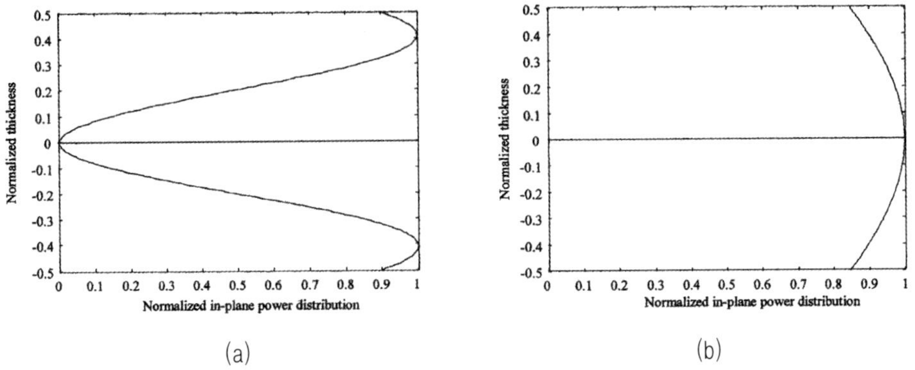

그림 6.16 정규화된 평면내 파워분포 (a) A1모드(2.5 ㎒-mm), (b) S0모드(1.0 ㎒-mm)

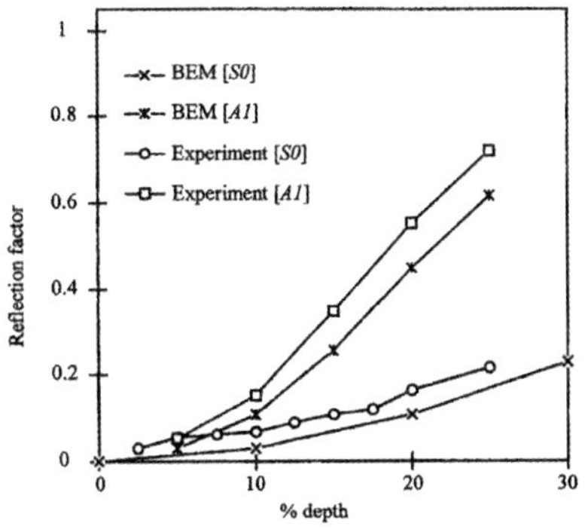

그림 6.17 A1(2.5 ㎒-mm), S0(1.0 ㎒-mm)모드의 반사계수 변화

가지 유도파모드의 민감도를 해석하기 위해 경계요소법(boundary element method, BEM)을 사용하기도 한다. 이에 대한 예를 실험결과와 비교하여 그림 6.17에 나타내었다. 자세한 내용은 참고문헌 [96, 97]을 참조하기 바란다.

6.1.9 톤-버스트 주파수스윕을 이용한 두께측정

이 실험에서는 주파수스윕(frequency sweep)를 할 수 있는 톤-버스트 함수발생기를 사용한다. 생성된 위상속도는 플렉시유리 슈에 의해 일정한 값을 갖고 따라서 위상속도 분산선도에서 수평선으로 나타나게 된다. 주파수와 평판두께의 곱이 분산선도와 교차하게 되면 첨두치가 발생한다. 이는 두 개의 두께가 다른 평판에 대한 톤-버스트 시스템의 출력으로부터 확인할 수 있다(그림 6.18 참조). 웨지의 위상속도를 알고 있기 때문에 두 모드 사이의 *fd*거리를 분산선도로부터 찾을 수 있고 톤-버스트 출력으로부터 주

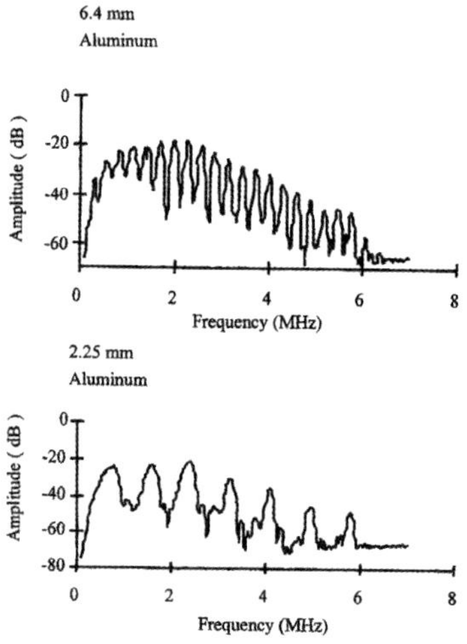

그림 6.18 서로 다른 두께를 갖는 알루미늄평판에 대한 주파수스윕 결과

파수거리를 찾을 수 있다. *fd*거리를 주파수거리로 나누면 평판의 두께를 구할 수 있고 이로부터 유도파를 이용하여 두께를 측정할 수 있음을 알 수 있다.

6.2 봉의 파동

6.2.1 개요

이 실험의 목적은

(1) *L*파가 선도파(precursor)가 될 수 있음을 입증하고 또한 주파수에 무관함을 증명한다.
(2) 저주파수에서 파동속도의 극한값이 봉의 속도에 접근하는 것을 입증한다.
(3) 군속도는 주파수에 따라 달라진다는 것을 입증한다.

이를 위해 탄성조화파가 무한 크기의 봉에서 전파되는 특성을 조사하고자 한다. 수식을 원통좌표계에 대해 기술하면 *z*축이 봉의 축방향이 된다. 세 개의 서로 다른 진동모드, 즉 종파, 비틀림파, 굽힘파모드가 존재할 수 있지만 여기서는 종파모드만을 다루기로 한다.

필요한 실험장비는

(1) 초음파 톤-버스트 펄서-수신기
(2) 디지털 오실로스코프
(3) 주파수범위가 100 ㎑~2.5 ㎒인 광대역 변환기
(4) 0.3 m의 강철 중실봉 시편(외경 0.25인치)
(5) 커플란트, 케이블 등

이다. 원통형의 시편은 삼각대에 고정되어 있고 종파의 특성을 살펴보기 위해 펄스-에코방법과 두께관통(through-transmission)방법 모두를 사용한다. 봉의 끝단에서 수직빔을 입사하여 가진한다. 수직빔을 입사한다는 것은 가진 주파수-두께(*fd*)에서 많은 모드들이 생성될 수 있다는 것을 의미한다.

6.2.2 결과

실험대상 문제에 대한 해는 종방향 모드에 대한 Pochhammer 주파수방정식으로부터 구할 수 있다. 이 방정식의 근을 이용하여 위상속도, 군속도의 분산선도를 그릴 수 있다(그림 6.19).

*L*선도파

봉을 따라 전파되는 파동 중 일부는 경계조건에 영향을 받지 않기 때문에 재료의 딜러테이션속도로 전파된다(강의 경우 약 6 ㎜/μs). 이 파동은 감쇠가 크고 실제 봉의 유

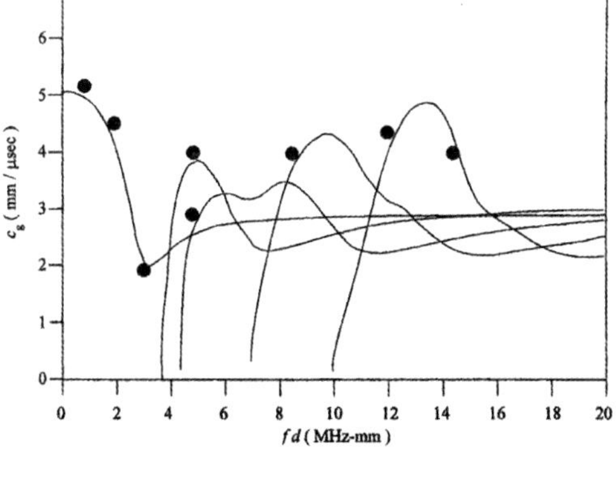

그림 6.19 강철 봉의 군속도 분산선도(•: 실험결과로부터 유도한 값)

도파모드에 비해 진폭이 작기 때문에 탐지하기가 어렵다. 봉이 갖고 있는 어떤 유도파의 군속도도 6 ㎜/㎲보다 훨씬 낮다. 그러나 이득값을 크게 증가시키면 L선도파를 관찰할 수 있다. 시간영역에서 선도파의 위치는 톤-버스트 주파수가 바뀌어도 변하지 않는다는 것을 알 수 있다. 그러나 다른 모든 유도파모드의 위치는 주파수에 따라 달라진다. 이는 펄스-에코방법이나 두께관통방법 모두에서 나타나는 현상이다. 선도파는 100 ㎑ 근처의 주파수영역과 fd=12일 때 이득값을 크게 증가시키면 나타난다.

저주파수에서 파동속도의 극한

위상속도, 군속도선도로부터 fd가 0에 접근하면 파동속도는 봉의 파동속도라는 극한값으로 접근한다는 것을 알 수 있다. 봉의 파동속도에 대한 수식은 $c_{bar} = \sqrt{E/\rho}$이다. 강의 경우 E=2.1×1011 N/㎡, ρ=7,850 kg/㎥이므로 봉의 속도는 c_{bar}=5.17 ㎜/㎲이다. 이는 시편을 변환기에서 허용하는 가장 낮은 주파수로 가진하고 속도를 측정하면 확인할 수 있다. 이에 대한 결과를 그림 6.20에 제시하였다. 측정된 군속도는 fd=0.79일 때 5.16 ㎜/㎲이었고 이를 그림 6.19의 군속도곡선에 점으로 나타내었다.

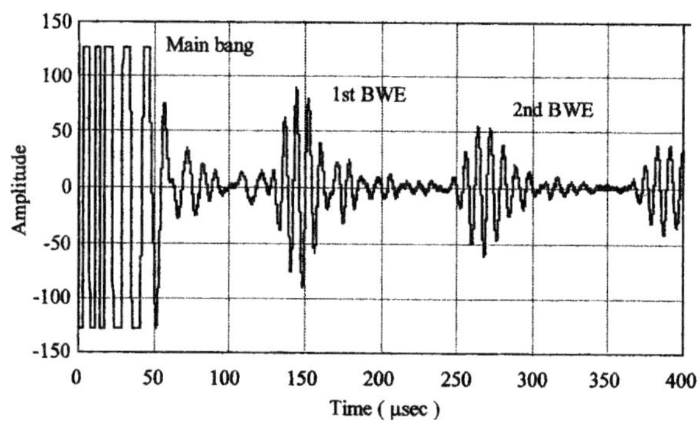

그림 6.20 12인치 강철 봉의 125 ㎑에서의 펄스-에코 RF파형

군속도의 주파수의존성

이론적 해석결과와 그림 6.19로부터 여러 모드들의 군속도는 주파수에 의존한다는 것을 알 수 있다. 이는 주파수를 스위프해보면 알 수 있다. 특정 fd값에서 나타나는 모든 모드를 중첩한 신호는 오실로스코프에서 그 위치가 변하는데 이는 군속도가 주파수에 따라 달라진다는 사실을 입증하는 것이다. 단일 모드만 존재할 경우 fd가 작으면 군속도가 변하는 모습을 명확하게 관찰할 수 있고 다중 모드가 존재하더라도 fd가 크면

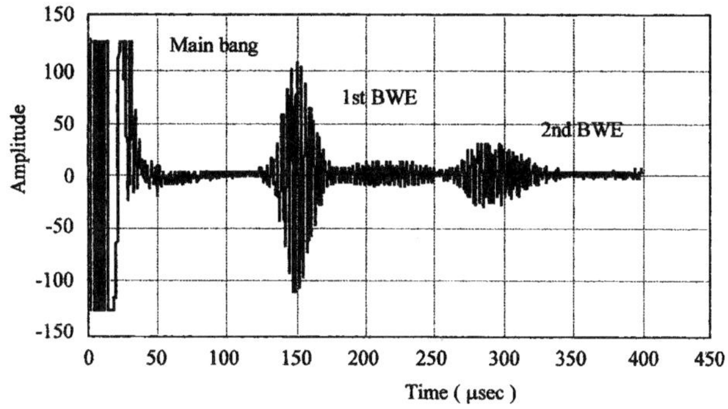

그림 6.21 12인치 강철 봉의 300 ㎑에서의 펄스-에코 RF파형

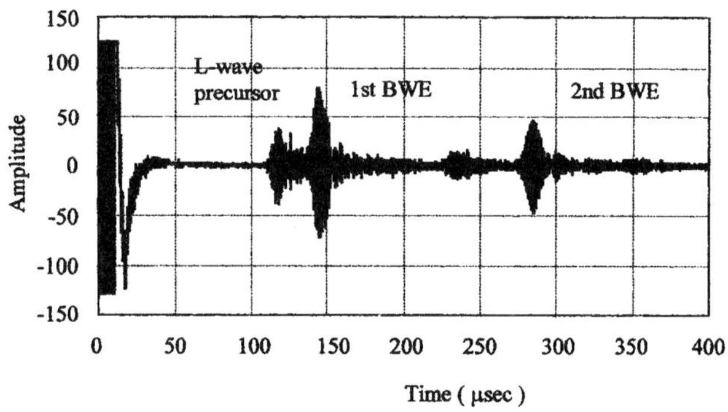

그림 6.22 12인치 강철 봉의 1.9 ㎒에서의 펄스-에코 RF파형

그 변화를 살펴볼 수 있다. 세 개의 다른 *fd*에 대한 실험결과를 그림 6.20, 6.21, 6.22에 제시하였다. 그림 6.22에는 *L*선도파가 나타나는 것을 볼 수 있다.

6.3 파이프의 파동

6.3.1 개요

이 실험의 목적은 파이프에서 가능한 유도파의 전파특성을 살펴보는 것이다. 축대칭 모드에 대해

(1) 특수 제작된 원추형 탐촉자

(2) 길이 10ft 파이프의 유도파 전파특성 파악

(3) U자형 굽은 파이프의 유도파 전파특성 규명

(4) 3ft 파이프의 다중결함 탐지

(5) 유체하중을 받는 파이프의 유도파전파

(6) 원주방향 결함위치 탐지

등을 조사한다. 비대칭모드의 경우 (a) 송신기와 수신기 사이의 거리에 따른 (b) 파이프의 원주방향에 따른 파동장분포를 조사한다.

파이프의 초음파전파는 최근 큰 관심을 불러일으키고 있는 분야인데 그 이유는 발전소나 화학공장에 설치되어 있는 수백만 km에 걸친 파이프라인의 안전을 진단하고 평가할 방법이 필요해졌기 때문이다. 이에 대한 실험결과는 여러 문헌에 나와 있는데 본 절에서는 이에 대한 몇 가지 예제를 제시하고자 한다. 필요한 장비는 다음과 같다.

(1) 톤-버스트 시스템과 디지털 오실로스코프

(2) 원추형 탐촉자(그림 6.23 참조)

(3) 원주방향 부분하중 변환기

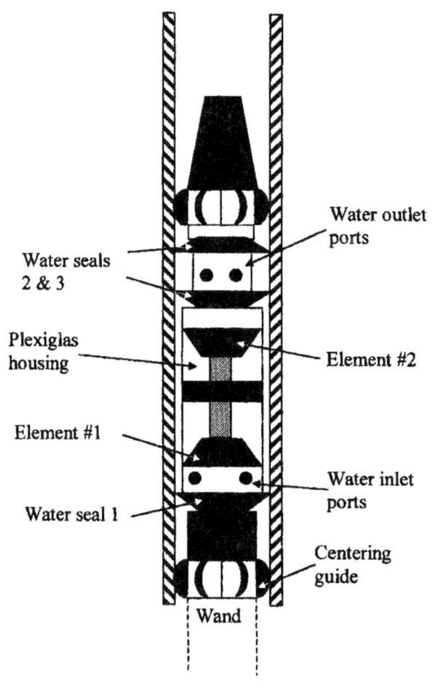

그림 6.23 유도파 생성을 위한 원추형 탐촉자

6.3.2 결과

축대칭 파동

그림 6.23에 보인 원추형 탐촉자를 인코넬 파이프에 삽입하여 구한 실험결과를 그림 6.24에 나타내었다. 톱날 금에 의해 반사된 에코와 파이프 끝단에서 반사된 에코를 그림 (b)에 함께 나타내었다. 끝단에서 연속적으로 반사되는 신호를 측정한 결과 파동은 160ft를 진행할 수 있음을 알 수 있었다.

유도파는 그림 6.25에 보인 바와 같은 굽은 파이프에서도 진행할 수 있다. 또한 여러 개의 결함도 검출할 수 있다(그림 6.26). 이 경우 단일 위상속도와 주파수를 이용하여 네 개의 결함을 모두 검출할 수 있었다. 그러나 이것이 항상 가능한 것은 아니고 모드 선정과 파동구조 조절을 위해 다른 위상속도와 주파수가 요구되는 경우도 있다. 각각

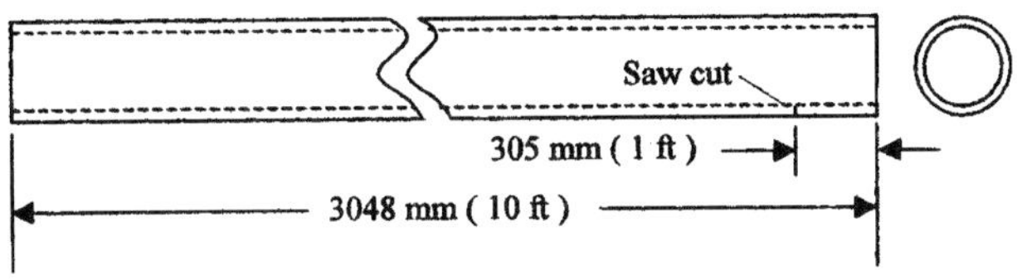

(a) 실험대상 튜브

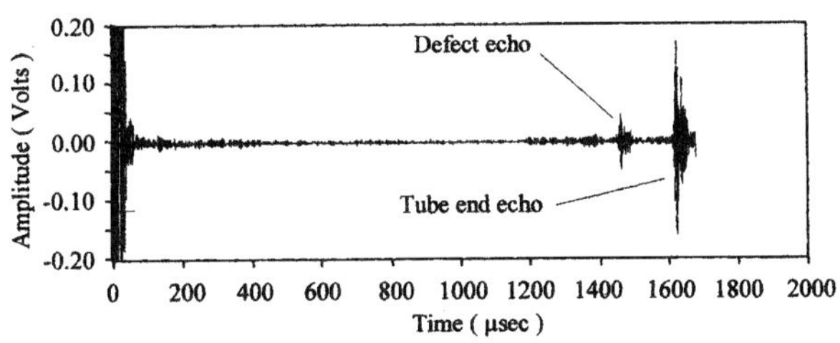

(b) L(0,3)모드를 이용한 결함검출(2.1 MHz)

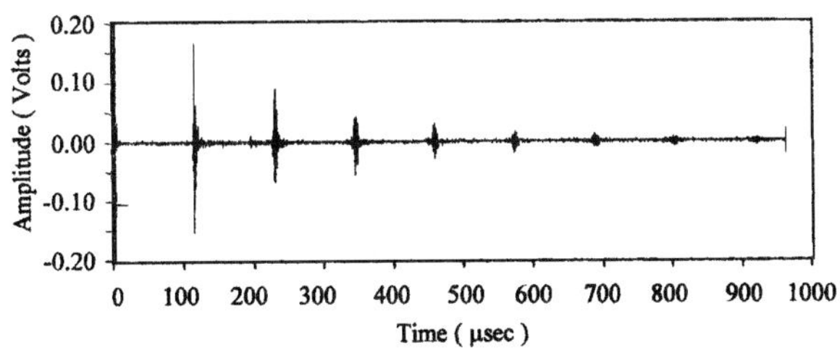

(c) 0.7 MHz에서 나타나는 끝단의 연속적인 에코(L(0,2)모드)

그림 6.24 10-ft 튜브의 유도파 전파

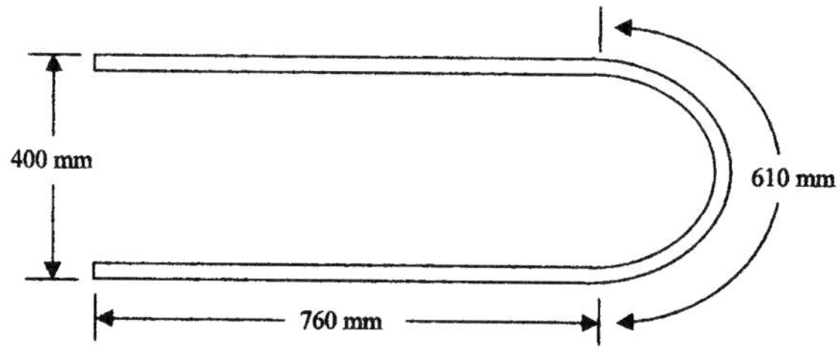

(a) U자형 튜브

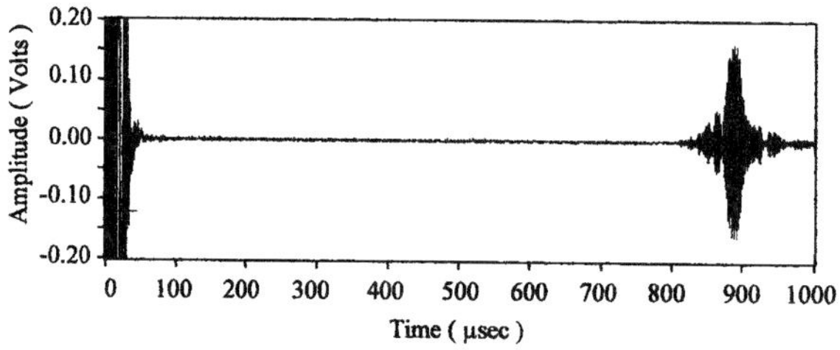

(b) 1.1 MHz의 L(0,2)모드를 입사했을 때 나타나는 단의 에코

그림 6.25 U자형 튜브의 유도파 전파

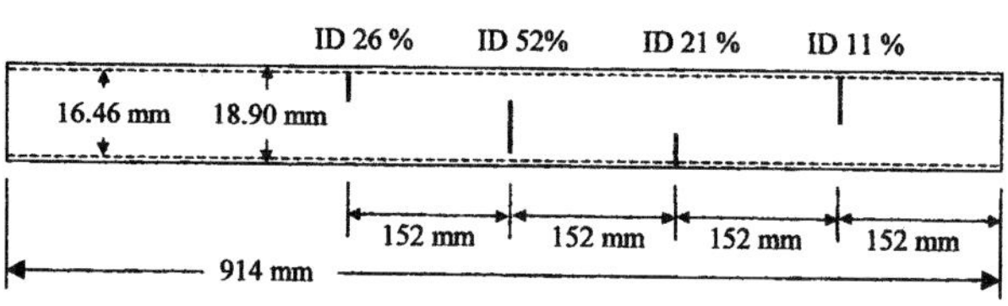

(a) 결함의 깊이가 다른 원주방향 노치를 갖는 튜브

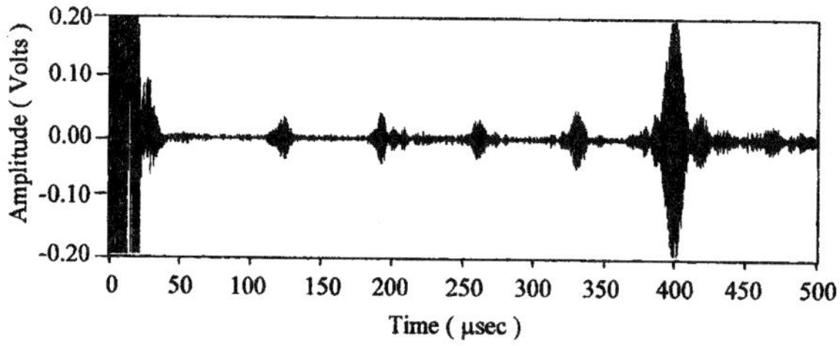

(b) 3.7 MHz에서 나타나는 다중 결함에 의한 에코

그림 6.26 3-ft 튜브의 다중결함 검출

의 결함에 대해 공진을 발생시키기 위해 튜닝이 필요한 경우도 있다.

또 다른 흥미로운 실험이 그림 6.27에 제시되어 있다. 유체하중을 받으면 L(0,3)모드가 사라지는데 이는 L(0,3)모드의 경우 파이프의 외부 표면에서 평면외 변위가 주요하

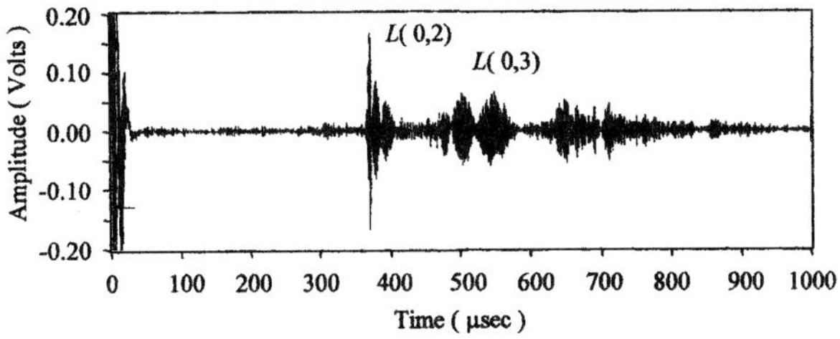

(a) 자유트랙션 튜브의 끝단에 의한 에코(3.1 ㎒)

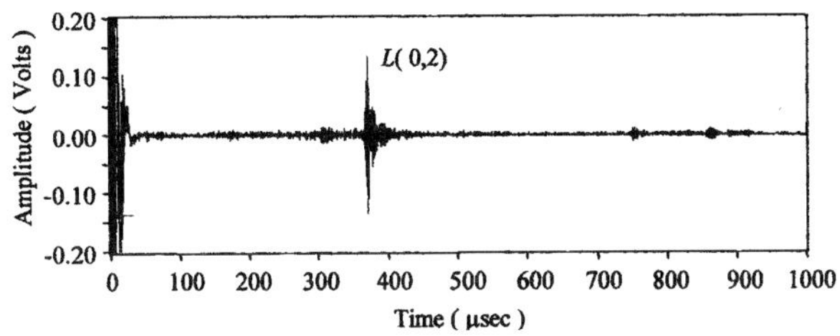

(b) 유체하중을 받는 튜브의 끝단에 의한 에코(3.1 ㎒)

그림 6.27 자유트랙션, 유체하중을 받는 인코넬 튜브의 유도파 전파

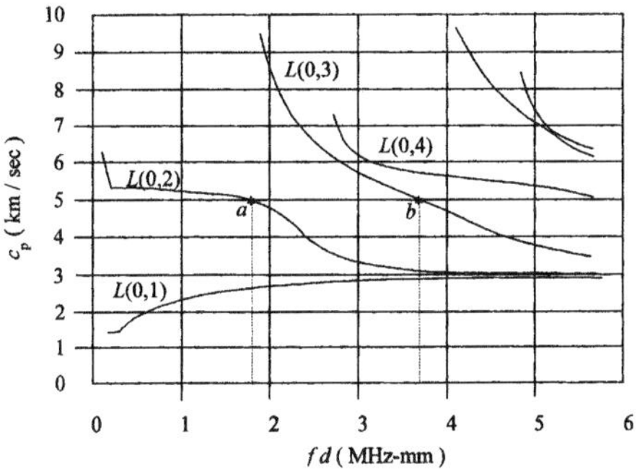

(a) 위상속도

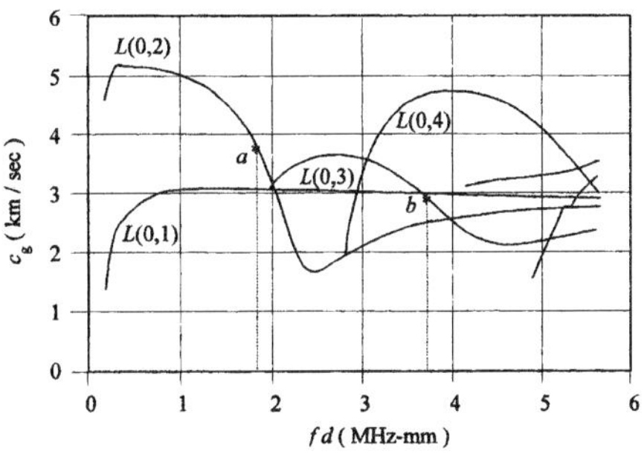

(b) 군속도

그림 6.28 이론적으로 예측한 스테인레스강의 (a) 위상속도 (b) 군속도

게 나타나 유체로 에너지가 누수되기 때문이다. 앞에서 열거한 실험들에 사용된 분산선도를 그림 6.28에 제시하였다. 그림 6.23의 원추형 탐촉자의 경우 입사각 29°에 해당되는 위상속도는 약 5.6 ㎜/㎲이다. 따라서 그림 6.29에 보인 바와 같은 주파수스위프를 수행하였고 주파수 a와 b에서 공진이 발생한다는 것을 알 수 있다. 가진대역폭은 가진원 영향과 관련이 있다.

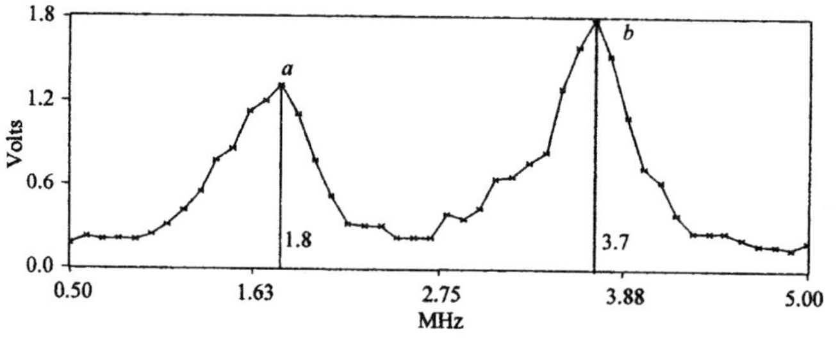

그림 6.29 그림 6.28에 나타난 점 a, b에서의 진폭

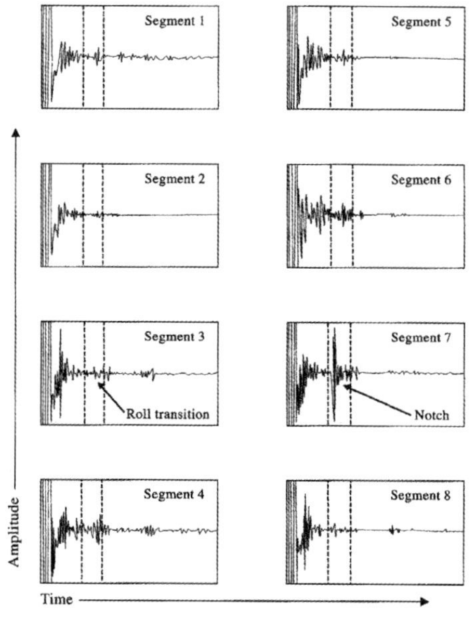

그림 6.30 분절된 수신기를 이용한 결함검출

축대칭 하중에 대한 또 다른 실험을 수행하였다. 에너지전달은 축대칭이지만 결함에서의 반사는 일반적으로 비축대칭이다. 결과적으로 결함의 원주방향 길이를 추정하기 위해서는 분절된 수신기(segmented receiver)가 필요한데 이에 대한 결과를 그림 6.30에 나타내었다.

비축대칭 파동

그림 6.31에 보인 바와 같은 부분하중 경사빔변환기를 이용하여 비축대칭 파동을 생성시킬 수 있다. 축방향 변위장은 그림 6.32에, 원주방향 변위장은 그림 6.33에 나타내었다.

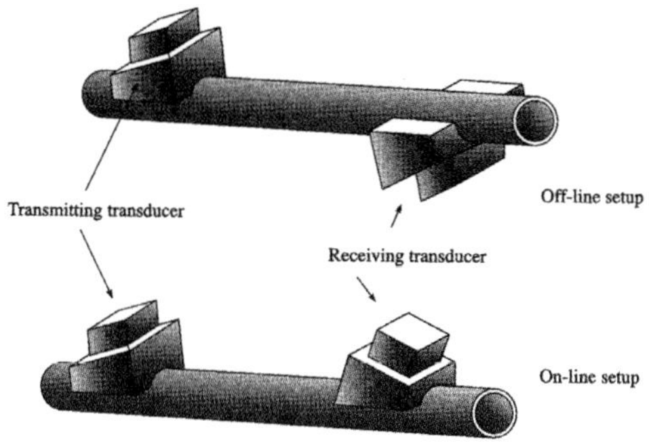

그림 6.31 부분하중 경사빔변환기

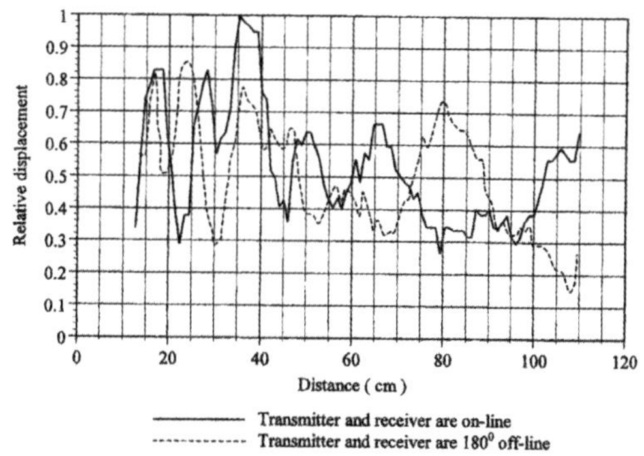

그림 6.32 1.2 ㎒, 28° 에서 거리에 따른 변위장의 변화

분산선도에서 선택한 모드와 주파수를 항상 생성시킬 수 있는 것은 아니다. 파이프에는 무한개의 모드가 존재하고 각 모드는 서로 다른 적용분야에 유용한 특성을 갖고 있기 때문에, 모드제어를 활용하고 모드의 특성, 특히 군속도와 파동구조 등을 이해하는 것이 중요하다. 모드생성을 제어하는 매개변수는 주파수, 위상속도와 적용된 하중조건이다. 주파수는 톤-버스트 함수발생기를 이용하여 제어할 수 있고, 위상속도는 웨지각을 이용하여 제어할 수 있다. 빗변환기 형태의 변환기를 이용할 경우 요소크기와 간격도 제어변수가 된다. 가진원의 설계변수(예를 들면 적용하중의 길이와 각)도 주파수, 위상속도와 더불어 모드생성을 조절하는 매개변수가 될 수 있다.

그림 6.34에는 원주방향 하중각 α와 생성된 유도파모드의 진폭 사이의 상관관계를 나타내었다. 그림의 왼쪽에는 이론적 결과를, 오른쪽에는 실험결과를 비교하여 제시하였다. 이 실험에서 파이프의 바깥쪽 경계면에 균일한 압력하중을 가하였다. 이론적 결과에서 진폭인자를 원주방향 하중각 α의 함수로 표현하기 위해 정규모드 확장방법을

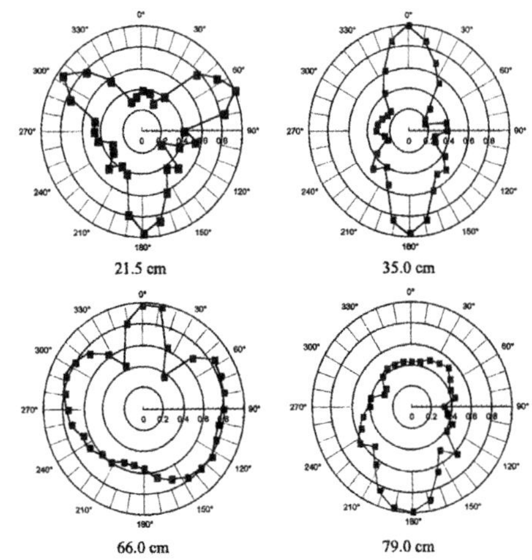

그림 6.33 튜브의 원주방향에 따른 변위장분포의 측정결과

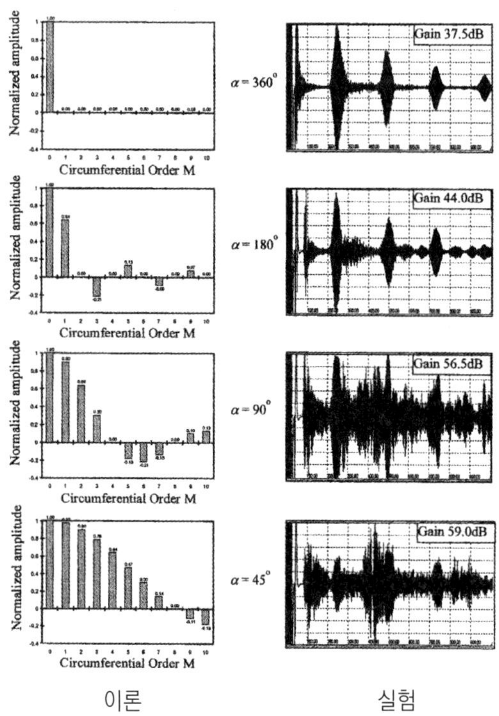

그림 6.34 진폭계수와 실험결과

사용하였다[97]. 그림 6.34에 나타낸 α는 360°, 180°, 90°, 45°이다.

하중각이 360°(축대칭)이면 종방향 모드에 대한 진폭인자만 0이 아니고 나머지 모드에 대한 진폭인자는 0이다. 이는 종방향 모드(원주방향 차수=0)가 아닌 굽힘모드(원주방향 차수>0)는 생성될 수 없다는 것을 의미한다. 실험결과와 이론적 결과로부터 하중각이 180°인 부분하중의 경우 파이프검사에 적합한 축대칭모드를 생성할 수 있음을 알 수 있다. 하중각을 90°로 증가시키면 굽힘모드에 대한 진폭인자가 커지는 것을 볼 수 있다.

현장에서 이 방법을 사용할 경우 검사대상물에 대한 접근성이 양호하지 않기 때문에 비축대칭 하중조건이 사용될 수밖에 없다. 축대칭모드를 생성할 수 있다고 하더라도 결함은 대개 비축대칭이고 따라서 반사된 신호에는 비축대칭모드와 축대칭모드가 혼재하게 된다. 따라서 비축대칭 부분하중에 의한 유도파 해석이 반드시 필요하다고 할 수 있다.

부록 A

유용한 관계식의 정리

A.1 Lambda, rho, mu 사이의 관계

탄성(손실이 없는) 재료의 경우 입체 종파의 속도 C_L은 다음과 같이 Lamé상수 λ와 μ 또는 영계수 E와 포와송비 ν을 사용하여 표현할 수 있다.

$$C_L = \left(\frac{\lambda + 2\mu}{\rho}\right)^{1/2} = \left[\frac{E(1-\nu)}{\rho(1+\nu)(1-2\nu)}\right]^{1/2} \tag{A.1}$$

또 입체 전단파의 속도 C_S도 다음과 같이 기술할 수 있다.

$$C_S = \left(\frac{\mu}{\rho}\right)^{1/2} \tag{A.2}$$

영계수 E와 포와송비 ν는 다음과 같이 Lamé상수 λ와 μ의 조합으로 표현할 수 있다.

$$E = \mu\left(\frac{3\lambda + 2\mu}{\lambda + \mu}\right) = \rho C_S^2\left(\frac{3C_L^2 - 4C_S^2}{C_L^2 - C_S^2}\right) \tag{A.3}$$

$$\nu = \frac{\lambda}{2(\lambda + \mu)} = \left(\frac{1}{2}\right)\left(\frac{C_L^2 - 2C_S^2}{C_L^2 - C_S^2}\right) \tag{A.4}$$

$$BulkMod = \lambda + 2/3\mu \tag{A.5}$$

A.2 파동속도

파동수와 파동속도 사이의 기본적인 관계식과 몇 가지 파동속도에 대한 수식은 다음과 같다.

$$Wavelength = \frac{2\pi}{|\boldsymbol{k}|} \tag{A.6}$$

$$Phase\ \ speed = C = \frac{\omega}{|\boldsymbol{k}|} \tag{A.7}$$

$$C_{circular-bar} = \sqrt{E/\rho} \tag{A.8}$$

$$C_{S0_{\omega=0}} = \sqrt{\frac{E}{(1-\nu^2)\rho}} \tag{A.9}$$

$$C_{Rayleigh} \approx C_S\left(\frac{0.87+1.12\nu}{1+\nu}\right) \tag{A.10}$$

입사각, 층에서의 균일 입체파(L=종파, S=전단파)의 전달과 반사는 파동수, 주파수, 위상속도와 다음과 같은 관계를 갖는다.

$$\frac{|\boldsymbol{k}|}{\omega} = \frac{1}{C_{ph}} = \frac{\sin(\theta_L)}{C_L} = \frac{\sin(\theta_S)}{C_S} \tag{A.11}$$

Rayleigh파의 위상속도($C_{Rayleigh}$)는 다음 다항식의 근을 찾아 결정할 수 있다.

$$T^3 - 8T^2 + (24-16R)T - 16(1-R) = 0 \tag{A.12}$$

여기서 $T = (C_{rayleigh}/C_s)^2$, $R = (C_s/C_L)^2$ 이다.

A.3 탄성 등방성 재료의 구성 및 조화 관계식

응력과 변형률 사이의 관계식은 다음과 같다.

$$\begin{Bmatrix} \sigma_{xx} \\ \sigma_{yy} \\ \sigma_{zz} \\ \sigma_{xy} \\ \sigma_{yz} \\ \sigma_{xz} \end{Bmatrix} = \begin{bmatrix} \lambda+2\mu & \lambda & \lambda & & & \\ \lambda & \lambda+2\mu & \lambda & & & \\ \lambda & \lambda & \lambda+2\mu & & & \\ & & & \mu & & \\ & & & & \mu & \\ & & & & & \mu \end{bmatrix} \begin{Bmatrix} \epsilon_{xx} \\ \epsilon_{yy} \\ \epsilon_{zz} \\ \epsilon_{xy} \\ \epsilon_{yz} \\ \epsilon_{xz} \end{Bmatrix} \tag{A.13}$$

직교좌표계의 경우 변형률과 변위 사이의 관계식은 다음과 같고

$$\begin{aligned} &\epsilon_{11} = \frac{\partial u_1}{\partial x_1} && \epsilon_{22} = \frac{\partial u_2}{\partial x_2} && \epsilon_{33} = \frac{\partial u_3}{\partial x_3} \\ &\epsilon_{12} = \frac{\partial u_1}{\partial x_2} + \frac{\partial u_2}{\partial x_1} && \epsilon_{23} = \frac{\partial u_2}{\partial x_3} + \frac{\partial u_3}{\partial x_2} && \epsilon_{13} = \frac{\partial u_1}{\partial x_3} + \frac{\partial u_3}{\partial x_1} \end{aligned} \tag{A.14}$$

원통좌표계의 경우는 다음과 같다.

$$\epsilon_{rr} = \frac{\partial u_r}{\partial r} \qquad \epsilon_{\theta\theta} = \frac{1}{r}\frac{\partial u_\theta}{\partial \theta} + \frac{u_r}{r} \qquad \epsilon_{zz} = \frac{\partial u_z}{\partial z}$$

$$\epsilon_{rz} = \frac{1}{2}\left(\frac{\partial u_r}{\partial z} + \frac{\partial u_z}{\partial r}\right)$$

$$\epsilon_{r\theta} = \frac{1}{2}\left[r\frac{\partial}{\partial r}\left(\frac{\partial u_\theta}{r}\right) + \frac{1}{r}\frac{\partial u_r}{\partial \theta}\right]$$

$$\epsilon_{\theta z} = \frac{1}{2}\left(\frac{\partial u_\theta}{\partial z} + \frac{1}{r}\frac{\partial u_z}{\partial \theta}\right) \tag{A.15}$$

A.4 등방성 재료의 속도상수와 감쇠상수 사이의 관계

$$C_L = \left[\frac{\lambda + 2\mu - i(\lambda' + 2\mu')}{\rho}\right]^{1/2} \qquad C_S = \left[\frac{\mu - i(\mu')}{\rho}\right]^{1/2} \tag{A.16}$$

재료감쇠 파라미터((') 표시된 변수)가 0이면 상수 C_L과 C_S는 실수이고 각각 종파와 전단파의 입체파 속도와 정확하게 일치한다. 그러나 감쇠가 존재하면 이 상수들은 복소수가 되고 위상속도, 감쇠와 다음과 같은 관계를 갖는다.

$$C_L \text{ 또는 } C_S = \frac{\omega}{|\boldsymbol{k}_{re}| + i|\boldsymbol{k}_{im}|} = \frac{C_{ph}}{1 + |\boldsymbol{k}_{im}|/|\boldsymbol{k}_{re}|} = \frac{C_{ph}}{1 + i\alpha/(2\pi)} \tag{A.17}$$

여기서 C_{ph}는 파동의 위상속도(항상 실수)이고 α는 감쇠이다. 감쇠의 차원은 neper/wavelength인데 이는 단위 크기의 파장이 1파장만큼 진행하면 그 크기가 $e^{-\alpha}$로 감소한다는 것을 의미한다.

이로부터 다음과 같은 관계식을 유도할 수 있다.

$$C_{ph,L} = C_{L(re)} - \alpha_L \frac{C_{L(im)}}{2\pi} \qquad C_{ph,S} = C_{S(re)} - \alpha_S \frac{C_{S(im)}}{2\pi}$$

$$\alpha_L = -2\pi \frac{C_{L(im)}}{C_{L(re)}} \qquad \alpha_S = -2\pi \frac{C_{S(im)}}{C_{S(re)}} \tag{A.18}$$

그리고

$$\mu = \frac{\rho(C_{ph,S})^2(4\pi^2)(4\pi^2 - \alpha_S^2)}{(\alpha_S^2 + 4\pi^2)^2} \qquad \mu' = \frac{\rho(C_{ph,S})^2(4\pi^2)(4\alpha_S\pi)}{(\alpha_S^2 + 4\pi^2)^2}$$

$$\lambda = \frac{\rho(C_{ph,L})^2(4\pi^2)(4\pi^2 - \alpha_L^2)}{(\alpha_L^2 + 4\pi^2)^2} - 2\mu \qquad \lambda' = \frac{\rho(C_{ph,L})^2(4\pi^2)(4\alpha_L\pi)}{(\alpha_L^2 + 4\pi^2)^2} - 2\mu' \tag{A.19}$$

A.5 정방성 재료의 공학상수와 C_{ij}

정방성(orthotropic) 재료의 강성은 C_{ij} 행렬을 이용하여 정의할 수 있다. 행렬 C_{ij}는 응력벡터 σ와 변형률벡터 ϵ 사이의 관계를 규명하는 행렬로 다음과 같이 표현된다.

$$\begin{Bmatrix} \sigma_{xx} \\ \sigma_{yy} \\ \sigma_{zz} \\ \sigma_{xy} \\ \sigma_{yz} \\ \sigma_{xz} \end{Bmatrix} = \begin{bmatrix} C_{11} & C_{12} & C_{13} & 0 & 0 & 0 \\ C_{21} & C_{22} & C_{23} & 0 & 0 & 0 \\ C_{31} & C_{32} & C_{33} & 0 & 0 & 0 \\ 0 & 0 & 0 & C_{44} & 0 & 0 \\ 0 & 0 & 0 & 0 & C_{55} & 0 \\ 0 & 0 & 0 & 0 & 0 & C_{66} \end{bmatrix} \begin{Bmatrix} \epsilon_{xx} \\ \epsilon_{yy} \\ \epsilon_{zz} \\ \epsilon_{xy} \\ \epsilon_{yz} \\ \epsilon_{xz} \end{Bmatrix} \tag{A.20}$$

정방성 재료에 대한 C_{ij} 행렬은 항상 대칭이므로

$$C_{12} = C_{21}; \quad C_{13} = C_{31}; \quad C_{23} = C_{32} \tag{A.21}$$

이고 따라서 정방성 재료에 대한 C_{ij} 행렬은 9개의 독립상수를 갖는다.

횡방향으로 등방성인 재료는 5개의 독립상수를 가지며 이는 정방성 재료의 특수한 경우에 해당된다. x축에 대해 대칭성을 갖는 횡방향으로 등방성인 재료의 C_{ij} 행렬은 다음과 같다.

$$\begin{Bmatrix} \sigma_{xx} \\ \sigma_{yy} \\ \sigma_{zz} \\ \sigma_{xy} \\ \sigma_{yz} \\ \sigma_{xz} \end{Bmatrix} = \begin{bmatrix} C_{11} & C_{12} & = C_{12} & 0 & 0 & 0 \\ = C_{12} & C_{22} & C_{23} & 0 & 0 & 0 \\ = C_{12} & = C_{23} & = C_{22} & 0 & 0 & 0 \\ 0 & 0 & 0 & = \frac{1}{2}(C_{22} - C_{23}) & 0 & 0 \\ 0 & 0 & 0 & 0 & C_{55} & 0 \\ 0 & 0 & 0 & 0 & 0 & = C_{55} \end{bmatrix} \begin{Bmatrix} \epsilon_{xx} \\ \epsilon_{yy} \\ \epsilon_{zz} \\ \epsilon_{xy} \\ \epsilon_{yz} \\ \epsilon_{xz} \end{Bmatrix} \tag{A.22}$$

입방체(cubic) 재료는 3개의 독립상수를 가지며 역시 정방성 재료의 특수한 경우이다. 이에 대한 C_{ij} 행렬은 다음과 같다.

$$\begin{Bmatrix} \sigma_{xx} \\ \sigma_{yy} \\ \sigma_{zz} \\ \sigma_{xy} \\ \sigma_{yz} \\ \sigma_{xz} \end{Bmatrix} = \begin{bmatrix} C_{11} & C_{12} & = C_{12} & 0 & 0 & 0 \\ = C_{12} & = C_{11} & = C_{12} & 0 & 0 & 0 \\ = C_{12} & = C_{12} & = C_{11} & 0 & 0 & 0 \\ 0 & 0 & 0 & C_{44} & 0 & 0 \\ 0 & 0 & 0 & 0 & = C_{44} & 0 \\ 0 & 0 & 0 & 0 & 0 & = C_{44} \end{bmatrix} \begin{Bmatrix} \epsilon_{xx} \\ \epsilon_{yy} \\ \epsilon_{zz} \\ \epsilon_{xy} \\ \epsilon_{yz} \\ \epsilon_{xz} \end{Bmatrix} \quad \text{(A.23)}$$

마지막으로 등방성 재료는 2개의 독립상수를 가지며 정방성 재료의 가장 간단한 예가 된다. 따라서 C_{ij}행렬은 다음과 같이 간단하게 쓸 수 있다.

$$\begin{Bmatrix} \sigma_{xx} \\ \sigma_{yy} \\ \sigma_{zz} \\ \sigma_{xy} \\ \sigma_{yz} \\ \sigma_{xz} \end{Bmatrix} = \begin{bmatrix} C_{11} & C_{12} & = C_{12} & 0 & 0 & 0 \\ = C_{12} & = C_{11} & = C_{12} & 0 & 0 & 0 \\ = C_{12} & = C_{12} & = C_{11} & 0 & 0 & 0 \\ 0 & 0 & 0 & = \frac{1}{2}(C_{11} - C_{12}) & 0 & 0 \\ 0 & 0 & 0 & 0 & = C_{44} & 0 \\ 0 & 0 & 0 & 0 & 0 & = C_{44} \end{bmatrix} \begin{Bmatrix} \epsilon_{xx} \\ \epsilon_{yy} \\ \epsilon_{zz} \\ \epsilon_{xy} \\ \epsilon_{yz} \\ \epsilon_{xz} \end{Bmatrix} \quad \text{(A.24)}$$

강성에 대한 정보를 표현하는 다른 방법은 유연성 행렬(flexibility matrix)에 의해 재료의 특성을 정의하는 공학상수를 이용하는 방법이다. 계수는 영계수 E_{ii}와 전단계수(shear modulus) G_{ii} 그리고 포와송비 ν_{ii}로 구성된다. 정방성 재료의 공학상수 행렬은 다음과 같다.

$$\begin{Bmatrix} \epsilon_{xx} \\ \epsilon_{yy} \\ \epsilon_{zz} \\ \epsilon_{yz} \\ \epsilon_{zx} \\ \epsilon_{xy} \end{Bmatrix} = \begin{bmatrix} 1/E_{11} & -\nu_{21}/E_{22} & -\nu_{31}/E_{33} & 0 & 0 & 0 \\ -\nu_{12}/E_{11} & 1/E_{22} & -\nu_{32}/E_{33} & 0 & 0 & 0 \\ -\nu_{13}/E_{11} & -\nu_{23}/E_{22} & 1/E_{33} & 0 & 0 & 0 \\ 0 & 0 & 0 & 1/G_{23} & 0 & 0 \\ 0 & 0 & 0 & 0 & 1/G_{13} & 0 \\ 0 & 0 & 0 & 0 & 0 & 1/G_{12} \end{bmatrix} \begin{Bmatrix} \sigma_{xx} \\ \sigma_{yy} \\ \sigma_{zz} \\ \sigma_{yz} \\ \sigma_{zx} \\ \sigma_{xy} \end{Bmatrix} \quad \text{(A.25)}$$

대칭성에 의해 행렬은 9개의 독립계수만을 갖게 되므로 다음과 같은 관계식을 얻을 수 있다.

$$\frac{\nu_{12}}{E_{11}} = \frac{\nu_{21}}{E_{22}}; \qquad \frac{\nu_{13}}{E_{11}} = \frac{\nu_{31}}{E_{33}}; \qquad \frac{\nu_{23}}{E_{22}} = \frac{\nu_{32}}{E_{33}} \quad \text{(A.26)}$$

정방성 재료에 대한 9개의 공학상수(E_{ii}, G_{ii}, ν_{ii})는 C_{ij}상수와 다음과 같은 관계를 갖는다.

$$E_{11} = \frac{A}{C_{23}^2 - C_{22}C_{33}} \qquad E_{22} = \frac{A}{C_{13}^2 - C_{11}C_{33}} \qquad E_{33} = \frac{A}{C_{12}^2 - C_{11}C_{22}}$$

$$G_{23} = C_{44}; \quad G_{31} = C_{55}; \quad G_{12} = C_{66}$$

$$\nu_{12} = \frac{C_{13}C_{23} - C_{12}C_{33}}{C_{23}^2 - C_{22}C_{33}} \qquad \nu_{13} = \frac{C_{12}C_{23} - C_{13}C_{22}}{C_{23}^2 - C_{22}C_{33}}$$

$$\nu_{23} = \frac{C_{12}C_{13} - C_{11}C_{23}}{C_{13}^2 - C_{11}C_{33}} \tag{A.27}$$

여기서 A는 다음과 같이 정의된다.

$$A = C_{11}C_{23}^2 + C_{22}C_{13}^2 + C_{33}C_{12}^2 - C_{11}C_{22}C_{33} - 2C_{12}C_{13}C_{23} \tag{A.28}$$

이 관계식을 역으로 계산하면 C_{ij}상수를 공학상수로 표현할 수 있다.

$$C_{11} = \frac{1-\nu_{23}\nu_{32}}{E_{22}E_{33}B} \qquad C_{22} = \frac{1-\nu_{13}\nu_{31}}{E_{11}E_{33}B} \qquad C_{33} = \frac{1-\nu_{12}\nu_{21}}{E_{11}E_{22}B}$$

$$C_{44} = G_{23} \qquad C_{55} = G_{31} \qquad C_{66} = G_{12}$$

$$C_{12} = C_{21} = \frac{\nu_{21}+\nu_{31}\nu_{23}}{E_{22}E_{33}B} \quad C_{13} = C_{31} = \frac{\nu_{31}+\nu_{21}\nu_{32}}{E_{22}E_{33}B} \quad C_{23} = C_{32} = \frac{\nu_{32}+\nu_{12}\nu_{31}}{E_{11}E_{33}B} \tag{A.29}$$

여기서 B는 다음과 같이 정의된다.

$$B = \frac{1-\nu_{12}\nu_{21} - \nu_{23}\nu_{32} - \nu_{31}\nu_{13} - 2\nu_{21}\nu_{32}\nu_{13}}{E_{11}E_{22}E_{33}} \qquad \text{A.30)}$$

A.6 복소수 C_{ij} 상수를 갖는 재료 파동의 감쇠

이방성 재료의 감쇠를 표현하기 위해 사용하는 모델은 등방성 재료와 똑같다. 즉 기본 파라미터(각 C_{ij}계수의 허수부)를 이용하여 단위파장 당 일정한 손실로 표현되는 입체파동의 감쇠를 정의한다.

이방성 재료의 대칭축(예를 들면 n방향)을 따라 이동하는 입체파의 감쇠는 전파방향과 평행하고 다음과 같이 주어진다.($C_{nn(re)} \gg C_{nn(im)}$인 경우에 대해) 여기서 감쇠의 차원은 neper/wavelength 이다.

$$\alpha_n = -\pi \frac{C_{nn(im)}}{C_{nn(re)}} \tag{A.31}$$

위 식은 특정 주파수 f(Hz)에서 neper/m 단위를 이용하여 다음과 같이 쓸 수 있다.

$$\alpha_{n, N_p/m} = -\frac{C_{nn(im)}\pi f}{C_{nn(re)}\sqrt{C_{nn(re)}/\rho}} \tag{A.32}$$

Disperse에서는 등방성 재료의 정보(C_L, C_S, ρ)를 손실을 갖는 정방성 C_{ij}행렬로 변환하기 위해 다음의 관계식을 이용한다. 이 관계식은 근사식이고 감쇠가 적을 경우에만 성립하는 식이다.

$$\begin{aligned}
C_{11(re)} &= \rho C_{phase,L}^2 \\
C_{55(re)} &= \rho C_{phase,S}^2 \\
C_{13(re)} &= C_{11(re)} - 2C_{55(re)} \\
C_{11(im)} &= Im\left(\frac{C_{phase,L}}{1 + i\alpha_L/2\pi}\right)^2 \rho \\
C_{55(im)} &= Im\left(\frac{C_{phase,S}}{1 + i\alpha_S/2\pi}\right)^2 \rho \\
C_{13(im)} &= C_{11(im)} - 2C_{55(im)}
\end{aligned} \tag{A.33}$$

C_{ij}상수에서 등방성 상수로 변환하는 것도 C_{ij}상수가 등방성 재료를 정의할 수 있을 때만 가능한 과정이다. 그러나 그렇지 않을 경우에도 등방성 재료에 대한 초기값을 추정하는데 이 과정을 유용하게 사용할 수 있다. C_{ij} 재료가 등방성인지에 상관없이 Disperse는 단 두 개의 복소수 계수 $^*C_{11}$과 $^*C_{55}$ 그리고 밀도만을 이용한다. 위상속도는

$$\begin{aligned}
C_{phase,L} &= (Re(^*C_{11})/\rho)^{1/2} \\
C_{phase,S} &= (Re(^*C_{55})/\rho)^{1/2}
\end{aligned} \tag{A.34}$$

로 계산할 수 있고 여기서 *는 복소수를 나타낸다. 예를 들면 $^*C_{11} = C_{11(re)} + iC_{11(im)}$이다.

복소수 속도는

$$* C_L = ((* C_{11})/\rho)^{1/2}$$
$$* C_S = ((* C_{55})/\rho)^{1/2} \tag{A.35}$$

이고 이 식을 이용하여 감쇠상수를 계산할 수 있다.

$$\alpha_L = 2\pi \frac{C_{phase,L}}{* C_L}$$
$$\alpha_S = 2\pi \frac{C_{phase,S}}{* C_S} \tag{A.36}$$

A.7 Bessel함수의 재발생 관계

$$\frac{\partial}{\partial r}(J_n(hr)) = \frac{h}{2}(J_{n-1}(hr) - J_{n+1}(hr)) \frac{\partial^2}{\partial r^2}(J_n(hr)) = \frac{h^2}{4}(J_{n-2}(hr) - 2J_n(hr) + J_{n+2}(hr)) \tag{A.37}$$

그리고

$$J_{n+1}(hr) = \frac{2n}{hr} J_n(hr) - J_{n-1}(hr) \tag{A.38}$$

이다. 따라서 다음과 같이 정의할 수 있고

$$J_{n-2}(hr) = \frac{2(n-1)}{hr} J_{n-1}(hr) - J_n(hr) \tag{A.39}$$

역으로 다음의 관계를 갖는다.

$$J_{n+2}(hr) = \frac{2(n+1)}{hr} J_{n+1}(hr) - J_n(hr) \tag{A.40}$$

따라서 적절한 식을 대입하면

$$\frac{\partial}{\partial r}(J_n(hr)) = \frac{n}{r} J_n(hr) - hJ_{n+1}(hr) = \frac{-n}{r}(J_n(hr)) + hJ_{n-1}(hr) \tag{A.41}$$

이고 또

$$\frac{\partial^2}{\partial r^2}(J_n(hr)) = \left[\frac{n(n-1)}{r^2} - h^2 RIGHT\right] J_n(hr) + \frac{h}{r} J_{n+1}(hr) \tag{A.42}$$

임을 알 수 있다.

A.8 원통좌표계의 연산

벡터 미분은 다음과 같이 정의된다.

$$\nabla \Phi = \hat{r}\frac{\partial \Phi}{\partial r} + \hat{\theta}\frac{1}{r}\frac{\partial \Phi}{\partial \theta} + \hat{z}\frac{\partial \Phi}{\partial z} \tag{A.43}$$

$$\nabla \cdot \boldsymbol{H} = \frac{1}{r}\frac{\partial}{\partial r}(rH_r) + \frac{1}{r}\frac{\partial H_\theta}{\partial \theta} + \frac{\partial H_z}{\partial z} \tag{A.44}$$

$$\nabla \times \boldsymbol{H} = \hat{r}\left(\frac{1}{r}\frac{\partial H_z}{\partial \theta} - \frac{\partial H_\theta}{\partial z}\right) + \hat{\theta}\left(\frac{\partial H_r}{\partial z} - \frac{\partial H_z}{\partial r}\right) + \hat{z}\left(\frac{1}{r}\frac{\partial (rH_\theta)}{\partial r} - \frac{1}{r}\frac{\partial H_r}{\partial \theta}\right) \tag{A.45}$$

$$\nabla^2 \Phi = \frac{1}{r}\frac{\partial}{\partial r}\left(r\frac{\partial \Phi}{\partial r}\right) + \frac{1}{r^2}\frac{\partial \Phi^2}{\partial \theta^2} + \frac{\partial \Phi^2}{\partial z^2} \tag{A.46}$$

$$\begin{aligned}\nabla^2 \boldsymbol{H} &= \nabla(\nabla \cdot \boldsymbol{H}) - \nabla \times \nabla \times \boldsymbol{H} \\ &= \hat{r}\left(\frac{\partial^2 H_r}{\partial r^2} + \frac{1}{r}\frac{\partial H_r}{\partial r} + \frac{1}{r^2}\frac{\partial^2 H_r}{\partial \theta^2} + \frac{\partial^2 H_r}{\partial z^2} - \frac{2}{r^2}\frac{\partial H_\theta}{\partial \theta} - \frac{1}{r^2}H_r\right) \\ &\quad + \hat{\theta}\left(\frac{\partial^2 H_\theta}{\partial r^2} + \frac{1}{r}\frac{\partial H_\theta}{\partial r} + \frac{1}{r^2}\frac{\partial^2 H_\theta}{\partial \theta^2} + \frac{\partial^2 H_\theta}{\partial z^2} + \frac{2}{r^2}\frac{\partial H_r}{\partial \theta} - \frac{1}{r^2}H_\theta\right) \\ &\quad + \hat{z}\left(\frac{\partial^2 H_z}{\partial r^2} + \frac{1}{r}\frac{\partial H_z}{\partial r} + \frac{1}{r^2}\frac{\partial^2 H_z}{\partial \theta^2} + \frac{\partial^2 H_z}{\partial z^2}\right)\end{aligned} \tag{A.47}$$

부록 B

재료 특성

표 B.1 등방성 고체 재료

재 료	밀도(kg/㎥)	v_l(㎧)	v_s(㎧)	$\alpha(np/\lambda)$
금속				
aluminum	2700	6320	3130	0.0003
Bismuth	9800	2180	1100	-
Brass	8400	4400	2200	-
Cadmium	8600	2780	1500	-
Cast iron	6900 to 7300	3500 to 5800	2200 to 3200	-
Constantan	8800	5240	2640	-
Copper	8900	4700	2260	-
Gold	19300	3240	1200	-
Iron(steel)	7700	5960	3260	0.003
Lead	11400	2160	700	-
Magnesium	1700	5770	3050	-
Manganin	8400	4660	2350	-
Nickel	8800	5630	2960	-
Platinum	21400	3960	1670	-
Silver	10500	3600	1590	-
Tin	7300	3320	1670	-
Titanium	4460	6060	3230	-
Tungsten	19100	5460	2620	-
Zinc	7100	4170	2410	-
비금속				
Aluminum Oxide	3600 to 3950	9000 to 11000	5500 to 6500	-
Bone, tibia	1900	4000	1970	0.64
Concrete	2200	3900 to 4700	2300	0.2
Epoxy Resin	1100 to 1250	2400 to 2900	1100	0.03
Fat	920	1450	-	0.008
Glass, flint	3600	4260	2560	-
Glass, crown	2500	5660	3420	-
Ice	900	3980	1990	-
Paraffin Wax	830	2200	-	-
MDPE	950	2300	950	0.03
Neoprene	-	1690	-	0.15
Perspex	1180	2730	1430	0.06
Polyamide	1100	2200	1100	0.007
Polystyrene	1060	2350	1150	0.02
Porcelain	2400	5600 to 6200	3500 to 3700	-
Quartz Glass	2600	5570	3520	-
Rock	2500	2500 to 4400	1500 to 2500	-
Rubber, soft	900	1480	-	0.6
Rubber vulcan.	1200	2300	-	-
Skin	1110	1730	-	0.023
Teeth(enamel)	2900 to 3000	4500 to 6250	-	0.2
Teflon	2200	1350	550	0.12

표 B.2 유체 재료

재료	온도(℃)	밀도(kg/㎥)	v_l(m/s)	동점성(Ns/㎡)	동점도(㎡/s)
Air	0	1.293	331	17.1×10^{-6}	13.2×10^{-6}
Air	20	1.205	344	18.1×10^{-6}	15.0×10^{-6}
Air	40	1.128	355	19.0×10^{-6}	16.8×10^{-6}
Air	100	0.946	388	21.8×10^{-6}	23.1×10^{-6}
Benzene	20	881	1117	0.65×10^{-3}	0.74×10^{-6}
Castor oil	20	971	1474	0.8	0.82×10^{-3}
Castor oil	40	–	–	0.2	–
Crude oil	20	860	–	8×10^{-3}	9.3×10^{-6}
Diesel oil	–	800	1250	–	–
Ethyl alcohol	20	790	1238	1.2×10^{-3}	1.52×10^{-6}
Glycerine	20	1258	1860	1.49	1.18×10^{-3}
Kerosene	20	822	1319	1.5×10^{-3}	1.82×10^{-6}
Mercury	20	13550	1391	1.56×10^{-3}	0.12×10^{-6}
Methylene iodide	–	3230	980	–	–
Motor car oil	–	870	1740	–	–
SAE 10W oil	0	–	–	0.4	–
SAE 10W oil	20	922	–	0.1	0.11
SAE 10W oil	60	–	–	0.017	–
SAE 10W oil	100	–	–	0.005	–
SAE 30 oil	20	–	–	0.4	–
Water	0	999.8	1421	1.78×10^{-3}	1.78×10^{-6}
Water	20	998.2	1478	1.00×10^{-3}	1.00×10^{-6}
Water	50	988.0	1522	0.54×10^{-3}	0.55×10^{-6}
Water	100	958.4	1470	0.28×10^{-3}	0.29×10^{-6}

표 B.3 이방성 재료

재 료	ρ kg/㎥	E_{11} (GPa)	E_{22} (GPa)	E_{33} (GPa)	G_{12} (GPa)	G_{13} (GPa)	G_{23} (GPa)	ν_{12}	ν_{13}	ν_{23}
Unidirectional Carbon Fibre/ Epoxy-high strength	1600	172	11.6	11.6	7.8	7.8	3.9	0.36	–	0.48
Unidirectional Carbon Fibre/ Epoxy-high strength	1600	287	7.8	7.8	6.7	6.7	2.5	0.30	–	0.55
Unidirectional Glass Fibre/ Epoxy-in plane prop.	–	47.0	16.4	–	–	–	–	0.28	–	–
Oak	600	4.7	1.1	1.4	0.92	0.89	0.3	0.75	0.8	0.24

참고문헌

1. F. Abramovici, Diagnostic diagrams and transfer functions for oceanic wave-guide, *Bulletin of the Seismological Society of America*, 58: 427-456, 1968.
2. J.D. Achenbach, *Wave Propagation in Elastic Solids*, North-Holland, New York, 1984.
3. L. Adler, M.D. Billy and G. Quentin, Evaluation of friction-welded alumininum- steel bonds using dispersive guided modes of a layered substrate, *Journal of Physics D; Applied Physics*, 68, 1990.
4. L. Alsop, The leaky-mode period equation- a plane-wave approach, *Bulletin of the Seismological Society of America*, 6: 1989-1998, 1970.
5. B.A. Auld, *Acoustic Fields and Waves in Solids*, v.2, Krieger Publishing Co. Malabar, Florida, 1990.
6. M.J. Berliner and R. Solecki, Wave propagation in fluid loaded, transversely isotropic cylinders, part i. analytical formulation, *J. Acoust. Soc. Amer.*, 99: 1841-1847, 1996.
7. M.J. Berliner and R. Solecki, Wave propagation in fluid loaded, transversely isotropic cylinders, part ii. numerical results, *J. Acoust. Soc. Amer.*, 99: 1848-1853, 1996.
8. A. Bernard, M. Deschamps and M.J.S. Lowe, Energy velocity and group velocity for guided waves propagating within an absorbing or non- absorbing plate in vacuum, *Review of Progress in Quantitative Nondestructive Evaluation,* v.18, pp. 183-190, Plenum Press, New York, 1999.
9. A. Bernard, M. Deschamps and M.J.S. Lowe, Comparison between the dispersion curves calculated in complex frequency and the minima of the reflection coefficients for an embedded layer, *J. Acoust. Soc. Amer.*, 107: 793-800, 2000.
10. L.M. Brekhovskikh, *Waves in layered media*, Academic Press, New York, 1980.
11. L.M. Brekhovskikh and V. Goncharov, *Mechanics of continua and wave dynamics*, Springer-Verlag, 1985.
12. M. Castaings and B. Hosten, Delta operator technique to improve the thomson- haskell method stability for propagation in multi-layered anisotropic absorbing plates, *J. Acoust. Soc. Amer.*, 95: 1931-1941, 1994.
13. P. Cervenka and P. Challande, A new efficient algorithm to compute the exact reflection and

transmission factors for plane waves in layered absorbing media(liquids and solids), *J. Acoust. Soc. Amer.*, 89: 1579-1589, 1991.

14. C.W. Chan and P. Cawley, Lamb waves in highly attenuative plastic plates, *J. Acoust. Soc. Amer.*, 104(2): 874-881, 1998.
15. D.E. Chimenti, A.H. Nayfeh, Ultrasonic reflection and guided wave peopagation in biaxially laminated composite plates, *J. Acoust. Soc. Amer.*, 87: 1409-1415, 1990.
16. D.E. Chimenti, A.H. Nayfeh and D. Butler, Leaky Rayleigh waves on a layered halfspace, , *Journal of Applied Physics,* 53: 170-176, 1982.
17. C. Chree, The equations on an isotropic elastic solid in polar and cylindrical coordinates, their solutions, an application, *Trans. Cambridge Philos. Soc.*, 14: 250-369, 1989.
18. M.D. Cochran, A.F. Woeber and J.C. Bremaecker, Body waves as normal and leaking modes, *Reviews of Geophysics and Space Physics*, 8: 321-357, 1970.
19. A.M. Dainty, Leaking modes in crust with a surface layer, *Bulletin of the Seismological Society of Americ*a, 61: 93-107, 1971.
20. R.M. Davies, A critical study of the hopkinson pressure bar, *Phil. Trans. Roy. Soc. London A*, 240: 375-457, 1948.
21. M. Deschamps and B.E. Hosten, The effects of viscoelasticity on the reflection and transmission of ultrasonic waves by an orthotropic plate, *J. Acoust. Soc. Amer.*, 91: 1-29, 1992.
22. W.M. Ewing, W.S. Jardetzky and F. Press, *Elastic waves in layered media*, McGraw- Hill, 1957.
23. G.W. Franell and E.L. Adler, Elastic wave propagation in thin layers, *Physical Acoustics-principles and methods*, 35-127, 1972.
24. D.C. Gazis, Three-dimensional investigation of the propagation of waves in hollow circular cylinders, ii. numerical results, *J. Acoust. Soc. Amer.*, 31(5): 573-578, 1959.
25. D.C. Gazis, Three-dimensional investigation of the propagation of waves in hollow circular cylinders, *J. Acoust. Soc. Amer.*, 31: 568-578, 1959.
26. F. Gilbert, Propagation of transient leaking mode in a stratified elastic waveguide, *Reviews of Geophysics*, 2: 123-153, 1964.
27. K.F. Graff, Wave Motion in Elastic Solids, Dover Publications inc., New York, 1991.
28. N. Guo and P. Cawley, The interaction of Lamb waves with delaminations in composite laminates, *J. Acoust. Soc. Amer.*, 94: 2240-2246, 1993.
29. N.A. Haskell, The dispersion of surface waves on multi-layered media, *Bulletin of the*

Seismological Society of America, 43: 17-34, 1953.

30. B. Hosten, Bulk heterogeneous plane wave propagation through viscoelastic plates and stratified media with large values of frequency domain, *Ultrasonics*, 29: 445-450, 1991.

31. B. Hosten and M. Castings, Transfer matrix of multi-layered absorbing and anisotropic media, measurements and simulations of ultrasonic wave propagation through composite materials, *J. Acoust. Soc. Amer.*, 94: 1488-1495, 1993.

32. G.E. Hudson, Dispersion of elastic waves in solid circular cylinders, *Phys. Rev.*, 63: 46-51, 1943.

33. L. Knopoff, A matrix method for elastic wave problems, *Bulletin of the Seismological Society of America*, 54: 431-438, 1964.

34. H. Kolsky, *Stress waves in solids*, Dover Publications, New York, 1963.

35. E. Kreyszig, *Advanced Engineering Mathematics*, John Wiley & Sons, 1993.

36. R. Kumar, Flexural vibrations of fluid-filled circular cylindrical shells, *Acustica*, 24: 137-146, 1971.

37. R. Kumar, Dispersion of axially symmetric waves in empty and fluid-filled circular cylindrical shells, *Acustica*, 27: 317-329, 1972.

38. H. Lamb, On waves in an elastic plate, In *Conference of the Royal Society*, 114-128, 1917.

39. S. Laster, J. Foreman and F. Linville, Theoretical investigation of modal seismo- grams for a layer over a half-space, *Geophysics*, 571-596, 1965.

40. O.I. Lobkis and D.E. Chimenti, Elastic guided waves in plates with surface roughness, I. model calculation, *J. Acoust. Soc. Amer.*, 102: 143-149, 1997.

41. O.I. Lobkis and D.E. Chimenti, Elastic guided waves in plates with surface roughness, II. experiments, *J. Acoust. Soc. Amer.*, 102: 150-159, 1997.

42. A.E.H. Love, *Some problems of geodynamics*, Cambridge University, London, 1911.

43. M. Lowe, Matrix techniques for modeling ultrasonic waves in multi-layered media, *IEEE Trans. Ultrasonics, Ferroelectrics and Freq. control*, 42: 525-542, 1995.

44. M. Lowe and P. Cawley, The detection of a brittle layer at the bondline in diffusion bonded titanium, *Review of Progress in Quantitative Nondestructive Evaluation,* pp. 1653-1659, Plenum Press, New York, 1993.

45. M.J.S. Lowe, *Plate waves for the NDT of diffusion bonded titanium*, PhD Thesis, University of London, 1993.

46. M.J.S. Lowe and P. Cawley, The application of plate wave techniques for the inspection of

adhesive and diffusion bonded joints, *J. Non-destructive Evaluation*, 13: 185-199, 1994.

47. Malvern, *Introduction to the mechanics of a continuous medium*, Prentice-Hall, 1969.

48. D.F. McCammon and S.T. McDaniel, The influence of the physical properties of ice on reflectivity, *J. Acoust. Soc. Amer.*, 77: 499-507, 1985.

49. T.R. Meeker and A.H. Meitzler, Guided wave propagation in elongated cylinders and plates, *Physical Acoustics, principles and methods*, v. 1A, 111-167, 1972.

50. I. Mirsky, Wave propagation in transversely isotropic circular cylinders part I: Theory, *J. Acoust. Soc. Amer.*, 37: 1016-1021, 1965.

51. P.M. Morse and H. Feshbach, *Methods of Theoretical Physics*, McGraw-Hill, 1953.

52. P.B. Nagy and A.H. Nayfeh, Viscosity-induced attenuation of longitudinal guided waves in fluid-loaded rods, *J. Acoust. Soc. Amer.*, 100: 1501-1508, 1996.

53. P.B. Nagy, Longitudinal guided wave propagation in a transversely isotropic rod immersed in fluid, *J. Acoust. Soc. Amer.*, 98: 454-457, 1995.

54. P.B. Nagy and L. Adler, Non-destructive evaluation of adhesive joints by guided waves, *J. Applied Physics*, 66: 4658-4663, 1989.

55. A.H. Nayfeh, *Wave propagation in layered anisotropic media with application to composites*, Elsevier, 1995.

56. A.H. Nayfeh and D.E. Chimenti, Ultrasonic leaky waves in the presence of a thin layer, *J. Applied Physics*, 52: 4985-4994, 1981.

57. M. Onoe, H.D. McNiven and R.D. Mindlin, Dispersion of axially symmetric waves in elastic solids, *J. Applied Mechanics*, 29: 729-734, 1962.

58. Y.H. Pao, The dispersion of flexural waves in an elastic, circular cylinder-part 2, *J. Applied Mechanics*, 29: 61-64, 1962.

59. Y.H. Pao and R.D. Mindlin, Dispersion of flexural waves in an elastic, circular cylinder, *J. Applied Mechanics*, 27: 513-520, 1960.

60. B.N. Pavlakovic, M.J.S. Lowe, A general purpose approach to calculating the longitudinal and flexural modes of multi-layered, embedded, transversely isotropic cylinders, *Review of Progress in Quantitative Nondestructive Evaluation,* v. 18, pp. 239-246, Plenum Press, New York, 1999.

61. B.N. Pavlakovic, M.J.S. Lowe, D.N. Alleyene and P. Cawley, Disperse: A general purpose program for creating dispersion curves, *Review of Progress in Quantitative Nondestructive Evaluation,* v. 16, pp. 185-192, Plenum Press, New York, 1997.

62. C. Pecorari and P. Kelly, The quasi-static approximation for cracked interfaces in layered

systems, *Review of Progress in Quantitative Nondestructive Evaluation,* v. 18, Plenum Press, New York, 1999.

63. W.J. Percival and E.A. Birt, A study of lamb wave propagation in carbon-fiber composites, *Insight*, 39: 728-735, 1997.

64. R.A. Phinney, Leaking modes in the crystal waveguide, *Journal of Geophysical Research*, 66: 1445-1469, 1961.

65. R.A. Phinney, Propagation of leaking interface waves, *Bulletin of the Seismological Society of America*, 51: 527-555, 1961.

66. T.P. Pialucha, *The reflection coefficients from interface layers in NDT of adhesive joints*, OhD thesis, University of London, 1992.

67. W.L. Pilant, Complex roots of the Stoneley wave equation, *Bulletin of the Seismological Society of America*, 62: 285-299, 1972.

68. A. Pilarski, Ultrasonic evaluation of the adhesion degree in layered joints, *Material Evaluation*, 43: 765-770, 1985.

69. A. Pilarski, J.L. Rose, J. Ditri, D. Jiao and K. Rajana, Lamb wave mode selection for increased sensitivity to interfacial weakness of adhesive bonds, *Review of Progress in Quantitative Nondestructive Evaluation*, Plenum Press, New York, 1992.

70. J. Pochhammer, Uber die fort pflanzungsgeschwindigkeiten kleiner schwingungen in einem unbergrenzten isotropen kreiscylinder, *J. fur reine und angewandte Math.*, 81: 324-336, 1876.

71. O. Poncelet and M. Deschamps, Lamb waves generated by complex harmonic inhomogeneous plane waves, *J. Acoust. Soc. Amer.*, 100: 1471-1478, 1996.

72. M.J. Randall, Fast programs for half-space problems, *Bulletin of the Seismological Society of America*, 57: 1299-1315, 1967.

73. J.W.S. Rayleigh, *The Theory of Sound*, Dover Publications, New York, 1945.

74. J.H. Rosenbaum, The long-time response of a layered elastic medium to explosive sound, *J. Geophysical Research*, 65: 1577-1613, 1960.

75. A. Safaai-Jazi, C.K. jen and G.W. Farnell, Cutoff conditions in an acoustic fiber with infinitely thick cladding, *IEEE Trans. Ultrasonics, Ferroelectrics and Freq. control*, 33: 69-73, 1986.

76. H. Schmidt and F.B. Jensen, Efficient numerical solution technique for wave propagation in horizontally stratified environments, *Computers and Maths with Application*, 11: 699-715, 1985.

77. H. Schmidt and F.B. Jensen, A full wave solution for propagation in multi-layered viscoelastic media with application to Gaussian beam reflection at liquid-solid interfaces, *J. Acoust. Soc.*

Amer., 77: 813-825, 1985.

78. H. Schmidt and G. Tango, Efficient global matrix approach to the computation of synthetic seismograms, *Geophysics J. Royal Astronomical Society*, 84: 331-359, 1986.

79. M. Schoenberg, Elastic wave behaviour across linear slip interfaces, *J. Acoust. Soc. Amer.*, 68: 1516-1521, 1980.

80. J.G. Scholte, The range of existence of Rayleigh and Stoneley waves, *Geophysics*, 5: 120-126, 1947.

81. F. Schwab and L. Knopff, Surface-wave dispersion computations, *Bulletin of the Seismological Society of America*, 60: 321-344, 1970.

82. F. Schwab and L. Knopff, Surface waves on multi-layered anelastic media, *Bulletin of the Seismological Society of America*, 61: 893-912, 1971.

83. F. Schwab and L. Knopff, Fast surface wave and free mode computations. In *Methods in Computational Physics*, v.11, Academic Press, 1972.

84. R.A. Serway, *Physics for Scientists and Engineers with Modern Physics*, v.3, chap. 41, Saunders, Philadelphia, 1990.

85. M.G. Silk and K.F. Bainton, The propagation in metal tubing of ultrasonic wave modes equivalent to lamb waves, *Ultrasonics*, pp. 11-19, 1979.

86. J.A. Simmons, E. Drescher-Krasicka and H.N.G. Wadley, Leaky axisymmetric modes in infinite clad rods, *J. Acoust. Soc. Amer.*, 92: 1061-1090, 1992.

87. C. Simon, H. Kaczmar다 and D. Royer, Elastic wave propagation along arbitrary direction in free orthotropic plates, application of composite materials, In *4-th French Congress of Acoustics*, Marseille, France, 1997.

88. R. Stoneley, Elastic waves at the surface of separation of two solids, In *Conference of the Royal Society*, 416-428, 1924.

89. W.T. Thomson, Transmission of elastic waves through a stratified solid medium, *J. Applied Physics*, 21: 89-93, 1950.

90. R.N. Thurston, Elastic waves in rods and clad rods, *J. Acoust. Soc. Amer.*, 64: 1-37, 1978.

91. M. Viens, Y. Tshukahara, C.K. Jen and J.D.N. Cheeke, Leaky torsional modes in infinite clad rods, *J. Acoust. Soc. Amer.*, 95: 701-707, 1994.

92. I.A. Viktorov, *Rayleigh and Lamb waves*, Plenum Press, New York, 1970.

93. T.H. Watson, A real frequency complex wave-number analysis of leaking modes, *Bulletin of the Seismological Society of America*, 62: 369-384, 1972.

94. P.D. Wilkox, M.J.S. Lowe and P. Cawley, Long range lamb wave inspection: the effect of dispersion and modal selectivity, *Review of Progress in Quantitative Nondestructive Evaluation,* v. 18, pp. 151-158, Plenum Press, New York, 1999.

95. P.C. Xu and A.K. Mal, Calculation of the inplane green's functions for a layered viscoelastic solid, *Bulletin of the Seismological Society of America*, 77: 1823-1837, 1987.

96. 박경조, 박원효, 유도파를 이용한 비파괴검사, 엔오리온, 2006.

97. J.L. Rose, *Ultrasonic waves in Solid Media*, Cambridge University Press, 1999.

저자약력

박경조

1963년 전남 보성 출생
1986년 서울대학교 기계공학과 졸업
1988년 한국과학기술원 기계공학과 석사
1993년 한국과학기술원 기계공학과 박사
현재 전남대학교 기계자동차공학부 교수
주요저서 : 회전기계 부품설계 및 동적해석
유도파를 이용한 비파괴검사
Disperse를 이용한 파동전파 해석

평판과 파이프의 유도파 비파괴검사

인쇄 | 2008년 9월 20일
발행 | 2008년 9월 30일

저자 | 박경조
발행 | 김윤수
발행처 | 전남대학교출판부

등록 | 1981. 5. 21. 제53호
주소 | 500-757 광주광역시 북구 용봉동 300
전화 | (062) 530-0571~3
팩스 | (062) 530-0579
홈페이지 | http://altair.chonnam.ac.kr/~cnup

값 10,000원

ISBN 978-89-7598-690-1 (93540)

이 도서의 국립중앙도서관 출판시도서목록(CIP)은 e-CIP홈페이지
(http://www.nl.go.kr/cip.php)에서 이용하실 수 있습니다.
(CIP제어번호: CIP2008003114)